軍事叢書 132

爲將之道

指揮的藝術——風格代表一切

AMERICAN GENERALSHIP

Character is Everything: The Art of Command

著／艾德格・普伊爾
（EDGAR F. PURYEAR, JR.）
譯／陳勁甫

軍事叢書 132

爲將之道：指揮的藝術——風格代表一切

American Generalship:
Character is Everything: The Art of Command

作　　者　艾德格．普伊爾（Edgar F. Puryear, Jr.）
譯　　者　陳勁甫
責任編輯　鄧立言　吳惠貞

編輯總監　劉麗眞
總 經 理　陳逸瑛
發 行 人　涂玉雲
出　　版　麥田出版
城邦文化事業股份有限公司
104台北市中山區民生東路二段141號5樓
電話：(02)2500-7696　傳眞：(02)2500-1966
部落格：http:// ryefield.pixnet.net/blog
發　　行　英屬蓋曼群島商家庭傳媒股份有限公司城邦分公司
104台北市民生東路二段141號11樓
書虫客服服務專線：02-2500-7718．02-2500-7719
24小時傳眞服務：02-2500-1990．02-2500-1991
服務時間：週一至週五09:30-12:00．13:30-17:00
郵撥帳號：19863813　戶名：書虫股份有限公司
讀者服務信箱E-mail：service@readingclub.com.tw
歡迎光臨城邦讀書花園　網址：www.cite.com.tw
香港發行所　城邦（香港）出版集團有限公司
香港灣仔駱克道193號東超商業中心1樓
電話：(852) 25086231　傳眞：(852) 25789337
E-mail：hkcite@biznetvigator.com
馬新發行所　城邦（馬新）出版集團【Cite(M)Sdn. Bhd.(458372U)】
11, Jalan 30D/146, Desa Tasik,
Sungai Besi, 57000 Kuala Lumpur, Malaysia.
電話：(603) 90563833　傳眞：(603) 90562833

印　　刷　凌晨企業有限公司

2002年5月　初版一刷　Printed in Taiwan.
2011年5月　二版一刷

定價 / 440元

ISBN 978-986-120-792-6

作者簡介

艾德格．普伊爾（Edgar F. Puryear, JR.）

美國普林斯頓大學政治學博士，曾擔任美國空軍飛行軍官，亦曾在美國空軍官校開設有關領導的課程，現爲喬治城大學教授。代表性著作有《十九顆星：美國近代四大名將》與《爲將之道》等。

譯者簡介

陳勁甫

維吉尼亞軍校（第一傑克遜希望獎）、哈佛大學工程科學碩士及決策科學博士、陸軍指揮參謀學院。歷任連長、營長、國防大學國防決策科學研究所所長；哈佛商學院、史丹佛大學、北京大學訪問學者；國防部國防管理顧問、東元電機集團董事會顧問、協禧電機獨立董事。現任元智大學社會暨政策科學系、哈佛大學校友會理事、中華卓越經營決策學會理事、中華企業倫理協進會理事。獲得第三十三屆十大傑出青年、跨越二十一世紀青年百傑獎、國軍莒光楷模、國防部績優楷模、行政院研究傑出獎委外研究特別獎。

目錄

劉序

二十世紀是人類文明快速發展的時代，由於科技之突飛猛進，遂使人類過去的夢想成眞：登上月球，探測太空；世界各通都大邑間皆能朝發夕至，通話與資訊可以瞬間直達無遠弗屆，全地球已是「天涯若毗鄰，世界如一村」了；科技多方面的成就策使醫學、藝術、交通、生產製造、企業運作、民生所需等不斷改進；現代人的壽命也延長了，而且生活水準今非昔比。二十世紀確實是最好的時代！

然而就另一角度來看，二十世紀是人類表現出最野蠻最殘酷、遭遇到最痛苦最哀傷的時代，自一九〇〇年後之一百年內，發生了兩次世界大戰。尤其是二戰的範圍、規模與武器之破壞力、殺傷力，都是史無前例的。參戰國到處是一片焦土，軍民死傷在六五〇〇萬人以上。戰後哀鴻遍野，斷垣殘壁數十年後才得復甦。而且除兩次大戰外，在世界各處大大小小的戰爭更屈指難數。據統計：在二戰結束後的一九四五至一九九〇年之間約二三四〇個星期中，地球上眞正看不見硝煙烽火，聽不到槍聲炮聲的太平歲月，總數不過三個星期。一九一一年蘇俄解體，兩大核武超強所造成的東西集團壁壘分明之對峙局勢與冷戰危機消失了。但是代之而起的是激烈的經濟競賽，能源掌控以及不同種族與宗教間的緊張衝突甚至血戰。二〇〇一年九一一事件的大震撼與阿富汗戰爭，已突顯出未來世界動亂不安的暗潮洶湧與戰爭肇源之所在，防不勝防。美國在痛定思痛之後，其國家戰略目標不得不考慮在被動防禦的NMD、TMD之外，更要移向使用小型核武與不惜主動出擊流氓國家的以戰防戰之規劃了。

站在新世紀的開端來估計人類之未來，能否永熄戰火共享和平安定，只怕仍舊是個夢想。因爲人類有文字記載以來，可以提供出令人信服的統計，證明永久和平乃是遙不可及的。熟讀歷史又瞭解世情的人會承認：戰爭行爲已被人類代代傳承相沿成習了，國與國之間有組織的武裝衝突將可能永無止境地延續下去。也許戰爭是註定了要與人類常相左右存亡與共了。誠如蘇俄托洛斯基所言：你也許對戰爭不感興趣，但是戰爭對你深感興趣！

可是戰爭究竟是血肉生命的搏殺、國家民族絕續的拼鬥，戰爭是死生之地存亡之道的國之大事。如果戰爭來臨，唯有爭勝爲先，而戰爭的勝敗取決於國防上平時如何建軍備戰與戰時之如何用兵制敵。在承平時日裡，世人沉溺於紙醉金迷之餘，難得會看重一位沉默寡言的將軍。但是一旦鼙鼓動天、風雲變色時，才知道「知兵之將乃是生民之司命，國家安危之主」。因此古往今來，任何國家對於將才之培養選拔都極爲重視。軍官自養成教育階段開始，就要傳授領導統御學術、研讀戰史與名將行傳。目的就是要造就出合格的軍隊領導人，選拔出最優秀的將才來擔當衛國保民之重責大任。

艾德格·普伊爾博士出身美國空軍，研究領導統御有關問題凡三十五年，著作甚多，其中《十九顆星：美國近代四大名將》及《爲將之道》兩書，受到普遍之重視。尤以後者經訪問多位軍中將領現身說法，故內容非常精當。是一本可讀性很高的好書，值得仔細閱讀和咀嚼。我們在字裡行間可以親炙美國當代名將的風範、信念與立身守則，也可以領悟強國之所以能強者，其來有自。

艾氏在書中特別強調軍隊領導人風格的重要性——風格代表一切，而書中各位受訪將領對風格（character）一字之所指，各有不同之詮釋。統而言之，風格似可以包括品德與特性。任何一位軍官在官校教育的長期陶冶中，都經過嚴格的訓練與縝密的考核。官校之教育目標當然是要培育學生成為具備德、智、體、群四育並茂的軍官，因此在品德上一定有一致的標準。如像在英國家喻戶曉的一句話：「海軍軍官必然是一位君子（gentleman）。」這是一個標籤，也是一件合格證書。因此，一位軍官在他完成完整的軍官教育後，他的品德應該比一位高尚的君子有過之而無不及，他的心中也應該只有國家、責任、和榮譽。但是每一軍官的特性則有賴他本人終身對志節氣魄之磨礪、武德軍魂之涵泳、軍事學術之精研等各方面，繼續不斷下功夫，再加上軍中實務與戰場經驗之累積，從而塑造成各自不同的性格。歷史上名將用兵或深謀遠慮穩紮穩打，或奇正活用飆發電舉，其見於事功者當然不盡相同。在二次大戰期間歐洲戰場上，眾所周知的艾森豪將軍沉穩平和雍容大度，統御盟軍歷盡艱辛，他卻指揮若定終竟全功。而巴頓將軍才華橫溢飛揚拔萃，他勇猛善戰遇敵必摧，成為歐洲戰場上之第一戰將。這兩人性格不同，表現各異，但是都具備了優秀將才的崇高品德，故能各自揮灑無礙，終能扭轉乾坤擊敗強敵。他倆人所表現的非凡成就與貢獻，當然會永垂青史為後世所景崇。

艾氏在書中為強調風格代表一切，故鑿痕處處，卻皆順理成章毫不勉強。我們在讀後就會體會；眞正偉大的軍隊領導人，除專業性學能外，他必須是集所有修持美德於一身的豪傑。爲救國家於危亡，爲拯同胞於水火，他甘心犧牲奉獻。雖千磨萬劫，仍屹立不搖。雖馬革裹屍，也義無反顧。正因爲是身負國家民族存亡絕續之重寄的大將，他必然受大義血忱所驅使，時時抱持著精忠報國的一片肫誠。亦唯此肫誠，才能感動全軍，得到全體官兵的信任。軍隊也唯有萬眾同心齊勇若一，才能克敵制勝。因此我們也可以說：所謂大將者必不失其赤子之心，他心地光明純淨，存不得私，裝不了假。用此赤子之心，去換取麾下千千萬萬袍澤的心，盡忠效命無怨無悔，這才是軍隊！在本書中所推崇的名將，都是不伐軍功、不矜時譽、從不自我浮誇的誠正君子。其與一般善於包裝巧飾、欺世盜名以搏聲勢的「大人物」，差別太大了。這是我們在讀本書時應有的省思。

本書除對美國近代名將之風格詳作敘述外，另置重點於領導者之決策才能，強調「所謂決策乃是領導的本質」。事實上任何一位將領領軍，當然首先要帶好部下，平時訓練精良、紀律嚴明、士氣高昂，因而產生上下一致必可克敵制勝的自信。即使遇有挫折或處身艱困，由於領導人之堅強鎮定，仍能履險如夷不動如山。而在戰時每當面臨重大抉擇時，主將則必須當機立斷下達至當之決心指揮作戰。這些原都是身爲將領最基本的任務。其實數千年來，人世間戰鼓頻催，戰火常旺。無數戰士的鮮血與生命，換來了後人對戰爭的瞭解與用兵的智慧。從中國孫子兵法所揭示經之以五事（道、天、地、將、法），校之以計而索其情的「廟算」，到現代化軍隊的軍事決策程序，都是遵循一套周詳嚴謹的思維邏輯：確定目標、判斷狀況、研究各有關因素、分列敵可能行動與我之行動方案、兩相分項比較利弊、在比較中產生最佳方案、亦即指揮官之決心（決策）。

在理論上，古之廟算與今之軍事決策程序，應該是再無遺漏的完整作業了，也就是說指揮官之決心錯不了。但是戰爭之事非比尋常，千萬人之性命與邦國之興亡，就可能在此一戰。何況軍事問題牽涉極廣，敵我狀況變動不居，千疑萬難常橫亘於始計與決策之間，稍有錯失，則全盤皆輸。是故運籌帷幄決勝千里之從容決策已非易事，更何況身處槍林彈雨、危疑震撼、瞬息萬變之戰場上，指揮官必須迅速捕追稍縱即逝的戰機，即刻下達瞬間及時之決心，以破敵制勝。凡此，皆是衡量將才之準繩。但是就在這下達決心之前，身為軍隊之主將，乃是天底下最孤獨的匹夫了，因為責無旁貸，任何人也不可能代勞。而往往所面對的正是歷史性的千鈞重擔。在此一時刻，眞正是萬馬皆闇天地無聲，只有他獨立蒼茫隻手撐天，這才是對為將者最嚴格的考驗了。不論是一九四四年六月決定自英國反攻德軍所佔歐陸之大君主作戰（Operation Overlord）的聯軍總司令艾森豪，或一九五〇年九月決定在韓國仁川登陸（Amphibious Landing at Inchon）以截斷北韓南侵部隊補給線的聯軍總司令麥克阿瑟，或一九八九年十二月美國進軍巴拿馬捉拿諾瑞加（Noriega）總統的主策劃人美軍聯合參謀首長會議主席鮑威爾，時代不同狀況各異，但是他們身為主將所承受之壓力，和那一份獨立蒼茫隻手撐天的孤獨心情，是完全一樣的。我們在前文曾指出古今中外將才之培養自有類似的一致過程與水準。如果稱得上是將才，則專業學能與經驗累積應該經得起考驗，其唯一不同者，在於為將者各自的品德與特性——風格或有差別。從另一角度來看：眞正優秀的領導人，當然不會唯唯諾諾、趑趄瞻顧，既為主將就得心甘情願去擔當艱鉅，去下達最具挑戰性的決心，因為下達決心，正是領導統御精髓之所在。本書中列舉名將決策之例證很多，值得讀者去仔細體會。

艾氏在書中所標榜的美國名將，個個都是既立志從軍報國，則自始迄終自甘於淡泊的軍旅生涯，不爲利誘，不爲勢奪。他們長年辛勤工作、盡心盡力奉獻軍國、關心部屬、愛護袍澤、拔擢後進，而他們高尚風格的共同點，卻在於：「大公無私、至誠無僞」。以一己赤子之心，感召部下千萬人之心，甘願爲國盡忠，爲本職效勞，各自發揮功能於極致，使美軍歷來堅強無比，也所向無敵而揚威四海。艾氏似乎特別推崇馬歇爾與艾森豪，這兩位譽滿全球的名將，的確風格高尚，在領導統御上也極爲成功，其嘉言懿行足可爲後世之表率。我們單從艾森豪的領導守則中，就看出他平凡中的偉大處。他曾說：「領導之藝術無他，就是事情出了錯時，自己扛責任；事情成功時，則將功勞歸部下。」旨哉言乎！如果身爲軍隊之領導者或聲威赫赫的大將只會爭功，遇到差錯時，竟然推諉給部下去承擔，這樣的將領又有何風格可言呢？我們身爲軍官者也能有艾森豪的胸襟氣度嗎？這些也都值得讀者去省思的。

艾氏在「閱讀：終生學習」一章中著墨甚多，根據他對近代名將的訪問以及對過去偉人行誼的考證，沒有任何一位不是喜愛讀書不斷求知的。「讀書影響風格」是不容置疑的，我國古人也曾說過：三日不讀書，則面目可憎言語無味。而況現代人要瞭解的新知太多了。書中多位美國名將喜歡閱讀歷史與傳記，而且大都擁有屬於自己的書，因爲對自己的書「你就可以隨心所欲的使用」。本書中也指出：「書朋友具有優勢，勝過活生生的朋友」。很希望這些話，對本書的讀者有所啓示。

在西方書林中，找一本如作者曾訪問或書函徵詢過一百多位上將，一千多位將領作深度討論「爲將之道」者，應該是絕無僅有的了。我國歷史悠久，幾千年來也戰火不斷。歷代研究國防軍事的書籍，雖然也有論述，不過除武經七書較爲條理分明，其中曾對將道作精深討論者外，散載各代兵學著作或名將史略中之將道文章，則有如夜空中的明星，閃爍而難摘集。但是在民國初年，蔡諤將軍所著《曾（國藩）胡（林翼）治兵語錄》一書，則非常珍貴。民國十三年，先總統　蔣公在主持黃埔陸軍官校時，又將左宗棠的格言另列一目，附錄於該書之後，訂名爲《增補曾胡治兵語錄詳釋》，要求陸官校學生人手一編。這本書是中文論爲將之道最好的一本書，比孫子兵法了無遜色。因此建議本書的讀者，最好將以上三本書同作研究比較，則對中西方爲將之道的重點，必有融會貫通之收穫。固然，春秋戰國距今二千五百多年了，太平天國（一八五〇——一八六四）距今也已一個半世紀，時代不同武器裝備日新月異，作戰方式當然完全不同。但是戰略原理、戰術原則是可以前後相通的，特別是爲將之道，古今如一。

帥化民將軍識見宏遠，在國防管理學院院長任內，建樹甚多。又成立了國防決策科學研究所，延攬了一批軍中的才俊去任教，其中陳勁甫上校尤爲突出。勁甫非常優秀，他立志從軍報國，自行進入美國維州軍事學院，以第一名特優成績畢業，爾後又在哈佛大學深造。勁甫平實謙抑，好學多才。帥院長邀請他去國管院任教主持決策科研所，乃是適人適所最好的安排。果然，該所在他與全所同仁共同努力下，績效斐然可觀。勁甫喜歡讀書，也有時和我聚談討論。當他翻譯本書完成時，央請我寫篇序。我有機會先睹爲快，才知道是本好書。乃將自己讀後的一點心得寫出來，聊以作序。我非常希望三軍袍澤都會細讀並咀嚼這本書。

此外，我認爲這本書不僅是國軍軍官進德修業的好書，也可能是公民營機關團體各階層主官、主管，特別是企業界的領導人值得參考的好書。雖然社會上各行各業的區別很大，可是做主官、主管、或董事長、總經理者，能具備高尚的風格，敬業樂群樹立楷模，贏得部屬之尊敬；能具備決策的才能，隨時下達正確至當的決心而無往不利；能具備足以服衆的領導統御方法，使部屬結合成類如常勝軍一般的團隊，同心合力爲既定的目標去打拼。這些成就不正是一位身爲領導者所夢寐以求的嗎？所以我願意在此鄭重向大家推薦：請閱讀這本書，用作拓展事業的參考，這也應該是譯者所盼望的事。

劉和謙

九十一年三月廿九日

（總統府戰略顧問海軍一級上將）

唐序

所謂「凡是存在過的，必留下痕跡。」

本書作者艾德格・普伊爾花了十餘年的時間，於一九七一年完成《十九顆星：美國近代四大名將》，其後十九年，於二〇〇〇年又再出版這本美國的《爲將之道》，所討論的深度及涵蓋範圍均已非前一本書所可比擬。透過作者長期研究與完整的歸納分析，我們可以充份了解一些扭轉乾坤名將們的領導風格及處事態度，這些蛛絲馬跡不但開拓了我們的視野，更讓我們得到一種智性的啓蒙與經驗教訓。

到底領導包含管理或管理包含領導可說是眾說紛紜。個人認爲兩者是不同的概念但有交集。管理是在確保組織能有效率的正常運作發揮應有的功效，但領導在引導變革開創未來。所以管理是較偏向科學，但領導是較偏向藝術的層次。在一個穩定的環境中，組織的重點在如何把現有的事情作得更好，強調的是效率與管理，但在一個變動快速的環境中，組織存活興衰的重點在看清未來、尋求定位、勾勒願景、創造有利態勢、帶領組織變革以達彈性快速反應的要求，這裡所強調的是領導。哈佛商學院教授約翰・科特在二〇〇二年一月哈佛商業評論中文版中，就指出管理在克服複雜，領導在引導變革。現今不管是在商業或軍事領域都是一個變化快速的競爭環境，因此也越突顯領導力的重要性。商業界的領導在帶領組織追求利潤與價值，較容易與個人利益結合，但在軍事領域，更需要部屬的犧牲奉獻甚至拋頭顱灑熱血，因此軍事的領導更是獲得勝利的困難點與關鍵所在。可惜現在許多組織常常是過度管理但領導不足。

但何謂具有領導力的領導者？山普在他《逆性思維的領導人》一書中指出「是領導者」（being leader）和「當領導者」（doing leader）有很大的差異。一個人可以擔任所謂組織領導人的職位，但他只是一個領導者，並不一定能「當」領導者。要「當」一個領導者他必須有睿智的眼光、肯做困難的決定、能激發部屬的動力與信任、同時敢爲其行爲負責——領導者必須要能贏得部屬的信任，如此方能像船長一樣掌舵，激發船員努力付出共同駛向不確定但有著美好願景的未來。山普書中還舉一個例子：「你開著軍車在狹窄的山路上，忽然竄出一位五歲大的小女孩，你只有三個選擇：撞死小女孩，自己遂落山崖而死，或踩煞車，打滑車子，結果你和小女孩都死亡。你作何選擇？大多數接受此測試的士兵都選擇犧牲自己、留住小女孩的生命。相同的問題，如果你車上載著十九位士兵，理想的選擇是犧牲小女孩，但有多少人在實際狀況下會這樣做？」這個問題太困難、太痛苦，許多人乾脆選擇不作答。但是身爲領導者卻不能逃避許多攸關道德價值的困難抉擇。這也是「有效領導」（effective leadership）和「優秀領導」（good leadership）之間的差異，例如希特勒是一位有效的領導者，但不是一位優秀的領導者。紐約聯邦儲蓄銀行總裁懷特（John Whitehead）就指出「商業領導人所需具備的最重要特質就是風格（character），這風格反映在他高標準的道德行爲、企業精神和社區責任。」艾克（Fred Ikle）認爲國家安全戰略家面對高度不確定性與可能災難式的結果，除了理智外更要有高尚風格。身為領導者必須非常清楚自己的核心道德信仰及這些信仰的基礎，選擇一套道德價值，並為基於此道德價值的抉擇負完全責任。這個理念也充分的反映在普伊爾《為將之道：指揮的藝術——風格代表一切》。這是一本有關領導的書，書中所歸納出來包括大公無私、勇於做決策、誠實面對現實（憎惡唯唯諾諾的人）、終身學習、關懷、授權部屬及不逃避責任等等都是適用於各領域的領導風格。

坊間與領導有關的書籍可謂汗牛充棟，雖不無管窺之虞，但綜觀多方研究仍可描繪出一個領導原則的概括。雖然如此，由於時空因素及背景條件不同，情境亦永遠在變，所列舉的領導原則仍須因人、時、地而巧妙運用。這也是一個領導人是無法靠熟記領導原則就可成為一位優秀領導人的道理，他必須用心的去體會領導精髓並身體力行。所以本書是以許多案例來闡述領導的風格，如此更能讓讀者體會領導的藝術。

這本書雖是外國人的作品，舉的又是美國名將的案例，但「萬法歸宗」，作者能以推本窮源的精神及恭謹的態度來分析歸納領導風格，確實值得我們細讀、學習。因此，本人樂於為序推薦。

唐飛

九十一年二月二十五日

（空軍備役一級上將）

譯者序

艾德格・普伊爾是美國普林斯頓大學的政治博士，曾擔任過飛行軍官，亦曾在美國空軍官校開授有關領導的課程。當時他爲了講授難以理解的「領導風格」，花了十餘年的時間，研究四位不同領導風格的美國二次大戰期間陸軍名將：五星上將——喬治・馬歇爾、道格拉斯・麥克阿瑟、杜威・艾森豪及四星上將喬治・巴頓，並將其一系列的演講稿集成《十九顆星：美國近代四大名將》乙書，於一九七一年出版。台灣地區的中文版，則由麥田出版社請蘇維文先生於一九九四年完成翻譯發行。

睽諸古今中外歷史，能「出將入相」者必然具有某些領導特質。各行各業的領導者與偉大的戰場指揮官一樣，都要具備一些基本風格，惟究應具備哪些特質與多少才夠？實耐人尋味。而鑑於領導的運作方式迄無一個能爲世人所普遍接受的定論，也沒有任何一套領導理論能一成不變地適用在所有的情境裏，普伊爾遂繼續他的研究，經過十九年的千鎚百鍊，終於在二〇〇〇年又出版了《爲將之道》本書。

高素質的軍事領導人爲保衛國家安全與維護自由和平的最後一道防線。美國在一次大戰、二次大戰、波灣戰爭能帶領盟軍贏得勝利的關鍵因素，就如邱吉爾所說，是他最驚訝的「美國培養了這麼多出色的軍事領導人」。高素質的軍事領導人是各國在平時有系統、有步驟很刻意專注的投入領導統御的培養方能有所成效，絕非單靠一般專業軍事教育而能竟其功的。前國防管理學院院長帥化民中將即注意到弘揚「將道」的重要性，並籌思開設短期高階將官班，可惜缺乏支持，難以形成持久的制度。但這個理念卻在我們幾位老師的心中埋下種子。

八九年，本人奉派至美國洽公，無意間在書店裏發現了這本書，當場即被作者深入的研究、細膩的筆法及精闢的觀點所吸引，眞是心有戚戚焉，於是引介國人賞閱的念頭由然而生。返國後，即與國內有系統出版軍事相關書籍的麥田出版社協調，獲得一致的支持，咸認本書應像前書一樣翻譯成中文以饗讀者。

本人因感到時間與能力的限制，於是除了我本人外也找了高一中、魏光志、陳國棟等人幫忙共同翻譯，再由我進行最後的整合校稿。感謝他們的協助，使本書得以在二十一世紀的第一年完成。此外，也感謝國防管理學院的支持，方能利用教學之餘完成此一工作。最後僅將本書獻給我的父母和愛妻，沒有他們的支持與鼓勵，絕沒有今天的我。

國防大學國防管理學院
國防決策科學研究所所長　陳勁甫　謹識

二〇〇一年十二月

前言

領導才能是我卅五年來持續所作的研究主題，本書是有關於如何成功地領導美國軍隊的相關研究。在這一段時間裡，我親自訪問或以書信的方式訪問了超過一百多位四星上將及超過一千位准將以上的將領。另外，我接到了超過一萬封的信件，也閱讀了無數的日記、自傳、個人生活的點滴、回憶錄以及軍事歷史等記錄。

在一九七一年我寫《十九顆星》一書，這是關於軍事領導者的風格特質與領導才能之研究。其中研究四位在二次世界大戰中最傑出的美國將領，書中描述了是什麼因素造就他們成為傑出的領導人，也探究了他們如何領導美國軍隊。我選擇了自一九三九至一九四五年之間擔任美國陸軍參謀長之陸軍上將喬治·馬歇爾、遠東地區總司令之陸軍上將道格拉斯·麥克阿瑟、盟軍登陸北非、西西里及歐洲之最高統帥陸軍上將杜威·艾森豪——歐洲登陸戰也是歷史上最偉大的戰役之一，及美國在北非的第一、二軍團、西西里的第七軍、在歐洲的第三軍指揮官之陸軍將領喬治·巴頓。

我為何選擇這四位將軍，原因很明顯，實不需要多做說明。馬歇爾、麥克阿瑟和艾森豪在二次世界大戰中都擔任了最重要的軍事職務，而巴頓是家喻戶曉的野戰將領，這份原稿輝映出十九顆星——這四位偉大的領導者軍階的總和。這本書仍在印行，雖然已經加印了好幾次，還是獲得許多對軍事領導才能有興趣人士的喜愛。

自從《十九顆星》出版之後，我就以領導才能這個主題，向軍事界及一般社會人士發表過數百場的講演。在這些演講當中，聽眾經常要求我多談談當今的美國領導人。這些請求鼓勵我再寫一本《十九顆星》的續篇，在續篇裡訪談及研究從二次大戰結束後到一九九九年期間的軍事領袖，俾更新領導才能相關的研究。我親自做了一對一的訪談，包括一百多位四星上將，其中有參謀聯席會主席、二次大戰時期的陸軍指揮官、二次大戰後許多的陸（空）軍單位指揮官及參謀長、陸戰隊司令及海軍首長。這項研究也包括了以訪談或書信的方式，訪問了一千多位准將以上的將領，也聯繫了一萬多位曾經與這些將領共事過的人士。所有的問題都圍繞在「一個人如何成為美國軍隊的成功領導者。」

自從《十九顆星》出版之後，有數百本關於美國軍事領導者的書陸續推出，包括了自傳、回憶錄、生活點滴及軍事歷史。此外，我閱讀了許多這些人的日記、來往信件、演講等記錄，提供了許多豐富的寫作素材。

第二次世界大戰、冷戰及後冷戰、韓戰和越戰與伊拉克都對美國軍事領導地位作了相當大的挑戰。而這些軍事領導人的品質是維護美國與世界自由的根基。二次大戰後的一九四六年，邱吉爾在國防部對卅位最傑出的戰時美國陸軍和空軍將領作了一次非正式的演講，邱吉爾他背靠著椅子，雙腳放在桌上，一手端著白蘭地，另手拿著大雪茄說：他一直相信美國有足夠的人力和物力來扭轉戰爭的方向，從對盟軍不利轉變為有利的情勢，但是讓他最驚訝的是，美國培養了這麼多出色的軍事領導人。

美國在二次大戰及戰後期間，有這麼多睿智的軍事領袖，他們奉獻生命來爲上帝和國家服務。當戰事來臨時，美國已經準備好了許多優秀的軍事領導者，這是世界各國所做不到的。這本書可以提供讀者這些將領的一些想法、卓越的眼光以及他們的領導才能是如何發展而來，及這些領導者如何運用他們的才能打勝各項戰役，以及如何保衛西方的自由傳統。

寫這本書的其中一項目標是確立這些將領如何發展及獲得卓越的見識來成功地領導。許多人認爲這些領導人是天生的，不是靠後天培養的。如果領導者都是天生的，那本書的價值是什麼呢？常言道「天生的，不是後天培養的」這句話，如果狹義的就字意解釋，那就是出生的那一刻起，就已經決定了一個人是否能成爲領導者，成長和週遭環境對一個人的發展毫無影響。如果「天生的，不是後天培養的」這句話不作狹義的解釋，是不是可以說，一個人一出生就具備有某些特質，如果能成長在一個適當的環境裡，這些特質提供了未來具備成功領導能力的潛能。

我訪問了當年（一九四六年）聆聽邱吉爾演講的三十位將領中的二十位，其中之一是艾森豪上將，我請教他領導者是天生或後天培養的這個問題，他答道，「我想，說到『天生就是一位指揮人才』或『天生就是一個領導者』是有點道理的。但是也有很多人天生就具備成爲領導者的潛力，就好像許多人生來就具備了成爲藝術家的潛能，但他們一直沒有機會或訓練去充分發展他們的才能。我想領導才能是天生的稟賦加上後天的環境。我所謂的環境是指訓練和鍛鍊領導才能的機會。」

我訪問了艾森豪將軍的地面指揮官布萊德雷上將，有關領導才能是否爲天生的，他的回答是：

「我認爲一些是天生的，例如健碩的體格，健康的心智，天生的好奇心及學習的慾望。你通常做得到在一群小狗裡去挑選一隻最優秀的小狗，雖然小狗只有六週大。當一隻小狗具有好奇心，跑來跑去地端詳周遭的事物，這類型的小狗通常會是最好的狗。」

「但是有些特質是可以提升的，例如領導才能中的一項要求是對你的專業要有透徹的了解，這種了解是可以培養獲得的。觀察別人也很重要——試著去看是什麼因素讓他們如此卓越突出，從研究過去的領導者當中可以學習到很多，例如美國內戰期間的領袖李將軍、傑克遜、林肯等。試著去了解他們如何能夠如此傑出。」

當我請教安東尼·麥奧利夫（Anthorny McAuliffe）將軍時，我的問題稍有不同，我請教他「您認爲管理一大群人的能力是一位年輕人可透過自我教育與學習而獲得的嗎？」這位將軍是在二次大戰時講出非常有名的一字名言（「瘋子」（Nuts），當麥奧利夫將軍和他的部屬在巴斯道（Bastogne）被德軍包圍時，德軍命令他投降，將軍就用「瘋子」這個字來回應德軍）。他說：「我想你所說的能力是上帝的恩賜，是與生俱來的，就像麥克阿瑟將軍、巴頓將軍、蒙哥馬利元帥不只是領袖人才，他們也是演員。他們具有某種親和力，這對廣大群眾有很大的影響力。」麥奧利夫將軍說到果斷力是一項可以發展的能力。但是「你也只能改進到一定的程度，大部份是天生的」，麥奧利夫將軍接著說「除了一個人的風格之外，知識是最重要的了。」知識可以培養信心及果斷能力。當你充分地瞭解你的本行，我想你在採取行動的當時會勇於承擔而且非常果斷。麥克阿瑟將軍和巴頓將軍就是這樣的人。我想他們在做決定的時候能勇於承擔，他們做領導人能很成功，他們軍事本行廣博的知識是一個重要的影響因素。

最支持「領袖是天生的」這項理論的是二次大戰中指揮第七軍團的勞頓・柯林斯（Lawton Collins）將軍。自一九四九年至一九五三年間，他擔任美國陸軍參謀長，他說道：「只有少數人同時具備了以下的特質：風格、正直、聰明才智、工作意願，這些特質造就了他們的專業知識，以及讓他們成爲成功的領導者。這些都是上帝賦予的才能，而我們從我們的祖先承襲而來。」但是他也不相信一個人是完全受制於天生的稟賦，他說：「然而，只要有些許的聰明才智以及有心，某些領導的技能是每一個人都能學習到的。」

另外一位二次大戰成功的軍團指揮官韋德・海斯利普（Wade Haislip）將軍談道：「當我開始軍旅生活的那段期間，有一件事很困擾我，當時大家都認爲領導人是天生的，不是後天培養的。當我開始研究的時候，我試著去推翻這種老說法，我發展出一些我認爲是基本的要素，如果人們相信而且眞正的去做，每個人都會成功的。」

據說艾森豪將軍曾談起二次世界大戰期間的空軍指揮官卡爾・史帕茲（Carl Spaatz）將軍，艾克說：「他（史帕茲）是我麾下唯一沒犯過錯的將領。」

我也問過史帕茲將軍關於爲什麼有人能成爲傑出的領導人。他說，「我想領導者都是成長而成的。我想你一定要天生具備一些特質，更重要的是出生之後如何培養，這決定了你是否能成爲一位成功的領導人。」

在二次大戰期間，登陸義大利的第五軍軍長馬克・克拉克（Mark Clark）將軍，做了以下的結論：「我認為大部分的領袖是天生的。當一個人的祖先有決心及勇氣，無疑的，他承襲了一些領導才能的特質。我看得太多了，有些人雖然矮小而且瘦弱，但如果有人給他機會，他會充分發揮領導的才能，連你都不敢相信。有些特質承襲自你的祖先使你成為好的領導人，但也有很多不具備這些特質的人，當機會來臨時，他們一樣可以發展出這些特質。」

魯仙・杜斯考特（Lucian Truscott）將軍是二次大戰中一位很受尊重的師長、軍長及軍團司令，他曾說「我假設人生來就具備一些特質，而這些特質可以往領導才能方面去發展。無疑的，領導能力是可以被培養的。特定的人生下來就是陸軍指揮官或是戰場指揮官這種觀念，例如對艾森豪將軍而言，就不適用了。領導人的特質需要把果斷的態度以及信心包含在裡頭。大部分的情形下，果斷及信心來自於研讀和訓練所得到的知識。重要的是建立你的基本常識，發展你的心智，培養你的能力，去使你的所知發揮在軍事生涯中的每一刻。」

威廉・辛普森（William Simpson）將軍曾經在二次大戰中領導第九軍。他相信「每一個人都不是天生的領袖，領導才能是可以培養學習的。我真的希望當我年輕的時候，就有人告訴我。要成功地帶領眾人須要應用一些領導的特質，天生的領袖很少，非常的少。」

二次大戰後期擔任中國戰區的美國資深指揮官亞伯特・魏德邁（Albert Wedemeyer）將軍，對領袖是天生的而不是後天培養的觀點，發表其看法：「不，我不同意。我認為有些人具有較好的機會發展成為領導人才。這些人對各項活動的興趣都非常高，這項興趣成就他們成為好的領導人。我認為大多數的天才都是辛勤工作的結果，任何的年輕人，只要他具有勇氣及毅力，有一般的體格及心智，他就能夠造就一個美好的生命歷程，能有多大的造就，就端賴每個人了，通常一個好的領導人都具備了永不停止的好奇心這項特質。」

以上這些二次大戰期間成功的指揮將領的經驗智慧分享，爲美國軍事將領的優秀領導才能提供了一些思維的方向。即使是那幾位支持「領袖是天生」這種理論的將領，他們相信領導人的某些特質確是與生俱來的，但這些特質也必須在後天培養才能發揮出來。其他人相信，如果能用心培養，每個人都可以成爲領導人。所有人都強調教育、經驗、研讀以及週遭環境對培養領導人的重要性。所有二次大戰中的將領都同意領袖不是天生而是後天培養的，但是他們也指出一些特質有些人生來就具備了，而這些特質在領導才能的發展上也很重要。

研究偉大的軍事將領以及古典作家對戰爭的看法都是培養軍事領袖過程中所必要的，因爲戰場上的勝利都是由無數男女所贏得的。武器會改變，但是人性不變。美國永遠需要受過良好訓練的將領來打贏戰爭。柏拉圖曾說「只有死去的人，才眞正看到過戰爭的結束。」戰爭是不是人類的常態呢？看起來好像是如此，所以我們要好好來研究軍事領導才能。在過去的戰爭中，我們很幸運，因爲都有時間去準備。現代的戰爭不容許我們有長的準備時間，一個以捍衛世界自由爲己任的國家隨時要做好應有的準備。我們再也沒有辦法可以依賴英國、法國在歐陸把敵人牽制住，讓我們有好幾年的時間來決定是否要投入一場衝突，只有這樣，才有充裕的準備時間來投入戰爭。但在未來，我們有可能是最先被敵人攻擊的目標。

在撰寫這本書的歷程當中，曾經有人和我提起，我所探討的主題並不是領導才能而是將道，或者某項特質不是領導者而是參謀軍官。有人談到我所研究的不是領導而是指揮，也有人說這是行政或管理。我們不需爲所用的名詞爭議不休。這本書是討論爲將的書，爲什麼他們會成爲高階將領，當他們擔任高階職位之後，他們如何來實際承擔與執行其職務。用來描述及包含他們所承擔與執行過程的名詞，就是「領導才能」。

在比較這些人士領導才能的時候，我們可以清楚地看到，這些人具備一些人格特質，而這些特質是他們成功的重大因素，我並不期待，也不保證在研究和了解這些特質後，每一位讀者都能獲得像這些將軍那麼高的成就。至少，我可以確信的是，將會使一般人更好。如果我們不用心在領導才能的訓練上，那將是一項很大的錯誤。領導才能也不應該是其他訓練的副產品。所有國家軍事單位出版品中都列舉出如何去領導人，但是只列舉出一些規定、原則還是不夠的。成功領導的特質必須要被賦予生命與意義。

坊間有關於軍事領導才能的出版品都有相同的論點，成功的領導統御一定須要具備一些特質——大公無私；甘願地去參與決策的過程及承擔決策的責任；具備並發展決策過程中高品質的「感覺」及「第六感」；憎惡「唯唯諾諾的人」；培養終生學習的習慣；具有明哲導師教導的生涯，尤其是親近做決策的人；了解體恤並關懷部隊的重要性；體認到授權的能力決定了我們能夠在美國軍方升遷到什麼程度。最偉大的是一個人的風格，這是領導統御的一切。風格貫穿所有成功領導統御所需的基本特質。這本書的宗旨是給風格賦予一個生命與意義的詮釋。風格沒有辦法眞正地以文字來定義，它一定要用描述的方式來做，這就是本書要致力達成的。

我們要賦予領導統御一些眞實的意義，唯有經由著名的人士和傑出的領袖身上，我們才可以看到活生生的領導才能。如果這個說法不正確的話，那麼將所有必要的特質一一表列出來，就可期待每一位讀者都能成爲一位偉大的領導人。然實際上，成功所需的特質並不只是這樣一張表單。我們所需要的是對這些領導才能和成功特質的描述讓讀者能有深刻的體會。這就是我從《十九顆星》到《爲將之道》的寫作目的。這兩本書都不是針對如何成爲成功的軍事領袖提供唯一的解答，但是都提供了一個答案。

在我訪談過的領導人士當中，大家對什麼是成爲成功軍事領袖的最主要因素，有以下的一致性看法：建立一個領導的行爲模式。這些在二次大戰、韓戰、越戰、伊拉克戰爭中承擔過重要軍事責任的將領們都支持其他人對於成功領導人的卓越見解。

爲將之道

指揮的藝術——風格代表一切

AMERICAN GENERALSHIP

Character is Everything: The Art of Command

【第一章】

大公無私

在我的一生中，我習慣將所有的公僕歸類成兩種人：第一種人心裏想的是能對工作貢獻什麼，第二種人心裏想的是能從工作得到什麼。

——亨利．史汀生（Henry L. Stimson, Secretary of War）
陸軍部長1909-11；國務卿1928-32；陸軍部長1939-45

一個成功的領導者是由許多素質所組成的。其中最重要的包括專業知識、決策、人性、公正、勇氣、體恤、授權、忠誠、無私和風格。但是從我所有的研究當中，很清楚的看出成功領導者的素質絕對沒有一項比得上風格（character）重要。人們所以會記得許多偉大的將軍，像喬治．華盛頓（George Washington）、羅伯．李（Robert E. Lee）、喬治．馬歇爾（George C. Marshall），除了他們是偉大的領導人外，更是因爲他們顯著的風格。

本書有很多評語與討論是專注在這些風格的特性上。其中一個是由在一九三九到一九四五年擔任陸軍部長的亨利．史汀生所提出的：「馬歇爾將軍領導能力的權威直接來自於他的風格。」

其他許多的論述都提到馬歇爾的風格。英國首相溫斯頓．邱吉爾（Winston Churchill）就說馬歇爾是「一個有獨特崇高風格的男人。」在V-E日給馬歇爾的一封信中，邱吉爾寫著：「我等到內心的激盪稍微平息後才回你的信，因爲我要告訴你，我感到無比的榮幸能夠接到你友誼和認同的字句。我們有一起看到和感覺到在這個可怕的戰爭中所引起的內心掙扎，而在這掙扎的終點，沒有人的好意見比得上你的意見在我心中的評價。」

「你指揮一個偉大的陸軍的理想雖沒實現。但你必須要建立他們，編組他們和激勵他們。而在你的指導下，這一個強大與英勇的編隊已經橫掃法國和德國，並且令人驚訝的在一個很短的時間內就已經成形與完美。不只是戰鬥部隊以及其複雜的附屬單位被建立起來，更令我難以置信的是，你提供有能力的指揮官足以帶領這龐大的現代陸軍組織，並以最卓越的靈敏度在需要時進行機動部署。除此以外，在主要的戰略領域上，你也是聯合參謀首長（Combined Chief of Staff）這一流組織的主要動力來源，該組織的運作與關係也將成爲聯盟和聯合作戰規劃及管理的典範。」

「經過這些年來的心力交瘁，更使我對你的風格與堅強意志力量的尊敬與欽佩與日俱增，這些都能帶給你身旁的跟隨者無比的慰藉，我也願永遠成爲你身旁的跟隨者之一。」

鄔卓・威爾遜（Woodrow Wilson）總統在一次對北卡羅萊納大學（University of North Carolina）演講中提到羅伯・李將軍，他說：「（他的成就）不止存在每一個軍人的記憶裡，也存在每一個喜愛高尚與有能力的人的心中，這些人希望看到來自於風格的成就，以及看到所完成的並不是爲了自私或自大的目的，而是爲了服務國家以及證明所作所爲是值得的。這些都不止突顯這個偉人的名字，而且他名留青史也是別人所難以比擬的。」

帶領聯邦政府軍獲得勝利的尤里西斯・格蘭特（Ulysses S. Grant）將軍在他的回憶錄裡回憶在阿波麥托克斯鎮（Appomattox）受降時李將軍以及他自己的風格的情形時說：「李將軍有何感覺我不知道。因爲他是一個很有尊嚴的人，以及一張看不透的臉部表情，幾乎不可能知道他的內心深處是高興征戰終於落幕了，或者對這結果感到沮喪，但因其剛毅的個性不會表現出來。不管他的感覺如何，他都隱藏的讓我觀察不出來。我個人的感覺應該是很喜悅的接受他的降書，但我心中卻顯得很悲傷與沮喪。我一點都感覺不到擊敗一個爲了某個原因和我交戰這麼久，又這麼英勇以及犧牲這麼大的敵人的喜悅。雖然這個戰爭的原因是我認爲人類爲之而戰的最差理由，也是最沒藉口的，但我一點都不懷疑對抗我們的這一大群人們的眞誠。」

李將軍在美國內戰時以及戰後的牧師威廉・瓊斯（J. William Jones, D. D.）寫道：「我每天目擊這些使他在和平時顯得比戰時更崇高的美麗風格的特色。」

學者給李將軍很多褒揚。英國學者菲力普・渥司理（Philip Stanhope Worsley），也是牛津考帕克利士替學院（Corpus Christi College）董事，在他翻譯荷馬《伊里亞特》（*Iliad*，歌詠特洛伊戰爭的敘事詩）一書時就將它獻給羅伯・李將軍。渥司理寫：「你會容許我將這項作品獻給你，因爲李將軍……是這個英雄，就像在《伊里亞特》中的赫克特（Hector），……同時當我想起他崇高的風格時，這些詩中一些最富麗的詞段就會浮現……」

內戰時其最顯赫與成功的兩位將領是尤里西斯・格蘭特和威廉・薛爾曼（William Tecumseh Sherman）。當格蘭特被林肯挑選爲其最高將領時，他被召喚到華盛頓去從林肯手中接受他的晉任。薛爾曼很清楚華盛頓的情況，就寫信給他的哥哥參議員約翰・薛爾曼（John Sherman）：「給格蘭特你所有的支持。他將經歷被人奉承這一個令人討厭與危險的過程……格蘭特是我們能找到的最好領導者。他有誠實與單純的風格、眞誠的目標和沒有爭奪內政權力的願望。他的風格多過於他的天才將會整合軍隊和使人民愛戴。」

有關李將軍最重要的學術著作就屬由道格拉斯・傅立曼（Douglas Southhall Freeman）所寫的傳記。該書舉證李將軍對馬歇爾的影響。傅立曼博士在完成李將軍傳記後仍留下許多研究資料，他就利用這些資料寫了以《李將軍的跟隨者》（*Lee's Lieutenants*）爲名的三大冊書。傅立曼在當時（第二次世界大戰期間）發表了一篇署名〈李將軍和馬歇爾將軍〉的文章，裡面寫著：「戰爭發展到這個階段，兩項李將軍的指揮官素養對領導者更顯重要，也就是好的預測能力和正確合邏輯的判斷力。我相信陸軍參謀長喬治・馬歇爾將軍正展現像李將軍一樣徹底超然的判斷力。這個國家可以冒馬歇爾將軍所冒的險，因爲在這賭注後面有著大理智、卓越的判斷和高貴的風格。」

馬歇爾夫人受到這篇文章的感動，並在她的書《同在一起》（*Together*）裡說：「我將這篇文章隨下封信寄給喬治，因爲李將軍是他在我們歷史中最敬仰的兩人之一，另一人是班傑明・富蘭克林（Benjamin Franklin）。他尊重李將軍的風格和當一個軍人的能力，以及富蘭克林的常識和對人性的瞭解。」

陸軍五星上將杜威・（艾克）艾森豪（Dwight〔Ike〕D. Eisenhower）也是風格的具體表現。在一九四一年他給他唯一存活的兒子約翰提供高中畢業後何去何從的建議。艾克在他的書《稍息：我告訴我朋友的故事》（*At Ease: Stories I Tell My Friends*）中詳細的提到這點：

> 約翰一定曾懷疑過為什麼我還會留在陸軍。為了給他一個較不消沈的一面，我說我的陸軍經驗一直是不可思議的有趣，同時它也讓我接觸到有能力、有榮譽和有高度奉獻國家感的人。

後來艾克問他的兒子：

「很明顯的，約翰，艾德叔叔說你已經下定決心要試圖進入西點。」

「是的，沒有錯」

我問他理由。他主要的理由是：「這是因為那一晚你告訴我的話，當你說到你對陸軍經驗的滿足，和你感到榮譽能和有風格的人共事時，我就決定了。」他又加了一句，「如果在我結束我的陸軍生涯，我也能有同樣的感受時，我也會和你一樣不在乎晉升。」

這些談論皆強調風格的重要。那到底什麼是風格？風格對成功的領導能力又擔任什麼角色？對某些人來說，成功是那些顯赫指揮官唯一的共同點，因爲成功代表領導地位並喚起良知。但喬治·華盛頓在獲得最後勝利之前，曾多次敗北，他大多數的手下並未因此對他失去信心。李將軍是戰敗一方的指揮官，但他的名字是領導能力的同義字。爲什麼呢？因爲兩人都是有風格的人。

領導能力事實上是領導人潛意識表達出來的風格與人格特質。艾森豪告訴我：「在很多方面風格是領導的一切。它是由許多素質所構成的，但我會認爲風格就是正直。例如，當你委派某件事情給一位部屬時，這絕對是你的責任，他必須瞭解到這一點。身爲領導人的你，必須對你部屬的所作所爲負完全的責任。」

對布萊德雷將軍（Bradley）而言，風格意謂著「可靠、正直、絕不會做知道是錯的事的特質，不會欺騙任何人，對每個人也都一視同仁。風格是一種包含所有的特質的組合。一個有風格的人，每一個人都會對他有信心。軍人必須對他們的領導者有信心」

二次大戰義大利戰區指揮官馬克・克拉克（Mark Clark）將軍談到成功領導的必備素質時說：「我會將領袖風格擺在第一位。假如你要挑選一位軍官擔任指揮工作，你會選一個對自己能力有信心？一個十分忠誠？還是會選一個有風格的人？我會選一個有好風格的人。有許多人都知道用『聰明』的捷徑完成事情，但他們都會踐踏同事，恣意孤行。我不要那種人。」

二次大戰時歷任軍長和軍團司令的陸西恩・杜斯考特（Lucian K. Truscott）將軍說：「就如我在讀小學時我們常說的，風格就是你自己的本性。名聲是來自別人對你的看法。有些人在攀登成功或領袖的階梯時失敗，是因爲名聲和風格間有落差。這兩者並非永遠一致。有人可能被認爲有極佳的名聲。機會也許會降臨在那人的身上，但如果他只是浪得虛名，他將經不起考驗，失去那個機會。我認爲風格是成功領導的基礎。」

對首任空軍參謀長暨二次大戰歐洲戰場空軍指揮官的卡爾・史帕茲（Carl Spaatz）將軍而言，風格是堅強的意志。他說：「當一個軍事領導者你不能優柔寡斷。」「你必須能掌握狀況，然後下達決心。優柔寡斷是人格特質的弱點。你必須能信任領導者告訴你的所有事情。」

勞頓・柯林斯（J. Lawton Collins）將軍是韓戰時期的陸軍參謀長，他說：「我會將風格當爲領導能力的絕對第一要求。就風格而言，我主要是指正直。以誠實和判斷爲行動基礎的領導人，才是其長官以及更重要的其部屬能夠信賴的人。如果他不能以榮譽爲行為的準繩，他是個一文不值的領導人。」

二次大戰時的陸軍指揮官威廉・辛普森（William H. Simpson）將軍相信「一個人的純正風格包含許多本質。我不知道如何將其細分。一個有良好風格的人必定是正直、誠實、可靠，並與每個人坦誠相處。對他的家庭、朋友和長官也都忠誠以待。」

二次大戰時軍團司令雅各・鄧維斯（Jacob L. Devers）將軍說：「當我用『正直』這個字表示領袖風格，用領袖風格表示正直時，我經常遭到批評。我想風格是領導能力的一切。這也是我們所希望培養年輕軍官所具有的特色。風格對我來講是眞理，這是我唯一能對它表述的方式。要能挺身說出實情，而不要模稜兩可。」

風格的意義對二次大戰中國戰區的美軍最高司令亞伯特・魏德邁（Albert Wedemeyer）將軍個人而言是：「一位能在砲火下挺身而出的軍官，他有足夠的聰明勇氣而不是傲慢或頑固的保衛他的信念。他是一個不認爲他是無所不知，而能聆聽有不一樣經驗和不同知識的人。這意謂著一種很深層的忠誠感。軍官除非具有領袖風格，他無法做任何事來使他的部屬愛戴他和尊敬他。」

「領袖風格在領導能力中，扮演主角的角色。」安東尼・麥奧立夫（Anthony McAuliffe）將軍說：「它是許多素質的綜合體——人格特質、清白的生活和風度。它是一個很難描述的字，因爲衆所皆知，有各形各色和各種個性的領導人。我不認爲任何我熟悉的兩個人，像麥克阿瑟將軍和巴頓將軍，彼此的差異如此大，但兩個人都是帶領大軍的優秀領導人，兩個人都有偉大的風格。」

任何一個多於兩人的團體，就很難對同一件事達到全體一致的共識。從許多達到領導高峰的軍官反應中，卻意見一致的認爲風格是軍事領袖的基礎。對領導風格重要性的信念也從作者和上千位准將以上軍官交談或通信中獲得一致的認同。但大家對風格這個字的意義則有不同的意見。事實上，風格無法被定義，它需被加以描述。

陸軍部長亨利・史汀生在馬歇爾一個驚喜生日會上評論：「你是我認識的公僕中最大公無私的一位。」在經濟合作局（Economic Cooperation Administration）服務的保羅・哈扈曼（Paul Hoffman）說：「依我的意見，我從沒見過一位像喬治・馬歇爾在處理事情時這樣完全的大公無私。」（哈扈曼是監督在二次大戰後解救歐洲淪入共產主義的馬歇爾計畫（Marshall Plan）的行政官員）。

這種無私是我們軍事領導人的關鍵特質。艾森豪也強調風格，而他的生涯也展現他成功領袖的角色。他在他的書《稍息》中回想：「華盛頓是我的英雄……激發我敬佩的素質，首先是華盛頓的在艱難中的毅力和耐心，然後是不屈不撓的勇氣、膽識和自我犧牲的能力。」

自我犧牲和大公無私是艾克具有的素質，當馬歇爾將軍認知到這一點，也是艾克生涯的轉捩點。艾克告訴我說：「馬歇爾將軍最鄙視的一件事是任何人只考慮到軍階——爲自己著想。有一天我們在談某件事的時候，他告訴我有關一位他原本有好印象的人來見他。這位仁兄進來告訴馬歇爾爲什麼他需要被晉升的各種理由。他說這是絕對必須的，但馬歇爾幾乎發怒。『我告訴那個人』，馬歇爾說，『注意聽著，在這場戰爭中被晉升的人是必須要承擔重責的指揮人員……幕僚人員是不會被晉升的。』」

「忽然馬歇爾對我說，『你現在就是一個個案。我知道喬易斯（Joyce）將軍試著讓你當師長。克魯格（Krueger）將軍也告訴我他隨時都樂意讓你指揮一個軍。很不幸的是，你只是一個准將，你也將繼續當個准將，就是這樣。』我回答說：『將軍，你錯了。我一點都不在乎你所提的晉升，以及你能晉升我的權力。你要我來這裡執行一項工作。我不曾問你我喜歡或不喜歡這個工作。我只是試著盡我的責任。』接著我就站起來離開他的辦公室。因爲某種因素讓我回頭看了一下，我看到馬歇爾將軍臉上露出一絲笑容。我有風度的自我嘲諷。我知道我讓自己出醜了。」

「你知道從那天起他開始提拔我。事實上，不是當天而是十天後。他寫請求信給國會要求將我晉升爲少將。他說他在美國陸軍所建立的作戰署並不是眞的幕僚職務。他說我是一位指揮官，因爲我要進行軍隊部署等等，這是他的合理化理由。沒多久後他決定派我去英國，當我赴任時他給我另一個星後來又加了一個星。」

馬歇爾和艾森豪後來的一段對話也流露出他們兩人的風格。在一九四四年六月十二日，也是美軍登陸歐洲戰場的六天之後，馬歇爾將軍和亨利·阿諾德（Henry H. "Hap" Arnold）空軍上將以及海軍首長恩尼斯·金恩（Ernest King）海軍上將來看艾森豪。「馬歇爾談起：『艾森豪你已經挑選或接受那些華府派來的指揮官。你選人的主要條件是什麼？』我不經思考的就說『無私』。事後我細想，我瞭解到正是他本身給我『無私』這個觀念，這是最偉大的風格特質。回想那次在他辦公室中的爭吵以及我的反應，馬歇爾將軍心裡有數，眼前有個不考慮個人升遷而努力工作的人。我認爲無私的想法藏在許多觀念中，它並不是一個新觀念，是我的潛意識讓他發揮出來。要不是那次與馬歇爾將軍的對話，我可能直到戰爭結束還是陸軍部（War Department）作戰署的軍官。」

無私是艾克一生的標記。他的日記記載著他在菲律賓服務於麥克阿瑟將軍麾下的經驗並不愉快。艾克和麥克阿瑟並不親密，兩人間並沒有眞正的袍澤感情。

艾克在他四年的菲律賓任職期中，他回國停留四個月。他當時並不一定要回去菲律賓，而且他也有朋友可將他重分配到別處，但責任和無私將他拉回到菲律賓。他從未放棄希望能和麥克阿瑟共事，況且他瞭解到該任務的重要性。

當然艾克對責任與服務至上的概念在他駐紮在菲律賓時展露無遺。他拒絕幾個民間和私人企業優渥的工作機會。他拒絕接受企業的董事和回絕了數個「交易」和贊助。

榮譽和正直是決策的重要素質。有一次艾克回絕了一大筆錢，這一事件再次顯示他的無私，在他一九四二年六月二十日的日記裡他記下：「菲律賓的總統今天早上十點來找我。他的目的是提供我一個謝禮，以報答我在馬尼拉暫代麥克阿瑟將軍參謀長時期的服務，當時他（麥克阿瑟）去當菲律賓政府的軍事顧問。」

「奎松（Quezon）總統帶著一份贈予謝禮及伴隨的褒揚草案來我的辦公室。」

「我很小心的向總統解釋我很感激他的關心，也感謝他表達謝意的方式，但這是不合適的，我也不可能因爲我執行的工作來接受金錢的獎勵。我解釋雖然我知道這完全是合法的，以及總統的用意是很崇高的，但可能會造成某些人的誤解而危害到我在這場戰爭中對盟軍服務的有效性。我的政府託付給我重要的任務，也伴隨著沈重的責任。」

奎松接受他的解釋，並說「這件事情就到此結束，不會再提了，」他改用一個書面的褒揚狀取代謝禮。艾克回答：「對我的家庭來講，這樣的褒揚比任何金額的錢更好更有價值……（奎松）顯然是接受我的決定而沒有任何怨恨也不感到丟臉而後者是我非常關切的。在遠東地區拒絕任何人提出的禮物，尤其是要以倫理的理由，是很容易變成嚴重的個人問題。」

艾克的父親在一九四二年三月過世，但他的責任感仍然克服一切，縱使是在這悲痛的時間裡。因爲在華府擔任作戰署副署長的責任壓力使得他無法參加他父親的葬禮。他在一九四二年三月十一日的日記裡寫著：「我感到非常的糟，我非常的想要在這幾天陪我的母親。但我們正在戰爭中。戰爭並不輕鬆，我們沒有時間沈迷於縱使是最深處最神聖的感情裡。她一直是父親生命裡的啓發，也是任何方面的眞正幫手。現在是晚上七點三十分，我要停止工作了，今晚我已無心繼續下去。」隔天他寫有關他的父親「他信守句句的承諾，他純眞的誠實，他堅持立即還清所有的債務，他對他的獨立性感到驕傲，這些所建立起的名聲使他的兒子們都受益良多。」

在艾克當盟軍D日統帥和陸軍參謀長的傑出表現後，他的國家和世界繼續要求他的領導。在一九五〇年代初期最關鍵的國防議題是對共產主義的圍堵，所以艾森豪被指派爲北大西洋公約組織的指揮官。當時杜魯門（Truman）總統將麥克阿瑟將軍革職也是一件令人困擾的紛爭。艾克再度想起無私的重要性。他在一九五一年四月二十七日的日記寫下他的評論：「在美國這個『大爭論』只不過是不同成分的個人偏袒和爭吵所組成的持續風暴。對大部分的人它已經被簡化（事實上是過份簡化）爲杜魯門與麥克阿瑟的鬥爭。這是多麼悲哀啊，在世界歷史的緊要關頭，我們卻因人類的自私而分裂。我們實在應該繼續認眞的辯論各種可用的手段與方法來對付共產主義，並展開一場有效的戰爭。有很多有啓發性的討論與辯論空間，我們沒有時間可浪費，也沒有權利來弱化自己，只因爲我們陷入滿足個人野心的事務上。」

「就我所知，這個總部的每一位資深軍官都能有更好的去處。每一個在這裡服務的人都是因爲一種對人類事務緊要性的強烈責任感所驅動。很不幸的是，他們必須每天對抗來自於倫敦、華盛頓和巴黎那種讓人悲觀與沮喪的認知。在那些地方，不配的人正在引導我們的命運或在競爭激烈的爭取能主導我們命運的機會。」

「如果我們曾經需要道德和智慧的正直感，現在正是時候。我感謝上帝（眞的）我們仍有一些能讓大眾尊敬的人。爲我的家庭以及美國，這也是我生命中眞正的熱誠，只要我還有能力我將繼續有效和樂觀的工作。但我深切的希望在自由世界有影響力的地方，已經培養出新的、年輕的、有活力的民間和軍事領導人，並讓他們專心奉獻於他們的國家、正派和安全。」

艾森豪對責任的概念不止於當軍官。當他在當北大西洋公約組織部隊的最高領導人時，他曾考慮接受被徵召當總統候選人。一個代表團在一九五一年十月二十五日和他碰面，鼓勵他參選總統。他回憶這場會議「我並不想當美國總統，而且我也不想當任何政治職務或有任何政治關聯。我現在的工作如果成功將對未來的美國有相當的重要性。」

他同時也強調在他責任感內的無私：「我接受這個職務（歐洲聯軍最高總部（SHAPE, Supreme Headquarters Allied Powers Europe）指揮官）完全是責任感使然——當我離開紐約時我確實犧牲掉許多個人的方便、利益和喜好的積極性工作。我絕不會爲其他政府工作而離開目前的職務，除非有很清楚的責任召喚。我絕不會參與任何促進我被提名的活動，因爲我相信總統一職不應該被追求，同樣我也相信它也無法被拒絕。需要何種進一步的情況才能說服我我有責任進入政治圈，我無法言明。我就是無法知道是何種狀況。在這一刻我僅能承認，在沒有任何直接或間接的協助或我的默許，我不會考慮他們所說的提名，讓我去承擔如此大的責任。」

國防部長吉姆・福萊司特（Jim Forrestal）是一位眞正無私的公僕，他悲劇的自殺是一主要的挑戰。「我和福萊司特常談這些事情」，艾森豪說道：「比任何其他人都多，因爲他有誠實的目的和對公共事務的奉獻。更甚者，他個人非常的關心我們國家所遭遇的危險，而他也願意談這些事情。一些我軍中、政府或民間部門的同事和福萊司特有一樣的無私精神，但很少有像他永不滿足的學習慾望，並運用其知識於公眾利益。所以我們一起探索和搜尋來定義一些至理名言，讓他們在語言上能具體而明確，但又能普遍的適用一段時間。」

艾克非常憎恨一個不是無私的人。當總統的時候他回想：「在夏威夷州長這個案裡，有兩個主要的候選人角逐該職位。兩人都培養其『游說團體』來支持各自的訴求。這樣追求公職的方式違反我的本性。主動追求該職位，對我來說，就是不適任的證據。我認爲任何一個人來到華府接受一個重要政府職位的人，若沒自我犧牲精神，並不適合該職位。這當然不適用於一些較技術與專業的職位，當然假設別人對高層職務也要和我有同樣的認知也是不公平的。但是，我對一個一味追求政治職位的人的尊敬與敬仰很快就消失不見了。」

他又說：「這些人都會抓住一位成功商人必須付出大代價才能獲得成果的工作機會。合理的犧牲當然是可期待的，事實上，政府無法承受讓人佔據一個重要的崗位，除非他願意犧牲物質上的利益。」

艾森豪對總統職務的回想

當瑪米和我來到白宮時，我們對住在裡面的生活大概有很好的瞭解。我過去多年所擔任的重要軍職給我一些經驗，這些經驗雖然無法比擬，但確類似總統的生活方式。尤其是當我在二次大戰指揮盟軍遠征軍最高司令部（SHAEF）及歐洲聯軍最高總部指揮官時更是如此。在這兩個職務上，我過著非常孤獨的生活，前一次只有我的助理陪我，後一次是和瑪米住在一起。因為安全、禮賓和要求簽名等問題，我們不能像一般人一樣上餐館、戲院或其他公共場所，連找到健康或休閒所需的時間也都很困難。

我們知道白宮的經驗會使這些困難更加倍，但至少我們在心理上已經有所準備。

喬治・華盛頓將軍在獨立革命的指揮官生涯中，很早就爲軍官展現無私，並發展成爲這兩百年來高級軍事領袖的學習典範。許多他的人員沒有滑膛槍（muskets）而必須用帚柄操練學習。許多人沒有鞋穿，毛毯匱乏，食物不足，同時徵募任期也不一定。華盛頓在他一七七六年一月十四日的信中透露他的想法與顧慮給他的朋友約瑟夫・萊德（Joseph Reed）：「當我周遭的人都在熟睡時，一想起我的處境以及這個陸軍，我就輾轉難眠。只有少數人知道我們所處的窘境，但我還是相信如果我的戰線發生任何災難，一定是來自這原因。我常想到我將會多麼的快樂，如果我沒有在這樣的狀況下接受指揮權，而是槍上肩加入行列，或者是我能合理面對我的後代子孫及良知，在簡陋的小屋退居鄉野。如果我能克服這些所列舉的困難，我將虔誠的相信必有上帝插手，使我們的對手盲目；如果我們能安然度過這個月，一定是因爲他們知道所面對的不利態勢並盡力爭取得來的。」

國家很慶幸的，華盛頓沒有避居鄉野小屋也沒有加入行伍，而是無私地領導我們的國家邁向勝利。他拒絕當君王一事可能是最能彰顯他的無私行爲。當時有很多人想要加冕他成爲新成立的美利堅合眾國的國王，但是他拒絕了，也因此造就了世界最偉大的共和國。

這種拒絕他可輕易獲得的皇家權利，展現華盛頓生命卓越的無私。身爲獨立革命成功不可或缺的一個人，他可拒絕「王冠」。他藉這樣做向其同僚與後代子孫證明風格而不是貪婪才是他偉大生命的動力。

戰爭結束後，華盛頓遇到另一個對他風格的測試。在一七八三年三月十五日，一些他的軍官由蓋茲（Gates）將軍帶頭聚會討論以軍事行動來確保陸軍的薪餉，「爭議是應由文人或軍人統治新的政府。」情況非常不穩與危險，使得「華盛頓自身的領導……也受到威脅。陸軍覺得他的『柔軟過度』已經使他擋在他們爭取應得權益的路上。」這是美國歷史上最危險的一刻。因爲在美國全部歷史中，這是唯一一次文人統治受到軍方嚴厲的挑戰。如果這一個誤入歧途的威脅成功，美國的歷史將會走上完全不同的路。

再一次，華盛頓提供關鍵的扭轉：他的領導加上不屈不撓的風格。當亞歷山大・漢米敦（Alexander Hamilton）告之將有一個軍官的會議後，華盛頓決定要親自去參加。當他出現時，「這群聚會的軍官表情很清楚的看出他們並不喜歡這個驚奇。自從他擁有陸軍的愛後，這是第一次他看到的是怨恨與憤怒。」他給一個簡短的演說，很恭敬地要求軍官反抗採取軍事行動的誘惑。他告訴他們：「讓我懇求你們，先生們，在你們這一邊，不要採用在理智的平靜眼光裡會減低尊嚴和玷污你們迄今所維持光榮的任何議案。」

但連他們英雄所說感動的話都無法動搖他們。在他演講稿結束時，他利用「朗讀一封信的手段，以感性與即興的言辭捕捉住他的聽眾。」他伸手從口袋裡取出一封來自國會議員的信解釋國家當前財政的窘境與國會酬報陸軍的努力。但「狀況有些不對勁。將軍好像很迷惑，他無助的瞪著信紙。這些軍官都傾向前去，內心充滿著焦慮。他隨著伸手進他夾克口袋拿出一副眼鏡。」

他的伙伴很驚訝的看著他用眼鏡來讀字跡潦草難讀的信。他以道歉的口氣說：「紳士們請容許我戴上我的眼鏡，因爲我在服務我們的國家時，不只是變得頭髮灰白，也幾乎盲目。」

切中要害的坦白吸引了他的聽眾：這簡單的一段話達到他之前所無法完成的任務。軍官們淚流滿面，從他們的淚水中看出眼中對這位長期帶領他們的指揮官的愛。華盛頓快速的唸完這封信，他知道這場戰已經贏了。對於這戲劇性的獨特感受，他迅速走出禮堂以掌握住這個高潮。

華盛頓再一次的將國家從暴政中解救出來。第一次，他從英國皇家的暴政中解救美國。第二次，他自己拒絕皇位，使美國不會走入另一個君主政體。最後，經由他「眼鏡演說」，他保護初生的共和國免於軍事叛亂。在這三個事件中，他的風格，尤其是其無私地不顧個人權利，拯救他的國家免於危險。

華盛頓當我們革命軍指揮官是一持續逆境的經歷。我相信這影響到馬歇爾將軍對二次大戰本寧堡（Fort Benning）第一屆軍官候選學校（OCS）畢業生致詞時的說詞。他說：「眞正的偉大領導者克服所有的困難，戰役和戰鬥只不過是一長系列待克服的困難罷了。缺乏裝備，食物不足，缺這個缺那個都只是藉口。眞正的領袖從困境中勝出來展露他的風格，不管有多困難。」

無庸置疑的無私也是馬歇爾風格的一部份，最具象徵的事件是突顯在他討論誰將領導聯軍反攻歐洲部隊的行爲中。

早在一九四二年，羅斯福總統和邱吉爾首相達成協議，認爲盟軍最高統帥應該由英國軍官擔任。隨著戰況的發展，很明顯的盟軍攻擊部隊裡美國軍隊和物力佔多數。這一點讓羅斯福和邱吉爾兩人處於尷尬的政治立場。如果最高統帥是英國人，羅斯福必須告訴美國人民，絕大多數由美國軍人組成的盟軍部隊將由一個外國人指揮。另一方面，溫斯頓．邱吉爾發現，要向英國人解釋將由一名美國人指揮對歐洲的攻擊，也是個燙手山芋。邱吉爾主動的對羅斯福說最高統帥應該是個美國人時，才解除了這種尷尬情況。

最高統帥的選擇是關係著每個人的重要利益，但這個問題卻延續兩年的時間未做成決定。美英雙方同意將由美國人擔任最高統帥後，羅斯福拖延了十八個月才提名，這段期間內，邱吉爾時常施壓要他儘快下決定。一九四三年在德黑蘭（Teheran）舉行會議時，史達林橫蠻地問到：「誰將指揮大君主計畫（Overload）？」總統回答他尚未決定。史達林宣稱他比較喜歡由馬歇爾將軍擔任最高統帥，並試圖逼迫羅斯福做出決定，所以對他說，他內心很清楚，在最高統帥還沒被提名之前，他無法認爲盟軍是眞心的想進攻歐洲。史達林極度渴望開闢第二戰場，但羅斯福不爲壓力所動。

馬歇爾確實是這個職務最主要的美國候選人。一九四二年七月三十一日，邱吉爾發電報給羅斯福說：「如果馬歇爾將軍被指派爲驅集計畫（Roundup）的最高統帥，我們定會同意。」一九四三年八月十日，陸軍部長史汀生在一封寫給總統的信中，表達他對選擇征歐統帥的立場：「最終，我相信是到了我們必須推出最優秀的指揮官來負責這關鍵時刻的關鍵戰役的時候了。您比林肯先生或威爾森先生幸運多了，因爲您將比他們更容易做選擇。林肯先生必須經過一段試誤的過程與可怕的損失才找到正確的選擇。威爾森先生必須選一個幾乎連美國人都不認識的人，去領導外國軍隊。馬歇爾將軍已經是一個擁有崇高地位，經過試煉的軍人，也是個具宏觀視野有能力的行政官。這從一年半前英國就已提議過由他來擔任此職務即可證明。我相信以他的風格與能力，他是我們目前最佳的人選，我們需要他的軍事領導來使我們兩國有信心的團結和諧，共同執行此一偉大的作戰。沒有人比我更瞭解，這項任命將對華府的全球戰略及組織造成多大的損失。但我看不出有其它的選擇可讓我們去面對如此艱鉅的挑戰。」

一九四三年八月二十二日，史汀生和羅斯福談論起此事。史汀生說羅斯福告訴他「邱吉爾主動找他，且提出讓馬歇爾指揮大君主計畫。總統說，這件事讓他免於要親自提出此要求的尷尬。他也和我討論誰將繼任馬歇爾（參謀長）的位置，並提到了艾森豪。」馬歇爾顯然是最高統帥羅斯福的頭號人選。羅斯福於一九四三年十一月訪問北非時，他在當地與艾森豪進行一次長談。羅斯福總統說：「艾克，你我都知道內戰時最後幾年的參謀長是誰，但幾乎沒有其他人知道該將軍的名字。只有那些戰場上的將軍如眾所皆知的格蘭特、李將軍和傑克遜（Jockson）、薛爾曼（Sherman）、薛利登（Sheridam）等人，才為每個學童所認識。我不願想到五十年後，沒有人知道誰是喬治・馬歇爾。這是我希望喬治指揮這次大任務的原因之一。他有資格以大將軍之名，名流青史。」

當情況已擺明同盟國就快提名征歐統帥時，華府充斥著對馬歇爾的謠言。當馬歇爾將離開華府到歐洲擔任最高統帥的消息走漏時，各地掀起一股討論熱潮。軍事委員會的三個資深委員華倫・奧斯汀（Warren R. Austin）、史泰爾斯・布里吉斯（Styles Bridges）、和約翰・葛奈（John Gurney）三位參議員就抗議，他們認爲馬歇爾對國會太重要，不能離開華府。史汀生說：「他們告訴我，不止他們個人十分仰賴他，而且只要他們說事情是經過馬歇爾同意，他們就能在同僚間化解有爭議的問題。」參議員們很顧慮會有一個由敵人暗中促成、煽動的去職行動，敵人希望馬歇爾離開陸軍參謀長的職務，因爲他對總統與參謀長聯席會有很大的影響力。

《華府先鋒時報》（*Washington Times Herald*）甚至發表一篇有關「謠言」的文章，主張馬歇爾將軍是因爲他攻擊總統所以要離開華府被派到國外。一九四三年九月二十八日，另一個故事控訴總統是使詐將馬歇爾「明升暗除」，然後再讓索馬維爾（Summerville）將軍當參謀長的陰謀。故事進一步的說，羅斯福這樣做是爲了索馬維爾將軍能利用他的職權，幫羅斯福贏得一九四四年的總統大選。

潘興將軍也反對馬歇爾將軍離開陸軍參謀長一職。在一封寫給羅斯福總統的信上，潘興表達他的看法說，如果馬歇爾被調職，「這可能是我們軍事政策上最根本且非常嚴重的錯誤」。羅斯福總統向這位一次大戰盟軍遠征軍（Allied Expeditionary Force, AEF）總司令說，他希望馬歇爾將軍成爲二次大戰的潘興。

李海（Leahy）、阿諾德和金恩（King）上將都個別私自去找羅斯福總統，要求讓馬歇爾將軍留在華府。他們三個人都認爲，馬歇爾是和諧的參謀長聯席會不可或缺的一部份。三軍首長都認爲他是主導的靈魂人物，尤其是在決定及執行聯合戰略的決策時。做這些決策時，他具有使三軍團結的力量。依照阿諾德和金恩上將的說法，他是參謀長聯席會的公認領袖。

金恩上將告訴羅斯福總統：「我們在華府有必勝的組合，爲何要將它拆散？」阿諾德也指出，沒有人能和馬歇爾一樣，「他對全球戰場各種必備條件，陸、海、空軍的知識，對於一個戰場、一個盟國、一個軍種的相對重要性的平衡判斷具有一種神奇的敏感度。」

在一篇軍中的非官方機構《陸海軍月刊》（*Army and Navy Journal*）的社論中提到，移除馬歇爾的參謀長之職「將震驚陸軍、國會及全國」。

史汀生部長終於對馬歇爾事件採取堅定的立場。他在一九四三年九月三十日自己召開的記者會上說：「對於最近接二連三出現的某些報導，我可以作個說明……我以一種絕對有信心的立場說，從今以後不管馬歇爾將軍會擔任那個任務，都將由對馬歇爾將軍完全信賴的總統決定，而總統唯一的目的是將這位美國陸軍最優秀的軍官指派到他最能發揮潛力的職務，以讓他的服務能使這場戰爭圓滿結束。」

通常一個人以卓越的方式負責任的執行其工作，往往給人一種他很容易做到的感覺。這正是馬歇爾將軍擔任參謀長時的表現。所以有時候他的傑出成果會被人視爲理所當然。有關他將被調職的謠言。更確然的加深人民認知到馬歇爾將軍所完成的傑出工作。

一九四三年十二月在開羅會議上，羅斯福總統宣布他的決定。杜威·艾森豪將軍將擔任最高統帥。儘管有他兩位最親密的顧問，哈利·霍普金斯（Harry Hopkins）和史汀生部長熱誠的建議由馬歇爾擔任，他還是選擇艾森豪而不是馬歇爾。史達林和邱吉爾也曾明白表示他們較喜歡由馬歇爾擔任。

當時爲何選了艾森豪，而不是馬歇爾？有部分的原因在於馬歇爾無私的性格。如果馬歇爾將軍曾表示過他較喜歡最高統帥的職務，他會得到那個位子。一九四三年十二月在開羅尚未作最後決定之前，羅斯福總統叫馬歇爾到他的別墅。馬歇爾寫下他們兩人見面時，總統問他有關最高統帥職位的情形，馬歇爾答：「我記得我說過，我不會試圖評估我的能力，應由總統您來做評估。我只是希望釐清一點，不管決定爲何，我都會全力以赴。這件事情實在太重要，不能考慮個人的感情。因此，我並沒討論其利與弊。我記得總統在結束我們的談話時說：『我覺得你不在國內，我晚上會睡不著覺。』」

史汀生部長記錄了羅斯福總統對這段談話的說法。「總統以一種曖昧的方式帶出了（最高統帥）這個主題，他問馬歇爾他要什麼，或者他認爲應該怎麼做。和平常一樣，馬歇爾很恭敬的說這不該由他來說應該如何做。這時，他又加一句他願表達他自己意見的話題，若是由他，馬歇爾，負責大君主計畫，總統不應該讓參謀長的位子空著，而應該讓艾森豪擔任正式的參謀長（他們正考慮讓艾森豪代理參謀長），任何其他方案都對艾森豪或參謀本部不公平。」這種表現再度展現馬歇爾將軍無私的精神，因爲在陸軍擔任參謀長不管其階級任期都是最高的職務，而這種安排將讓艾克成爲他的上司。

後來總統宣布他的決定。他告訴馬歇爾將軍：「我一直在考慮這件事，最後決定讓你留任參謀長，而讓艾森豪負責大君主計畫。」馬歇爾不露任何感情地接受了總統的決定。他和陸軍助理部長約翰．麥克洛伊（John J. McCloy）討論這次會議，據麥克洛伊的觀察，馬歇爾「似乎不像一個非常失望的人」。但史汀生斷言：「我認爲我更瞭解馬歇爾。我知道他內心深處的抱負，是能指揮對法國展開攻擊的行動。這僅僅是因爲他那無比的自我犧牲與自我控制的力量，造成的另一種假象。」

在總統下決心之後，史汀生和馬歇爾之間有一共識，那就是兩人將不再討論馬歇爾指揮大君主計畫這件事。史汀生提到馬歇爾對這個決定的反應的評語是：「他對這整件事情，表現他慣常的大氣度」。

馬歇爾的成功以及別人對他的尊重根深於他的風格。總統、陸軍部長和國會都是影響參謀長對戰爭行爲的力量，但在美國最終的權力還是來自於人民。美國大眾民意的脈動部分受到媒體的把脈；記者有時可問些民眾不能直接問的問題。自從日本開始侵略菲律賓，當地美國部隊狀況非常不好。部分人士開始醞釀著對馬歇爾將軍的質疑。陸軍公關幕僚的一位軍官在一九四二年寫著：「他的一位朋友是一份中西部大報駐華府辦事處的主任，有一晚他來到我家，告訴我外界對馬歇爾將軍是否適任領導職務的不滿正在散播開來。」記者們要求馬歇爾召開記者會；但當時陸軍部的政策是由陸軍部長史汀生來召開記者會——這種安排馬歇爾再滿意不過了。

在建議馬歇爾召開記者會的幾天後，史汀生部長必須離開華府前往檢閱巴拿馬運河與其防衛。與其取消排定的陸軍部記者會，大家說服馬歇爾主持該記者會。

馬歇爾將軍告訴華府記者群他知道他們有很多有關戰爭進行的問題要問，他要求他們先把他們個別的問題提出。然後他會一起回答。馬歇爾很專注的聆聽所有的問題，然後告訴他們他會很坦白回答。

「馬歇爾講了超過三十分鐘，幾乎對當時所發生的所有事情都涵蓋了。他訴說如何將補給送到位於巴丹（Bataan）部隊的努力，如試圖採購船隻及提供參與此事船員的家庭先期的保險。他在可安全公布的範圍內盡量的說明，我們所遭遇災難的程度，這些挫折阻礙了我們執行先期針對這些狀況所研擬的計畫。」

馬歇爾將軍主持記者會的方式熟練卓越。因爲他坦誠與直接的表達方式使他在二次大戰期間贏得媒體的尊重。他將媒體收歸己用，並贏得懷疑者的支持。對他能力不滿的隆隆砲火完全的銷聲匿跡。陸軍公關幕僚的一位軍官說：「馬歇爾將軍展現我從未見過的魅力。」

一直到戰爭結束，馬歇爾每週主持一次或兩次記者會。他習慣先聽取所有的問題，然後再針對每位詢問者的問題逐一說明。他對事實資料與人名的記憶是傑出的。他不止坦白而且值得信賴。他會說明哪項陳述是需保密的，並且相信記者不會違反他對他們的信任，記者們也從沒背信。如果戰爭中他沒有贏得並保持媒體的信任，他就無法成為有效的領袖。

馬歇爾於戰爭期間與國會的密切關係只有一次瀕臨決裂。在美國海軍極力促請下，羅斯福總統考慮晉升馬歇爾為陸軍元帥，升金恩為海軍五星上將。史汀生於一九四三年二月十六日第一次聽到由海軍部長諾克司（Knox）提到這個晉升計畫。史汀生說：「當我回到部裏，我將這件事告訴馬歇爾，因為總統也要求我前往國會山莊和兩個軍事事務委員會主席商談。馬歇爾拒不肯接受這種升遷機會……他說這件事主要原因是，海軍低階將官施壓於金恩和諾克斯，再傳到總統身上。」

馬歇爾將軍反對晉升的立場是有理由的。他擔心這件事情會破壞他對國會和人民的影響力，因為這像他在追逐私利。無私是他風格的一部份，對他的領導能力也很重要。這次晉升將會阻擾他完成打勝仗的首要任務。史汀生談到有關馬歇爾對晉升的立場時說：「馬歇爾無私的行為很偉大……」

因為馬歇爾的反對，史汀生當天送了一份備忘錄給羅斯福總統，裡面寫著：「我已和馬歇爾討論過這件事，就他的考量而言，他的晉升是弊多於利，尤其是關於他和國會的關係及美國人民的反應。他對這件事的立場非常強硬，原則上，我也傾向同意他的意見。」幾天之後，史汀生和羅斯福總統商討這件事，最後他們決定取消。稍後這件事又再度被提起，國會和總統決定不顧馬歇爾的反對，授予他五星上將的官階。

一九四二年一月，史汀生部長和馬歇爾將軍面臨最大的難題之一，即是挑選一位美國將領派往中國。這是個非常具有挑戰性的工作，因為在日本的猛烈攻擊下，中國已節節敗退。美國將領的責任嚴峻，因爲他要能指揮中國和美國部隊，而且必須與中國腐敗的官僚政治體系打交道。第一個列入考慮的人選是休斯·壯姆（Hugh Drum）中將。但是史汀生寫道，壯姆「認爲我派他到中國的任務不夠大，對他是大材小用了」。

史汀生部長當晚和馬歇爾將軍討論壯姆中將的職務。第二天，事情發展到一個高潮。史汀生寫道：「整個下午都在處理討厭的壯姆事件……我收到一封壯姆的信，他顯然爲自己不情願到中國述職而造成的影響感到惶恐，因而在信中告訴我，他願意接受任何我派他做的任何事情。」

史汀生拿這封信給馬歇爾看，他看過後更加認定壯姆中將的「不適任，也更加認定他只是在努力保護自己，免於受到拒絕赴任的批評。」

如果有軍官讓馬歇爾感到，他急切的想找到一份適合個人喜好的職務時，就會遭殃。「威廉·海斯凱爾（William N. Haskell）將軍跑來看我，」史汀生於一九四一年初在他的日記中寫道：「商討他即將退休前這八個月的差事。我喜歡海斯凱爾……但當我告訴馬歇爾時，我發現海斯凱爾爲自己計畫未來差事一事已激怒馬歇爾。」馬歇爾和史汀生有非常好的關係，但他不同意給海斯凱爾特別的關照，尤其是因爲他自己有這樣的請求。

從一九二〇到一九七〇年代的空軍歷史中有兩個重要的時段，空軍軍官在爭取空權與戰備上都展現其無私與卓越的風格。關鍵的領導者有亨利·阿諾德將軍、空軍的首任參謀長卡爾·史帕茲將軍，和從一九七四到一九七八年擔任空軍參謀長並於一九七八到一九八二年接任聯席會議主席的大衛·瓊斯（David C. Jones）將軍。這些人在五十年期間完全的無私以及願意犧牲個人的生涯來發展足以保護西方自由的空中武力。在許多時機，他們做他們認爲對發展空中武力是對的事，縱使這樣做有損其生涯發展。阿諾德和史帕茲對一九二〇年代時期發展空軍非常重要。但歷史若缺乏比利・米契爾（Billy Mitchell），無私領導空軍貢獻的一面將不完整。

米契爾對航空的興趣最早顯示在他對軍事氣球操縱的分析上。長期在通訊兵科，該兵科在陸軍中負有航空的責任，而米契爾一直到一九一六年秋天才自費開始其飛行員的訓練。一九一七年一月陸軍部決定送他去歐洲擔任飛行術的觀察員。這個機會以及其所獲得的經驗醞釀了米契爾的航空知識，使得潘興（Pershing）將軍將他晉升爲上校，並讓他在盟軍遠征軍（Allied Expeditionary Force）中擔任戰鬥指揮職。

潘興看米契爾具有高超的作戰以及戰鬥領導能力。他是一個名符其實的美國航空部隊的指揮官。潘興對他非常欣賞而推薦他晉升到准將。一九一八年十二月米契爾回到美國擔任軍事航空主任（director of military aeronautics），在戰後因爲陸軍的重組而被解散。

米契爾在一次大戰的經驗與成長，使得他發展出對空權的願景。他看得出航空在下一次戰爭中所要擔任的重要角色，而投入在此領域的準備。對米契爾而言，空戰和地面或海戰一樣重要，因此他相信應該有獨立的空軍。

米契爾在一次大戰後最被記得的貢獻是他堅持飛機具有擊沈海軍船艦的能力。爲證明這一點，他不顧海軍的惱怒，在一九二一年七月二十二日擊沈了前德國戰艦歐第斯礪德（Ostfriesland）號，以及在八月再擊沈一艘美國過時的目標船阿拉巴馬（USS Alabama）號。

戰後，米契爾經常上頭條新聞。不管是他的朋友或對手，都承認他對其目標的奉獻以及專業的能力。並不是所有的人都認同他對空軍重要性的看法，也只有十來個人具有他獨特的願景與熱誠。戰後期間，米契爾有許多高潮與低潮。這些終於累積到了一個攤牌時刻。

在一九二五年九月五日發生了一個事件，這是在建立獨立空軍的一個重要轉捩點。當時米契爾召開了一個記者發表會，這個衝擊一直不會從空軍歷史中抹煞掉。我不會詳述隨後帶出的軍法審判，而只會指出其主要議題，因爲它們衝擊著空權的未來，包含著一個獨立的空軍以及其領導者。

一九二五年九月一日及三日發生了兩件海軍飛行員的悲劇。在九月一日，約翰・羅傑斯（John Rodgers）中校以及其四位同僚在從舊金山飛往夏威夷的途中在太平洋上失蹤。大量的公眾報導歸因於頂風飛行造成油料不足而失事。當時駐紮在聖安東尼奧市（San Antonio）的米契爾在九月二日上無線電台稱羅傑斯等人爲「烈士」（martyrs）。

在九月三日當羅傑斯及其機員還未找到時，一架輕型飛機聖格里拉（Shenandoah）號撞進一個暴風，其指揮官及十四位乘員都墜機而死。這個損失的悲傷更因一個謠言而加劇，傳說其指揮官因爲天候惡劣而反對這次飛行，但被命令繼續執行任務。更糟的是海軍部長對此事顯示出來的漠不關心。他想降低悲劇的衝擊，因此公開的說這是爲了國家安全而侵犯空權的證明。這樣一個冷酷無情的評語，無法被空權的擁護者及失去親人的家屬所接受。

這些悲劇使比利・米契爾無法再保持沈默。米契爾在九月五日於聖安東尼奧市召開記者會引爆了幾年來他和其上司間的一個爭議。他指控這些「可怕的悲劇……是直接由陸軍部和海軍部對國防無能的、可恥的疏忽和背信的管理所造成的。」

無庸置疑的，米契爾所爲不是要面對軍法審判就是記過。他的指控太嚴重而不能被置之不理。認識他的人相信，他想要以軍法審判來贏得支持他爭取以先進有遠見的政策取代古老過時的空中政策。他相信如果他能自軍中退役，他將更有機會推展航空發展。

光是記過無法達到米契爾的一個目標——引起國會調查。在他的紀錄裡加上記過處分，無法解決他說軍事航空是操控在一群「愚蠢」的上司手裡的指控，這些人「一點都不懂飛行」，而且他們讓飛行員像過河卒子一樣去進行愚蠢與不當的冒險。

一個軍法審判可提供米契爾證明他的指控的機會或是被踢出陸軍。在審理中，他可以依據法律程序來提出他自己的證據和證人，並能交叉檢驗政府的證人。這樣可以讓爭議浮現出來。柯爾文·柯立芝（Calvin Coolidge）總統決定以破壞良好秩序與軍事紀律，不服從和發表藐視上司的偏差行爲起訴米契爾上校。

軍法審判的紀錄有七大冊。雖然自從一次大戰結束後有過二十多次對空中軍種的調查，但都沒引起大眾的注意。這次則是吸引全國的目光，舉國重視。

關鍵的爭議議題有：㈠是否該有一統一的空中軍種，也就是獨立的空軍；㈡航空的發展與進步是否因爲陸軍和海軍的保守而遲緩；㈢對於陸軍航空兵的軍官是否有待遇和升遷上的歧視；㈣最後，在地面以及海上的戰鬥，航空的角色與重要性爲何。

在他的辯護中，米契爾指出「在陸軍中我們完全沒有空中兵力，不管是物資（飛機和裝備）或人員（飛行員、觀測者、砲手、機械工）或戰法（使用的方法）……而我們現有的飛機都已破爛不堪，它們都已經非常危險，沒有能力執行任何現代空軍的功能。」

依米契爾所言，人員和物料的不足是因爲「空中事務是授權陸軍和海軍來負責，並由非飛行軍官主宰其運作與管理。他們不只對航空幾乎一無所知，而且視其爲現行活動的附屬品，而不是國家軍事裝備的要項。他們對空中事務的證詞可說是毫無價値，更嚴重的是，有關支持空軍的聲音還沒出來就被扼殺掉了。」

他補充說與其選瞭解航空的將領來解釋空中需求，「他們通常是依『泰德（應指隨便一人），就是你了，你去和國會談談航空』的原則處理。」

米契爾尤其對陸軍的招募和訓練技工的制度有很嚴苛的批評，他說「制度是如此差勁的執行，可以說是用飛行員的性命來訓練這些人。」他並預言地爭取不只要一現代的獨立空軍，更要求重組陸軍部和海軍部成爲一個國防部下分爲陸軍、海軍、空軍三個部門。

支持米契爾的人更提出反訴，控告這次軍事審判是參謀本部要排擠米契爾的努力，審判前米契爾一再被警告如果他不停止支持空軍的作爲，他將被逐離軍中。

陸軍參謀長，何因斯（Hines）中將就極力反對米契爾所鼓吹的獨立空軍。對他來講，空軍是陸軍或海軍重要的一部份，但必須依附在地面部隊或船艦上。海軍的立場是，統一的空軍將破壞作戰時所需的指揮與平時的訓練。

新聞評論員就更不友善。一篇紐約時報社論就諷刺的說：「米契爾上校完全是『自找的』，既然這樣要就給他吧，雖然他還妄想這會增加他的榮耀，並獲得明智的人的尊重。」該篇社論並評論他的證詞會打破「他所僅存的聲譽」。

一九二五年九月七日一位紐約時報新聞評論員說：「他所使用的戰術並沒有全然的使一些他的好朋友喜歡。他們認爲他用一些魯莽不顧後果與不正確的說詞將傷害他的原意。」

米契爾在聖安東尼奧市的宣言震撼了整國國家，因爲他冒著天打雷劈的風險。陸軍不再能對他的挑戰視而不見，因爲這將對陸軍士氣造成災難式的影響。

雖然如此，米契爾仍有相當多的軍官認同他的努力，例如兩位出庭作證的軍官，他們也將成爲二次大戰重要的空軍領導者，也就是亨利・阿諾德和卡爾・史帕茲。他們兩人被警告不要出庭作證，否則將傷害或終止他們的軍中生涯，兩人都不受脅迫屈服。

偵訊時，阿諾德的證詞證實了一項爭議，也就是陸軍和海軍軍官給了國會錯誤和誤導的資訊。阿諾德說他的上司在外國強權飛機現況以及外國軍種組織結構有分開與獨立的空軍等事務上給了錯誤的資訊。

米契爾回顧這個插曲：「站在我這邊陣線奮鬥的是一位軍官，他的信念與勇氣將幫助我們的空軍在下一次戰爭來臨前建立必須的戰力。他就是亨利・阿諾德，一位無懼於其頑固有偏見上司的軍官。」

軍法審判後米契爾被判有罪，但阿諾德仍不放棄其努力。他在其回憶錄中寫道：「最先想要持續推動這場戰役的是赫伯特・達克（Herbert Dargue）和我。在華府服務多年後，我們在國會和媒體都有很多朋友。我們繼續前往米德伯格（Middleburg）的米契爾家以及國會山莊進行接觸，和寫信來延續這場戰役。」

「剛開始並沒有激起太多迴響。經歷比利．米契爾的種種問題以及不受歡迎的結局後，大家並不想讓任何火花繼續存在。我終於瞭解到柯立芝總統本身是主要的指控者。我們兩人都被叫進其辦公室來回答我們有關改變空中軍種地位狀態的『不正常的』信件聯絡。達克得到了申誡，我如媒體所報被『放逐了』。」

造成他被放逐的議題在軍法審判一年後再被提起，有一則對空中部隊非常推崇，但對陸軍參謀部則非常嚴厲批評的新聞稿很秘密的開始流傳。艾爾．依克（Ira Eaker）說：「陸軍督察室尋跡追蹤到阿諾德使用政府的打字機和紙張，所以被依不當使用政府財產來進行不利於陸軍的計畫加以起訴。督察室建議對阿諾德進行軍法審判，但在麥生．派崔克（Mason Patrick）將軍的仲裁下，他被解除空軍幕僚的職務，驅離華府，改調堪薩斯州萊俐堡一個騎兵基地去指揮一個空軍中隊。」

依克上校告訴我當他還是麥生．派崔克少將的行政助理時，他也親身經歷這些困難時刻。依克敘述這次放逐事件：「阿諾德爲派崔克執行其功能與職務。派崔克認爲他是一聰明有能力的軍官，並對他所執行的工作完全的滿意。然而，除了（阿諾德）對派崔克的公務責任外，他的其他公餘活動全投入在幫助米契爾——這些我們都認爲是對的……而且我們也在做同樣的事……我想阿諾德一向認爲派崔克對他很嚴格。」

派崔克對媒體的一段話說明這問題核心是他們四處散播傳單鼓吹對立法的支持，而這些軍官的行爲是「不爲其所知，也是誤導的熱心。」針對有許多空軍軍官牽涉其中的指陳，派崔克回答說：「調查發現他的辦公室只有兩位軍官涉入以我不認同的方法試圖影響國會立法。兩人都受到了懲戒，其中一人（阿諾德）已經不受我的辦公室歡迎，將要被調到其他基地。」

無可否認的一些他的同僚軍官的態度會影響阿諾德的反應。阿諾德回憶在他到達萊俐堡後，「當小孩在我們的新住所就寢後，碧（Bee）和我很沮喪的走向基地指揮官布斯（Booth）將軍的住家，這是我們的第一個官式拜訪。他們的房子燈火通明。當我們被引進後，我們看到指揮官正參與一個牌局聚會。起居室到處都是人。我們站在那裡，當布斯將軍從房間的另一頭看到我們時，他就起身走向我們。然後他一隻手和我握手一隻手搭在我的肩膀上……他熱誠地說『阿諾德，我很高興看到你。我很榮幸有你加入這個指揮部。』然後他提高音量讓所有的人都可聽到，他補充說：『我知道你爲什麼會在這裡，我的孩子。只要你在這裡，你可以寫或講任何你想的事。我所要求的是事先能讓我先過目。』」

馬維爾將軍成爲阿諾德被放逐後的老闆，他拍電報給李文斯堡的指揮官詢問下一期的指揮與參謀學院是否可再加入一位軍官。回覆來時說：「可以的，是誰呢？」當阿諾德的名字被提出時，對方答覆他們並不想要他，但如果他眞的來了，他會被接受。

阿諾德說：「在一封給費屈（Fechet）將軍的私人信中，李文斯堡的指揮官寫著如果我來到李文斯堡當學生，我將會被『迫害』。雖然如此，我還是下定決心前往就讀。我記得學校指揮官曾經參與對比利・米契爾的審判，這可能是影響到他對我的感覺。雖然他的信裡缺乏友善，但我發現其課程非常有價值，我也沒有遭遇許多困難，課程對我來講也不難。」

「自然的，我並不同意學校許多有關對飛機的運用概念，我也認爲課程，尤其是有關航空陸軍部分是需要現代化。」

阿諾德在全期八十八位學官中以第二十六名畢業。

幾年後阿諾德說：「我在李文斯堡時的指揮官是金恩（E. L. King）將軍，後來在一九三一年參加一次演習時，當他告訴我他很激賞我離開李文斯堡時寫的文章，該文章摘要我對學校空中行動教育的想法，這令我非常驚訝。他同時也恭賀我在參四對工作的處理方式。這樣的褒獎來自一位當初說如果我去當學生會被迫害的人，讓我感覺非常的高興。」

另一個像阿諾德的關鍵軍官也在比利・米契爾的軍法審判中作證的是卡爾・史帕茲。史帕茲一度擔心因爲他在早期的爭辯中公然的反對派崔克將軍，他將被調離要職。顯然他低估了後者對他的觀感。在一九二五年六月十八日，他接到要他到華府向空中幕僚首長（chief of air staff）辦公室報到的命令。這將是對他個人發展與生涯的一個重要的職務。

在他到華府報到六個月後，他涉入了比利・米契爾爭取空權的努力中。雖然上級曾警告他出庭作證將嚴重危害到他的生涯，史帕茲還是決定出庭。

辯護律師問史帕茲說：「你能否告訴這個法庭目前提供給空中軍力的裝備現況？」

史帕茲回答說：「空中軍力的裝備已經達到一個我們很難瞭解爲什麼我們還能繼續飛行的境界……空中軍力的大部分裝備都已經是非常過時或將淘汰的。」

在史帕茲的證詞中，他還被問道：「在現有可用的飛機中有多少百分比可用在追逐戰鬥機的任務上？」

他回答說：「我們現有的飛機都不能——我將不希望開著現有的任何一架飛機加入戰爭。首先他們的維護工作是非常的困難，而且已經使用了三年。我想大部分都已經至少進過一次基地維修後再重新分發單位使用，」至於飛機的短缺部分，史帕茲評估大概缺了三百五十五架飛機。

接下來的詢問是有關人員部分。史帕茲陳述他們在戰術單位缺少六百六十位軍官：夏威夷需要八十五位軍官，菲律賓五十五位和巴拿馬的五十四位。

米契爾的委員會是很執著與步步逼人的，在質詢史帕茲的律師時，他們一針見血的指向陸軍說：「參謀部的軍官所受的訓練與經驗是否夠格給軍事航空提供指導原則？」剛開始史帕茲並不能回答，因爲這直接挑戰其上級。經過強烈的抗議與費時的討論後，才同意讓史帕茲繼續回答這個問題：「除了哈門（M. F. Harmon）少校和布南特（C. G. Brant）少校外，參謀部的軍官都沒有空中服勤的訓練，但還是擔任空中戰術單位的指揮職。」

隨著審判的進行，史帕茲從他在軍中航空的朋友獲得鼓勵。法蘭克・杭特（Frank O. D. Hunter）上校在一九二五年十一月十日打電報給他說「好小子，幹的好。」一位名叫皮克林（Pickering）的人說：「恭賀你的證詞和膽識，這對米契爾很有幫助。有我可以效勞的嗎？」

爲獲得正確的瞭解，我在對史帕茲將軍的幾次面談中討論過這件事。史帕茲解釋說：「我想最根本的原因也是歷史上屢見不鮮的，那就是反抗變革。當你已經對你的專業訓練的非常熟練時，你不喜歡任何可能要你重新學習的事情發生，而且在你的專業歷練越久，就越拒絕變革。當舊秩序的效益減低，職務與升遷偏向新的秩序，舊的秩序終會被新的秩序所取代。基本上，這是軍中反抗變革的一個心理上的集體偏見，我想這是一個恆古不變的現實。

史帕茲晚年說：「我幫比利．米契爾作證，反對參謀本部的立場，而他們也沒有對我採取任何行動。他們不能對你怎樣。因為你在宣誓下回答問題時，你必須告訴他們實情。」

另一個空權發展的關鍵時段是在一九五〇年代，當時需要進行發展新戰略轟炸機B-70的計畫正要開始。這件事大衛．瓊斯上將最有資格談論，因為他的無私，他願意挺身支持空權而暫時犧牲他晉升准將的機會。瓊斯回憶說：「在一九五〇年代，當我還是中校時，我是戰略空中指揮部司令柯蒂斯．李梅（Curtis E. LeMay）將軍的副官，在這個職務上我清晰的瞭解到對戰略空權的需求。後來我在李梅當空軍首長時擔任空軍幕僚，他要求我研擬一個對B-70需求的參謀研究，這是一種新的超音速戰略轟炸機。我將此研究向國防部長麥納瑪拉（McNamara）做簡報，我們以為已經說服他此項需求。但沒多久後，他取消此項計畫，這令我們非常驚訝。」

「接踵而來產生一個很大的爭議糾紛，來自國會對取消此計畫的智慧有很強的質疑。眾議院軍事委員會（House Armed Services Committee）是由非常具有影響力的卡爾．文生（Carl Vinson）所領導，他要我向該委員會提報我給麥納瑪拉部長同樣的簡報。這次簡報造成該委員會將四億九千一百萬美金列入下一年度的撥款法案，並指示要求空軍必須將該筆經費投入B-70的研發中。」

「不顧麥納瑪拉部長的反對，參議院國防撥款小組委員會也堅持要獲得同樣的簡報。國防部研發次長哈洛德・布朗（Harold Brown）找到我和我一起修改該簡報。哈洛德・布朗和我對簡報內容有許多爭議，但我也對他的才智與正直深表尊敬。我們最終得到一個兩人都能接受的簡報。當布朗將該簡報送給麥納瑪拉核准時，他被狠刮一頓。麥納瑪拉修改了簡報，在空白處寫了很多難以辨識的意見。更離譜的是他並沒有修改圖表，所有圖表和文字有很多出入。當我拿到簡報底稿，要赴國會都已經遲到了。」

「通常向國會簡報都會有高層官員在場。這次只有一個人很不情願的陪我，他是空軍的助理部長，布魯克・麥克米蘭（Brock McMillan）。聽證會一開始，小組委員會主席羅伯森參議員先表達對我們遲到的不滿，然後說瓊斯上校『要給我們他給眾議院軍事委員會同樣的簡報，是否正確？』他聽到兩個答案。一個來自我說的『不』，一個來自空軍助理部長麥克米蘭說的『是』。」

「當羅伯森主席聽到麥納瑪拉部長改過這個簡報，他非常的生氣並結束此聽證會而沒接受該簡報。麥納瑪拉還是展現冷靜的理智，並親自到國會山莊交給羅伯森一份原本的簡報本，最後這個議題是由甘乃迪總統解決的，他帶卡爾・文生到白宮的玫瑰花園散步。他們同意取消B-70計畫，但準備進行一個更先進轟炸機的研究，這個研究導致後來的B-1轟炸機。」

「剛開始的指導是研究先進戰略載人飛機（advanced strategic manned aircraft, ASMA）。我們很快的改名爲先進載人戰略飛機（advanced manned strategic aircraft, AMSA）。沒人可接受一個新飛機會被稱爲因爲呼吸疾病而無法吸到空氣。（譯者註：ASMA之音像氣喘asthma）」。

瓊斯在聽證會開始前被告知，他已經被空軍挑選爲晉升准將的名單上，但他的名字在名單離開空軍後被刪除，我們可合理的假設他的名字是被麥納瑪拉所刪除的。瓊斯當然可以聽從上意來保住他將得到的准將，但他的風格與對未來空權理念的執著卻使他不得不爲。雖然他失去了一個星，他的風格卻使他最後比一顆星還多出三顆星。他的軍中生涯並沒因此終止，他後來更成爲空軍參謀長，以及參謀聯席會議主席。

哈洛德．布朗部長最近提到當初他在麥納瑪拉時代當研發次長時，兩位給他最頭痛的軍官就是大衛．瓊斯上校和海軍艾克．紀德（Ike Kidd）上校兩位年輕軍官。布朗說這兩位軍官也是在一九七八年成爲聯席會議主席的兩位候選人。很諷刺的兩位常持不同意見的人會在國防部裡擔任最高領導職務。

當瓊斯成爲空軍參謀長時，B-1轟炸機已經發展了一段時間。但是當卡特總統大筆一揮又砍掉了其研發計畫。這又引起爭議。國會的重要領導人要對抗這個決定。他們的策略是強制編列大筆經費以再生產兩架飛機。如果空軍站在他們這一邊，這兩架飛機就很可能會被生產，但要恢復全部計畫的機會則是很小。

當時的空軍副參謀長是威廉．麥克布萊德（Willian McBride）將軍，他很清楚的記得對宣布取消B-1計畫的反應。「決定取消B-1計畫的當天，資訊辦公室主任蓋．哈利生（Guy Harrison）衝進我的辦公室喊著，十五分鐘後總統將宣布取消B-1。我利用通話機告知瓊斯這個消息。大衛雖難以置信，但他的心智是很有組織的，他說：『去瞭解總統針對這件事所說的眞正語意，並準備向媒體說明。我們會被許多人問我們的反應以及我們將如何處理。』很明顯的在未來幾天我們會一再地被問到我們計畫怎麼做。我們會抗拒總統的決定嗎？我們會不會辭職？我們會不會接受這個決定？在當時的情緒，幾個高層軍官說：『該死，我將很樂意的遞上我的辭職信。』這時清晰的頭腦可能更有用。」

「在和包括主要指揮官等許多人談過後，大衛認為抗拒這個決定並沒有道理。我們最好的結果只是獲得再生產兩架飛機的授權。政府當局不會支持生產八十架飛機的計畫。大衛說：『我比任何人都更努力在推動這型飛機，但現在總統已經下決定，我將給他我的支持。』」

瓊斯上將收到參議院軍事委員會主席約翰·史坦利斯（John Stennis）的一封信，詢問他對此決定的意見。在他的答覆中，瓊斯寫著：「我相信繼續現代化我們的戰略部隊將是最符合我們的安全利益，這包含載人轟炸機……既然B-1計畫仍然充滿不確定性，繼續消耗國防資源而沒有增加戰力，反而讓我們忽視更大的戰略需求。我相信這將讓我們更難匯集共同的努力在許多未來戰略部隊的關鍵議題上。」

在一個和瓊斯上將的訪問中，我問他是否想過辭職以表示對總統決定的抗議。他回答：「沒有，我從沒想過。如果對一個單一的武器系統的決定可能造成生死存亡的影響，那我們在軍中的人將對國家幫個倒忙。一旦總統下了決心，我不認為軍種試圖暗中破壞該決定是適當的。」

當瓊斯身為空軍參謀長期間深陷於B-1武器裝備爭議時，陸軍參謀長艾德華·麥爾（Edward Meyer）上將也一樣警覺的憂慮整個美國陸軍。麥爾是被卡特總統跳過許多比他資深的將領而直接在一九七九年七月拔擢為陸軍參謀長。在他的職位上他參加眾議院軍事委員會人力小組在一九八〇年五月七日的聽證會。眾議員霍布金斯（Hopkins）詢問麥爾上將：「我前往諾克斯堡（Fort Knox）去拜訪該地將軍，並有很愉快的參訪。我也花了一些時間和士兵相處……我們談得很實際，我問他全募兵制部隊是否運作順暢。沒有例外的所有的人都說『沒有』，很多人都要申請退役。他們說目前所招募的士兵都是那些在街頭販毒的混混，而且持續在賣，在諾克斯堡就有人在販毒。如果我們的國家安全要靠這些人來保護，那我們的麻煩就大了。我個人也有這種感覺。我想要改變這種現況，而我要你來幫我推動。」

麥爾上將的回答也許不是像一七七六年在萊星頓市發動革命戰爭一樣的「震驚全球」，但很明顯的他的證詞發揮作用，也吸引了相當的注意。他對霍布金斯眾議員的答覆是：「我只要爲百分之八十的優秀年輕人辯護，他們可能來自你的選區、尼克斯先生的選區或其他人的選區，如果你能去看我們前進部署的區域，如柏林、歐洲或巴拿馬，這些地方的人員與武器都編實，你將會看到不一樣的景象。你所說的現象是零星存在的。基本上這是我所說的今天美國的空架子陸軍，因爲我們沒能提供我們所需要質與量的士官與人力，而這個法案正是針對解決這個問題的開始……」

麥爾的答覆不只得到行政當局的注意，麥爾在一九八〇年十二月五日被當時最紅的晨間新聞節目，美國傳播公司的「美國早安」邀請上節目。節目主持人是大衛·哈特曼（David Hartman），訪問的對話如下：

哈特曼：「早安，麥爾上將。很歡迎你能和我們在一起。」

麥爾上將：「早安，非常感謝你。我很高興能來。」

哈特曼：「沒多久前，你說美國有你所謂的空架子陸軍。也有報導說十個作戰師中有六個沒真的完成戰備狀況。這是很令人駭怕。我想全國也同感震驚。你所謂的空架子陸軍是什麼意思？以及你是否仍支持你所言？」

麥爾上將：「當然。我所謂的『空架子陸軍』是指當我們為了維護我們在海外的部隊能維持高戰備狀況，我們必須抽調我們國內的軍士官兵。所以為了要讓我們在歐洲、韓國、巴拿馬、阿拉斯加……能有完整的陸軍，我們必須縮減在美國境內的部隊。因此我們國內有連、排沒有完全編實，而且我們也缺少可以訓練他們的士官。」

我和麥爾討論其他軍事領導人針對這類事情所面對的挑戰。他很清楚的表達他遵循文人權責的理念：「我經歷許多類似的經驗（爭取陸軍需求），但當我告訴國會我們面對『空架子陸軍』時達到高潮。這是對陸軍的指責。幸運的是，我私下已經告訴總統和布朗部長，所以他們知道我對這件事情的看法，但許多人並不瞭解。我的一位上級長官要求我收回我的聲明。我說不，我不會收回，然後我回到我的辦公室書寫我的辭職信。我並不需要遞出辭職信，因爲他們忽然瞭解到，我們必須對我們的國家負責。我們宣誓忠誠的對象不是對總統，我們是向憲法宣誓表達我們的效忠。這表示我們對國會以及總統有同樣的責任。」

後來麥爾在一九八三年二月二十五日出席參議院軍事委員會爲一九八四年國防預算需求作證。

在他對委員會的開場白中，他說：「我因爲說我們有一個空架子陸軍而遭受許多麻煩。我只能說，過去三年國會給我們的一千五百三十億美元讓我們可以逐步的鋪設一個穩定的基礎，而在這個基礎之上，我們可以建構未來的陸軍。」

委員會主席陶爾（Tower）回應說：「請容我這麼說，將軍，對這個委員會來說你沒有製造問題，你得到了我們的注意。」

維吉尼亞州的約翰・翁爾（John W. Warner）參議員接著說：「我想表達的一點是，如果我們在兩年的時間內糾正了空架子陸軍的現象，而我們現在必須削減預算，是不是應該建議這個刪減落在現役部隊上而不是在現代化上，因爲我們認知到大部分你的獲得計畫都需要五到十年的時間？」

這整個事件的意義是，麥爾上將的直接了當與誠實的作法是否有用？我特別針對這一點問他，他說：「這對陸軍的內部與外部都造成衝擊。對陸軍內部來講，這是向他們傳達訊息，表示高層領導人已經知道他們所關心的問題，並會採取必要的行動來解決該問題。對外所傳達的訊息是，當領導人在國防部內以及國會被問到我們所面對的眞正挑戰時，都有責任沒有限制的表達眞實狀況。」

因此未來幾年陸軍獲得改善其訓練與戰備缺失的大部分經費，這是我們軍事領導人重要風格的另一個例子。麥爾雖然在國會語出驚人，但他之前已經告訴總統及國防部長他將要做的事。而且他不會從其立場退縮，他因爲堅信他立場的重要性，他甚至準備辭職以示負責，他能將陸軍的福利置於個人的福利之上。

描述阿諾德和史帕茲爲比利・米契爾辯護的事件有其道德意涵：他們無私的將其軍事生涯置於

火線上。年老時阿諾德和史帕茲都提到米契爾應該留在軍中，在制度內爲空權努力。這也是阿諾德和史帕茲的選擇。

當阿諾德被放逐到萊俐堡時，泛美民航公司曾邀請他擔任總經理一職，但被他拒絕，因爲「我不能在爭議壓力下離開軍中」。我也問了史帕茲將軍有關此事，他告訴我就是這樣，同樣的當時泛美航空也提供他副總經理一職。

當卡特總統決定取消繼續發展B-1時，很多人告訴瓊斯上將他應該辭職以示抗議。但他沒有，就像阿諾德和史帕茲一樣，他留在體制內努力，而且贏得最後勝利。同樣的，接替瓊斯空軍參謀長職務的喬治・布朗（George S. Brown）上將在B-1被取消時是當參謀聯席會議主席，有些人也建議他辭去主席一職。

布朗上將的幽默感在他一次出席國會時展露無遺。一位眾議員脫離了質詢的議題忽然問他：「對了，布朗將軍，你是空軍的資深軍官，卡特決定取消B-1計畫，你爲什麼不從空軍辭職？」布朗很沒外交手腕的說：「我當然可以這樣，但這樣對國家的影響可能就像你從國會辭職一樣」。

我們的國家很有福氣的擁有許多有睿智的軍事領導人，隨時準備好在戰時能保衛我們以及全球的自由。他們是大公無私的人，他們奉獻一生爲國服務，危機時則挺身而出。從各方面來說，整個軍隊是無私的，就像他們的家庭一樣。他們必須忍受低待遇，緩慢的晉升，經常的搬遷，長期的與家庭分離，和經常面臨不足的經費來進行訓練與物資補給；有時候他們還要忍受官僚的愚蠢和自私的政客，他們經常不受到重視或感激，事實上，有時還受到大眾的敵意。有時候他們的家庭必須接受低品質的醫療，他們必須忍受和犧牲其小孩無法和其朋友或學校建立長期的關係，因為他們必須隨職務調動。

我有一個很有意義的訪談是和第一任空軍參謀長史帕茲上將的遺孀，她回憶有一次當她的長女打包回去大學上二年級時，提到：「媽，妳知道嗎？這是我一生中第一次連續在一個學校上第二年的課！」

這些人無私的最高表現就是他們願意在戰時犧牲他們的性命來保衛國家，而在平時為追求應付未來衝突所需維持戰備的信念不惜犧牲其軍中生涯。

【第二章】

決策：領導的本質

決策是領導的本質

——杜威・艾森豪上將

在我與艾森豪將軍談話時，他曾如此表示，他說：「我常常思考著領導才能的問題，最終我想我可引用拿破崙曾說過的一句話作爲交談的開始，拿破崙說：『領導的天才是當你身邊的人忙得抓狂或至少歇斯底里的時候，他仍能正常的執行一般工作的能力』。」

「當你抽絲剝繭地來看領導的時候，領導才能當然離不開在生活的每一刻發揮影響力去提高士氣與自信心等的能力，但是最能彰顯領導才能的時刻是當你最終必須去面對一個困難的抉擇與下決心的時候。此時通常你會聽到各種不同且相互矛盾的意見，而且他們會建議你立刻採取行動。這種領導能力是社會大眾所看不出來的……但是決策是領導的本質——也就是說，不管在戰時或是平時，領導者常常要去處理很重大的問題，當你做這些決定的時候，你並不是爲了想要獲得作秀般的效果。每天都有重大的決策在發生，這是很平常的，你的結論通常是根據你所能看到的事實，是根據你對所看到各種因素的評估，加上這些事實間的關係，更重要的是，加上你將不同的人放到適才適所的位置讓他們的能力能夠發揮的信念。當你把所有這些因素都納入考慮之後，你會做個決定。然後你會下決心並告訴大家『我們就是要這樣做』。」

指揮者的職務是一個孤寂的工作，尤其是你必須去做一個要面對生命的生與死、成功或失敗、勝利或戰敗的重大高層決策時。很少人願意去承擔如此大的責任，也少有人有資格擔當得起。然而做決策是領導的一部分責任；同時，戰時的將領如果沒有做決策及正確判斷的能力，他們通常不會久居高層領導地位。將領也是凡夫俗子，他們也像一般人一樣會受到精神壓力的影響，更何況他們所擔負的責任比一般人重的多。他們一旦有所失誤，可能導致死亡或毀滅，任何人都必須為此承受很大的壓力。

戰時的將領每天都必須面對無數的難題與重大的決策。在這裡，必須特別強調兩點值得注意的事情。第一，在戰爭期間，高層指揮官通常必須做非常緊迫而且重大的決定，但他們決策時所依據的資訊，通常不是事後歷史學家根據「後見之明」所擁有與評估的資訊。一位指揮官在做決策時，他只能夠從他當時手邊擁有的資訊來做決定。第二，對一位從未參與過高階決策的人，整個決策過程看起來蠻容易的。下位者常常忽略指揮官問題的整體複雜性，所以每當他們在接到一個遲來或不明確命令的時候，表現的極無耐性。我們常常可以很簡單地去批評，但是當我們也擔負類似的責任時，也很難做得更好。

有關高層指揮的決策問題，尚須提到第三個要素。通常一位戰時的指揮官能夠選擇他的重要幕僚人員，這些幕僚人員很可能都是他認識非常久，而且是非常能幹的與投入的專業人員。每個人都不能輕忽這些幕僚的意見，當他們全部反對最高將領的結論時，整個的決策過程就變得的更複雜與困難。

艾森豪將軍在二次大戰時所面對的重大決策，即是有關於盟軍要攻擊歐洲大陸的地點、日期及時程，除此以外，他還要決定是否要在登陸之前派遣空降師進入瑟堡（Cherbourg）半島地區等決策。這些空降師要保護英國與美國的登陸區。依據艾克的幕僚長瓦特・史密斯（Walter Bedell Smith）將軍所說，這個原因是「很明顯的，登陸區後一大片低地佈滿敵軍，只有幾條路通過一片只有一哩寬的狹窄沼澤地。除非空降部隊能降落在道路頭後面的硬土地上，奪取道路權並與敵軍防衛部隊交戰，否則通過那些狹窄泥濘的道路時，定會一路上被敵人的砲火掃射。因此當我們的部隊從海灘往內地推進時，將會造成嚴重的傷亡後果」。

艾森豪的資深空軍顧問，英國空軍上將雷馬洛里（Leigh-Mallory）就一直反對使用空降部隊，因為他認為將使優秀的空降師做無謂的犧牲。他的論點是，瑟堡的堅強防空砲火以及狹小的空降區，會造成百分之七十五或以上的滑翔機及百分之五十空降部隊的損失，將有數千人因而喪命。他認為這次任務會因為這些巨大的損失而失利。

一九四四年五月三十日，雷馬洛里又來到艾森豪將軍辦公室針對此次行動做最後一次的抗議，在雷馬洛里將軍闡述他的分析時，艾森豪的腦海裡浮現了以下的想法：「若是雷馬洛里的意見不被接受，為了保護他，我命令這位空軍指揮官將他的建議寫在一封信上，並且告訴他會在幾小時內收到我的答覆。我沒有再去找別人談這個問題。專家的建議和意見已於事無補幫不上我的忙了。」

「我獨自一人走入自己的帳棚坐下來思考。一次又一次的檢討每個步驟……當然，我了解如果我故意忽視對此問題的專家建議，一旦他的說法證實無誤，我的良知至死將負起一個無法承受的重擔，即是愚蠢、盲目的犧牲幾千條年輕的生命。撇開個人的重擔不談，若是他的建議無誤，則災難恐怕不只在本地發生，也可能影響整個盟軍。」

當艾克考量應該如何做時，他衡量下列因素：

1.他確信這次空降行動對整個攻擊行動的成功與否具關鍵地位。

2.如果無法登陸猶他海灘，並立即在柯騰丁半島建立灘頭堡，整個作戰計畫將過於冒險。

3.以他自己的判斷，他不相信德軍能夠造成如此大的傷亡。

艾克打電話給雷馬洛里，告訴他攻擊行動將依計劃如期進行。歷史證明艾克的決定是對的。第一批降落的傘兵之損失不超過百分之二，整個行動的損失也低於百分之十。當時任艾克的助理，海軍布奇上校（Harry Butcher）在他的書中提到，空軍上將雷馬洛里以「典型的英國運動家精神」承認自己的錯誤，並很坦白的說「人往往不容易承認自己的過錯，但是這一次他卻很樂意去承認自己的判斷錯誤。他並恭喜艾克將軍能有這種智慧做出明智的指揮決策」。

艾森豪將軍還經歷過一次與此經驗十分類似的事件。阿登反攻行動失敗後，同盟國開始重新集結兵力，艾克希望繼續在萊茵河西岸的有效戰役，因爲他相信如此一來，在突破萊茵河防線之前，能夠摧毀希特勒的大部軍力。陸軍元帥亞倫・布魯克爵士（Alan Brooke）就非常反對這樣一個策略，他認爲這個行動將抽調蒙哥馬利從北方進入萊茵往魯爾區（Ruhr）推進的兵力，使得盟軍的兵力分散。布魯克十分堅持自己的看法，但艾克也堅守他的決定。數星期後，布魯克向艾森豪將軍說：「您完全正確，我為我自己害怕兵力分散而帶給你的壓力感到抱歉。感謝上帝，你還是能堅持己見。」

二次大戰時爲決定開闢第二戰場的時間與地點，整整討論了兩年多的時間，這是艾克在大戰期間最困難的決策之一。當艾克被提名爲最高統帥時已決定戰場的地點爲法國。計畫這個行動的參謀人員也選擇了一九四四年五月爲進攻日期。艾克的第一個改變就是日期。艾克研究作戰計畫後，認爲他必須將進攻的突擊師由三個增加爲五個。爲了因應人員及後勤的部署與調整（特別是他需要更多的登陸艇），日期必須從五月延到六月。這一個月的遞延關係重大，因爲在春天的好氣候十分有利於攻勢作戰。

決定日期的關鍵因素就是天氣。當艾森豪將軍要決定在北非「發動」或「取消」攻擊的時候，天氣是一個非常大的問題。爾後在西西里（Sicily）島的氣候問題則更糟糕。後來同盟國決定進攻，但就在進攻的前一天晚上，天氣並非如預測的風平浪靜，反而颳起每小時四十哩的強風。這種強風會激起大浪，不但使許多軍人暈船，也會讓登陸行動格外危險。這種天氣也令即將空降到敵軍中央的第八十二空降師十分不樂觀。馬歇爾將軍發出電報，他想知道「行動是否照舊或取消？」艾克他對自己說，「我的反應是，但願我知道！」然而決定權還是落在他身上。他再度面對孤寂，再一次獨自斟酌各種風險。如果他現在取消進攻行動，有哪些部隊會發生哪種悲劇，因爲他們所負責的特別任務已經先行出發，這些部隊會因爲太慢收到取消的訊息無法折返而被屠殺。他們十分看重的奇襲效果也會消失無蹤。他再一次走到戶外去感受風速，然後走進自己的辦公室下令：「按原計畫進行。風浪雖大，但我相信明天必有好消息。」

但是隨著夜幕的加深，風速也越加增強。就在等候天明既寂寞又絕望的幾個小時中，他只能把玩著他的幸運錢幣。心中想著：「除了孤注一擲的祈禱外，我們也是無能爲力」。

由於進攻諾曼第的時機需要正確地配合月光、潮汐和日出時間等因素後才能決定，當初選定登陸的日期是在六月五日、六日或者是七日。會在這三天中的哪一天行動將依天氣而定。艾克談到當時的情形：「如果這三天的天氣都不理想，那麼隨之而來的後果將不堪設想。我們將失去隱密性。突擊部隊要下載，之後他們會擠回到由鐵絲網圍住的原有集結區，將變得非常的擁擠，因爲他們原先駐紮的地區已被預備下一波行動的部隊所佔去。複雜的行動管制表將被丟棄。士氣必然低落。很可能得再等上至少十四天甚至是二十八天——這是一項讓兩百萬人懸疑不定的士氣問題！主要戰役所需要的好天氣會越來越少，而敵軍的防衛能力則會隨之增強。」

原先是概定在六月五日發起攻擊。最後要決定這項決議的會議是在六月四日的清晨四點召開，雖然當時已經有一些先遣部隊出發了。當時天氣非常惡劣，雲層很低、風浪很大，種種跡象都顯示這次登陸行動會很危險。因爲不可能進行空中支援，海軍的砲火也會不準確。艾森豪將軍請教他的主要顧問群：海軍上將藍姆賽（Ramsay）從海軍的觀點保持中立立場，蒙哥馬利贊成出擊，空軍元帥泰德（Tedder）則主張不應出兵。但是他們只能建議，終究該由艾森豪來做最後的決定。他決定延後這次攻擊的時間。

第二天早上幕僚會議再度召開，氣候預報說六月六日是一個好天氣，但也許僅能持續三十六個小時。艾克的幕僚長史密斯將軍很生動的描述六月五日早上的情景：

當天早上所有的指揮官都出席了，當艾森豪將軍進來時，他穿著剪裁合身的野戰夾克，臉上掛著因沈重的決策壓力所產生的嚴肅表情。蒙哥馬利陸軍元帥穿著他平日所穿的寬鬆燈芯絨褲及一件毛線衫，海軍上將藍姆賽及他的幕僚長都穿著整潔的金藍海軍制服。

氣象專家們立刻被帶進來。氣象處長皇家空軍上校斯臺格（Stagg）這位高大蘇格蘭人的倦容上帶著一絲詭異笑容。

他對艾森豪將軍說：「我想我們已為您找到一線希望了，長官，」我們每個人立刻洗耳恭聽下文，氣象處長接著說：「從大西洋過來的鋒面，其移動的速度比我們預期的還快。」他接著又保證將有廿四小時理想的天氣。艾克的顧問們開始快速地對這位氣象處長發問。當他們問完後全場整整持續五分鐘的靜默，艾森豪將軍坐在房間後面整排書架前的沙發上。在此之前，我未曾瞭解一位指揮官面對一個如此重大的決定時，當他完全瞭解這決策的成功與否全憑他個人的判斷而定時所感受到的寂寞與孤獨。他安靜的坐在那兒，不像平常一樣地站起來在房裡快速踱步。他的心情緊繃，考量著天氣的各種影響，就像從四月起做的各種演習過程一樣，同時他還要盤算著其他無法預估的因素。

終於他抬起頭望著大家，而且臉上緊繃的表情也消失無蹤了。他迅速地說：「好吧，我們上！」

歷史記載著這次登陸行動非常成功，但是在一個指揮官的內心深處，他如何度過這麼長的煎熬去做一個劃時代的決定？艾克在其回憶錄中寫到這件事：「再一次地，我必須忍受從高層指揮下最後決定後，到行動初步成敗結果出現間的冗長煎熬等待。」

儘管在做決策的前、中、後都有許多人圍繞在他身邊，我們也不難瞭解為何艾克在戰時寫信給他的朋友說：「高層軍事指揮官最難受之處在於孤寂……」。

一些美國最高三軍統帥所面臨的重大決策挑戰都落在杜魯門（Harry S. Truman）總統的身上。在羅斯福總統過世前，杜魯門只當了八十三天的副總統；自從他在一次大戰以陸軍上尉服役於歐洲後，就再也未到過歐洲；他從未被邀請到白宮西廂的作戰簡報室，聽取每天讓總統瞭解戰爭進行情形的簡報；他沒有被邀請參加雅爾達會議（Yalta Conference）或相關簡報；他並不瞭解美國和蘇聯對波蘭的許多爭議；他對原子彈的發展一點概念都沒有；而且他從未上過大學。

在杜魯門宣誓成為總統的第一個月中，他必須要做許多迫切而且重大的決定：是否要在日本投下原子彈；如何處理戰敗德國佔領區的問題；如何鼓勵蘇聯向日本宣戰，以及如何處理蘇聯在華沙建立一個共產偽政權。不難想像地，杜魯門總統將他的第一本回憶錄就叫做《做決策的一年》（*Year of Decision*）。在前言中他寫道：「美國的總統承擔了非常大的責任，這個責任是非常獨特且無可比擬的。」

「很少人有權為總統發言，更沒有人能替總統做決定。沒有人能夠知道總統做重要決策過程的思考程序與階段。即使是他最親近的幕僚，或是他的家人，也不能夠完全瞭解總統會做某些事情或得到某些結論的所有原因。做為美國的總統就是要能承受孤寂，尤其是在做重大決定的時候更是孤寂。」

當時的助理國務卿艾奇遜（Dean Acheson），在回覆一個朋友有關杜魯門總統的領導風格時說：「總統是一位非常直接、果斷、簡單而且完全誠實的人」。這些人格特質都指出杜魯門總統是一位非常有品德風格的人，這種特質對決策是非常重要的。

哈里曼（Averell Harriman）於二次大戰期間曾任美國駐蘇聯大使，他曾經與羅斯福總統和其行政當局密切地工作達十四年之久。當他比較羅斯福和杜魯門兩位總統時，他對杜魯門總統的評語是「你可以帶著問題走進杜魯門總統的辦公室，出來時你就有他的決定，我從不曉得任何人能這麼快速的做決策。」

有批評者指控杜魯門總統在使用原子彈的決定時過於「草率」，但事實上並非如此。杜魯門總統曾說：「我對於原子彈的知識是在上任之後，由史汀生部長全盤向我報告後，才知曉整個來龍去脈。他告訴我，當時此一計劃已接近完成階段，預期在四個月內可生產出第一顆原子彈。史汀生部長接著建議我出面召集最優秀的人士組成一個委員會，並要求他們很仔細的研究新武器對我們有何衝擊。」

這一個委員會是直接由陸軍部長史汀生所負責，杜魯門總統接著寫道：「他們建議，一旦完成就應該儘早使用原子彈來直接對付敵人，他們接著建議在使用時不必有任何的警告，同時要能針對一個特定的目標明確地展現其雷霆萬鈞的威力。我當然也了解引爆一顆原子彈將會造成無法想像的傷亡，但從另一個角度來看，委員會中的科學顧問群指出，『我們無法提出其他科技的展示有可能使戰爭提早結束，除了直接的軍事使用外，我們看不出其他可行方案。』這就是他們的結論，他們無法建議任何科技上的威力展示，例如投擲到一個無人海島上，而有可能帶來戰爭的結束。它必須是針對敵人的一個目標。」

「然而，在何時、何地使用原子彈，還是須由我來做最後的決定。我視原子彈爲一軍事武器，我從未懷疑過它應被使用，我的軍事顧問們建議使用，且當我與邱吉爾先生談及此事時，他毫不猶豫地告訴我，假如使用它能有助於結束這場戰爭的話，他支持我使用這顆原子彈。」

有些時候杜魯門總統做重大決定的時候，他也會將其最親近顧問所給的建議擺在一旁。美國在一九四八年面臨的一個重大挑戰，就是建立一個獨立的以色列共和國的決定。英國在二次大戰後，在財政與軍事上幾乎都破產了，而且必須放棄許多受她管轄或影響的區域，例如巴勒斯坦。負起這個受創且多難世界的責任轉移到聯合國，最終又落在美國的身上。

杜魯門總統對於猶太人的悲慘命運非常同情，尤其是當他想到二次大戰期間，猶太人所受到的種種迫害與大屠殺，以及其許多存活者內心深處很想在巴勒斯坦安住下來，杜魯門總統對這樣的渴望非常地敏感與感同身受，這是出自於對人道主義的關懷，而且他也相信這些猶太人應該有權有他們自己的國家。

杜魯門總統最重要的顧問們都反對他協助以色列建國的決定，其中包括國務卿馬歇爾將軍、副國務卿羅伯・拉維特（Robert Lovett）、國防部長詹姆斯・福萊斯特（James Forrestal）、杜魯門總統的主要國務院顧問及蘇聯專家喬治・肯南（George F. Kennan）、查爾斯・波倫（Charles “Chip” Bohlen），還有迪恩・艾奇遜。他們相信，從美國國家安全角度而言，以色列建國將埋下一個很大的威脅因素，特別是美國對阿拉伯的石油依賴越來越深。承認以色列建國，將是對阿拉伯世界一項極不友好之舉動，而且可能挑起以色列與阿拉伯國家之間的戰爭。必要時，美國可能需要派軍隊去援助以色列，而此舉可能將阿拉伯國家推向蘇聯陣營。

杜魯門總統幾乎都會聽從他的外交政策顧問們給他的建議，但當英國的統治將在一九五四年五月十五日結束時，他還是決定美國要承認以色列。

一位傳記作家對於這個議題的主要會議情形做了如下的描述：

馬歇爾將軍非常憤怒，他認為杜魯門總統是屈服於政治壓力，對這位老將而言，這是一種無法原諒的罪惡。於五月十二日在布萊爾屋（Blair House）進行的會議中，他聽克里夫（Clark Clifford）提出承認以色列的各種說詞時越聽越氣憤。他對一個像克里夫這樣一個政客能被允許參與這個會議，並討論如此敏感的國家安全議題感到憤怒。克里夫回憶當時他很不安的的看著馬歇爾的臉由白轉紅。

馬歇爾將軍當著杜魯門總統的面指著克里夫說：「首先，我不知道為什麼這個人會在這個地方」。當時房間裡的所有人從沒見過馬歇爾這位老將這麼嚴厲無情過。他冷酷的對杜魯門總統說：「假如你附議克里夫的話，等到下次總統大選時，假如我還有去投票，我一定投反對你的票」。從杜魯門總統認為是「當今最偉大的美國人」口中聽到這番話，就如苦的難以下嚥的藥一樣難受。

羅伯・拉維特提到，那天在會議中杜魯門總統的表現「非常明顯是因政治導向而失去其意義」。馬歇爾將軍的傳記作家波葛（Forrest C. Pogue）為當時的決策過程提供進一步的解說：「當馬歇爾聆聽大家的討論，他能夠看到拉維特的指控有其真實性，克里夫完全是以政治的角度在談這件事──因為在美國境內有非常多的猶太人，承認一個新的以色列國家，將對美國總統大選非常有助益。他說這麼做了，將會傷害到總統府。很可能是因為克里夫那一天的言行激怒了馬歇爾，所以馬歇爾將軍跟著說，這樣一個議題不能完全從政治的角度來解決，今天如果不是為了國內政治的考量，克里夫也不會在該會議中。馬歇爾接著建議，大家在五月十六日之後再回到這個議題討論。杜魯門總統很快的看出這個會議將要失控，他說他傾向於同意馬歇爾的看法，大家可以再考慮一陣子。」

猶太領袖們在很短的時間內就知道五月十二日會議上討論的內容，他們馬上施加政治壓力給杜魯門總統，啓爾曼・威日蒙（Chiam Weizmann）於五月十三日寫了一封非常具說服力的懇求信給杜魯門總統，這讓他大受感動，隔天杜魯門總統就打電話給克里夫要他去安排下午承認以色列的安排。

拉維特的立場是，是否要承認以色列這個國家是總統的決定，而且要毫不猶豫的加以執行，他只是非常顧慮馬歇爾會因此事件而辭職，所以他先和馬歇爾討論這件事。馬歇爾的反應是，他「要向他的上司，也就是總統負責，他也充分地意見具申後還是不被採納，現在他必須執行總統的命令」。一些馬歇爾的朋友主張他應該辭職，但是他並沒有這麼做，他反而告訴這些朋友，總統有權做這個決定，而馬歇爾的責任就是執行總統的決定。承認以色列爲一個獨立國家的決策過程，可以充分顯示杜魯門的決策風格以及馬歇爾雖然極力反對承認以色列，但他仍然無私地執行三軍統帥的決定，馬歇爾到終都是一個好軍人。

馬歇爾將軍於一九三九至一九四五年擔任陸軍參謀長期間，他必須比任何其他人做更多非常重要的決定。他是否有遵循哪種決策方法與程序來以幫助他做決定？答案是肯定的，而且沒有比這個模式更好的了。

馬歇爾依靠一群非常有才能的軍官來協助他下許多必須做的決定。他建立了一個特助團隊（the Secretariat）來幫助他決策。

當馬歇爾將軍在一九三九年也就是二次大戰前擔任陸軍參謀長時，柯林斯（Lawton Collins）少將說：「當時需要參謀長或其副手來做決策的研究報告通常由相關聯參先行準備。」柯林斯曾是「特助團隊」成員，也在一九四九至一九五三年擔任過陸軍參謀長。他指出：「根據這些研究所產生出來的行動報告（Action Papers），首先是送到瓦德（Ward）上校的辦公室，然後由他分配給他的助理準備向副參謀長或直接向參謀長報告。每位特助每天都會被分配到五至十份報告。當我在特助團隊的時候，並沒有指派每一人特定的主題。我們就是要審查我們分配到的報告，檢查明顯的錯誤、不完整或不清楚的部分及一些我們認爲參謀長或副參謀長可能提出的問題進行釐清。然後再向他們針對每一份完成的報告進行簡報。」

坊間出版許多有關決策的書籍，但是沒有一本能夠超過馬歇爾將軍非常簡單的決策方法。這種決策方法也是許多馬歇爾將軍所帶過的優秀軍官們所普遍奉行的。這些軍官中，許多人在日後都成爲美國的高階將領。柯林斯這麼寫道：「馬歇爾將軍要求所有的幕僚書面報告，不論其議題有多複雜都要縮減到兩頁或者更少。其格式也嚴格的限制：第一部份先要描述問題的本質；然後是有關此問題的相關因素及其正反面看法，有需要時再簡短的討論一下結論；最後也是最重要的部分，就是建議行動方案。需要提供較詳細的背景、討論或解釋的附件可附在報告之後，但只在報告本文中加以簡要註解。一個牽涉廣泛的議題檔案可能有一英吋或者更厚，但凡是要長官做決定的報告都要簡潔到兩頁或者更少。這種要求強迫其幕僚要做更愼密的分析以及更明確的建議。」

柯林斯進一步回憶：「身爲特助在向長官進行口頭簡報時，我們使用最少的小抄，並且專注在報告的主要關鍵點上。我們必須準備回答任何來自於參謀長或其副手的問題，以及提供任何他們想知道問題的更詳細資料。如果報告需要由參謀長親自簽署文件，或是該決策會影響到重要政策時，就必須直接向參謀長做報告。馬歇爾將軍從過去的共事經驗中熟知每一位特助，並尊重我們每一個人的判斷。馬歇爾鼓勵我們對建議的方案提出不同的意見，或者提出任何我們認爲有價值的建議。」

艾森豪將軍在歐洲戰場的參謀長瓦特・史密斯將軍是另一位非常有影響力的馬歇爾部屬。當布萊德雷在步兵學校兵器組擔任少校組長時就開始注意到史密斯「絕對聰慧與具有分析能力的頭腦」。馬歇爾看過史密斯的一個課堂簡報後立刻向布萊德雷說「這個人可以成爲一位非常優秀的教官」。

在一九三九年，布萊德雷當時是馬歇爾幕僚群的助理秘書。他想起在步兵學校表現優異的史密斯，並將他推薦給馬歇爾，請他來協助處理馬歇爾與外界往來的各種信件。史密斯沒多久就成爲馬歇爾將軍不可或缺的一位幕僚，他非常清楚的知道如何將馬歇爾將軍的想法寫出來。

馬歇爾身爲陸軍參謀長並和羅斯福總統有非常密切的往來，他是不能忽視一些無可避免的政治問題。羅斯福總統非常堅持對許多事情要有決定權，同時又要避免他干預純軍事方面的事務。這對馬歇爾來說是一項非常大的實際挑戰，因爲羅斯福總統是一位三心二意猶豫不決的決策者。羅斯福總統的白宮軍事助理是愛德音・華生（Edwin "Pa" Watson）少將。史密斯就是被分派到與華生將軍對口，這項任務史密斯做得非常成功。具有外交手腕的史密斯能將白宮與陸軍部間的政治干預程度減到最低。

史密斯將軍的傳記作家曾寫道：「有能力去做決策，並有足夠的自信能挑剔馬歇爾的人在陸軍部可說是鳳毛麟角，但也是明日之星」。艾森豪也提到一段馬歇爾告訴他的話如下：「陸軍部有許多非常有能力的軍官，他們能做很好的分析，但是總感到要把問題交給我，讓我來做最後的決定。我需要的助理是能夠解決他們自己的問題，並對我回報他們做了些什麼」。

馬歇爾指示布萊德雷說「除非我聽到所有贊成以及反對行動方案的意見，否則我不知道我是對的還是錯的」。馬歇爾將軍也非常堅持，即使是與他的意見不合，他的幕僚仍然可以做決定，當然這些部屬必須有足夠的理由來支持他們的決定。也就是說馬歇爾創造了一個獨立思考的好環境。

亨利・阿諾德將軍曾經在馬歇爾將軍麾下指揮陸軍飛航部隊。在其全盛時期，陸航部隊有多達二百四十萬人與八萬架飛機。阿諾德是一位活力充沛的決策者。豪爾・大衛森（Howard C. Davidson）少將曾這樣說過：「我有一個非常好的機會去觀察阿諾德將軍，因爲我在其麾下擔任過第十九轟炸群的指揮官，以及後來我擔任飛航部隊長的執行官時，阿諾德爲副部隊長。阿諾德將軍做決策非常地快，雖然有時是錯的，但大部分都是對的，因爲阿諾德無時不刻的在蒐集關於航空部隊人與事的資料。即使是在一個社交場合，像是雞尾酒會或是晚宴，他都會向人請益許多問題。假如有位飛行員從阿拉斯加來到華府，阿諾德通常會邀請這位飛行員共進餐敘，然後請教許多有關阿拉斯加的問題」。

阿諾德將軍對資料求之若渴的態度對他的決策非常有價值。在二次大戰參戰前，他曾邀請了一位駐柏林的陸軍武官爲空軍幕僚群演講。他把握住各種不同的機會，邀請美國的製造商訪問歐洲以研究並蒐集當地製造飛機方式的資料。在他去過德國之後，他曾經要求林白（Charles Lindbergh）先生對他做有關德國空軍拉夫瓦夫（Luftwaffe）生產能量的簡報。在這次簡報中他也特別邀請了陸軍參謀部幕僚以及陸軍部部長參加。阿諾德將軍是希望藉由「孤鷹」（Lone Eagle）的口中來敘述他在德國的所見所聞給大家，爲的就是印證他所擔心的事情──德國一直在增強其空軍軍力。

大衛森將軍也提到在領導與決策上，「阿諾德是一位非常沒有耐性而且脾氣爆躁的人。他缺乏耐性的性格，促使他可以在很短的時間內將事情完成，幸運的是，不用四個小時他就會忘記何事曾讓他如此生氣。因爲他沒有耐性去讀長篇大論，身爲他的執行官，我會要求幕僚能將許多頁的意見濃縮到一頁之內。」

堅守決策

當馬歇爾將軍於一九四七年冷戰時期擔任國務卿的時候，他再一次肩負許多重大決策的重責。一九四八年春天，負責計劃部門的喬治．肯南向國務卿建議，針對馬歇爾計劃（Marshall Plan）向蘇聯釋出一個和解示好的動作，也就是邀請蘇聯來談談他們所遭遇的問題，這訊息就傳到蘇聯。這個建議旋即被蘇聯所接受，但很不幸地，也被蘇聯渲染成一個高層會談。這件事讓美國所有的友邦非常震怒，因爲他們認爲這高層會議事先並沒徵詢協調他們的意見。認爲美國背著他們去和蘇聯談判，他們要求美國出面解釋。肯南說：

我記得有一段小插曲使得我對馬歇爾將軍的敬愛超過任何其他人。

我為所引起的駭浪感到無比的驚駭。有二個晚上我獨自徘徊在村子裡的路上，試圖檢視整個事件的演變，想找出我們到底哪裡做錯了。第三天我來到將軍的辦公室，告訴他我的想法。他當時正埋首在一堆公文中。

我說：「將軍，我知道一個人要從錯誤中學習，而不該犯了錯就哭喪著臉。我已經花了二天的時間，試著去找出我們到底做錯了什麼事情。真的，我找不出來。我想我們是對的，那些批評是錯的。但既然外面有那麼多批評，我們一定是有什麼地方做錯了。」

馬歇爾將軍放下他手上的文件，緩慢的轉動他的椅子，他的眼神穿透眼鏡邊注視著我。當時我在內心顫抖，不曉得會發生什麼事情。

他說：「肯南，你記不記得一九四二年我們重返北非的戰役，剛開始登陸作戰相當成功，因此頭三天新聞媒體把我們捧成天才。但自從達蘭（Darlan）事件發生後，連續三週我們連世界上最笨的傻瓜都不如」。

「你所談的這個決定是我所同意的，此事也經過總統府內的討論，最後總統也批准了」。

「這整件事的困擾是你沒有這些新聞媒體人員的智慧和敏銳。好了，你回去吧！」

許多批評都會跟隨著負責任的領導者。每當做了一個重要的決策之後，總有好多來自「事後諸葛的媒體」的批評。

艾森豪很清楚的瞭解，一旦下了決心就要支持與維護它。當他回憶起一位英國的盟軍指揮官哈洛德．亞歷山大（Harold R. L. Alexander）將軍時，艾森豪曾在一九四三年六月十一日那天說：「他具有天生贏家的個性，豐富的戰爭經驗，和別人相處融洽的能力，以及非常好的戰術觀念。他非常的謙虛而且充滿了活力。如果我們對他的資格有任何懷疑的地方，就是當他面對一些部屬時，他所表現出來令人質疑的不確定感。有時他會改變原有的計畫或是觀念，只為了迎合部屬的異議或建議，這樣他就可以避免掉直接命令的途徑。」

當其他的人對某項決定產生懷疑時，通常艾森豪將軍會親自前往視察狀況。有一次英軍對一個計畫產生質疑，艾克在一九四三年七月一日的日記中寫道：「設計來發起攻擊的地面部隊是由克拉克霸（Clutterbuck）將軍領導的英國第一師。他對於計畫中預期戰況的發展並不是特別的樂觀。因此他親自來找我陳述計畫的困難點以及他擔心他的人員會傷亡慘重。的確，如果我們在潘特里拉（Pantelleria）遭遇挫敗，則連亞歷山大將軍都認同哈斯克（Husky）行動將會是一敗塗地。」

「因爲這些擔憂和懷疑，我在發起登陸攻擊前二至三天親自從海上勘查該地區。我這次的視察是由海軍將領康寧漢（Cunninghan）陪同，由我們的勘查，我確信這次登陸作戰將是一個簡單的任務，敵人抵抗將是非常的薄弱，因此我就指示他們照原定計劃執行。實際上當第一批的登陸艇到達海岸線之前那個地方就已經投降了，防守當地的指揮官日後說他根本沒想到當天會有盟軍步兵會來攻擊。當天盟軍擄獲約一萬一千人的敵軍。」

類似的情形也發生在攻擊舍蘭納（Salerno）的時候。艾克寫著「在司令部經常有人提出繼續『雪崩』（Avalanche）作戰行動是否明智的質疑。但我評估可能的戰果是非常的大，雖然所分配到的登陸艇仍然不足，……我認爲我們應該照原定計劃進行。所以，我就這樣通知參謀長聯席會」。

馬歇爾將軍也是一位非常冷靜而且超然的決策者。迪恩・魯斯克（Dean Rusk）當時是助理國務卿，回憶說「每當他的顧問們對一個政策有爭議時，他們都不能單獨見馬歇爾將軍本人，馬歇爾堅持所有有爭議的人都要參加會議討論。在羅斯福總統執政期間，他的顧問們經常會以辭職威脅，企圖來贏得總統的支持，或者對他在某項政策上施壓。馬歇爾認爲這樣的行爲就如同在勒索一般，他絕不容許在國務院有這樣行爲。所以當馬歇爾就任國務卿後，一位國務院的資深官員建議一項政策的變更，他對馬歇爾說，否則他將無法發揮其功能而必須辭職。」

「馬歇爾立即回答說：『某某先生，不管你或我是否為政府工作，這和我們討論的這個問題沒有關係。所以，讓我們把不相關的事移開，我接受你的辭職立即生效。現在石頭搬開了，假如你願意花幾分鐘和我討論這個問題的話，我願意聽聽你的觀點。』當這件事情傳開後，就再也沒人用『聽我的，否則辭職』這一套在馬歇爾身上了。」

艾森豪在他一九四二年十二月十日的日記中，記載著另一件可以檢視他決策的方式，他寫著：「我經歷了許多事情，也學到了很多事：㈠對一個指揮官而言，他要去等待別人有所表現與成果，是最難熬的一件事；㈡對現代陸軍、空軍及海軍的高層軍官而言，豐富的組織運作經驗和一個有條理與邏輯的思維，是成功的重要因素。對一些巧言令色，慣於譁眾取寵的機會主義者，他也許能抓住上報紙頭條的機會並成為大眾眼中的英雄，但當他真的位居要津時，是沒辦法把事情做好的。反過來說，緩慢、注重形式與方法步驟的人對重要職位也是沒有價值的。重點是如何在兩者間取得一個適當的平衡，亦即說，一個人位處要津時，他需要有一個不虞匱乏的動能。他經常從早到晚都要承受許多失望、不如意的事情，同時還要能在部屬有質疑時，驅使他們達成他們認為不可能的任務。」

直覺

雖然許多決策下達時都有幕僚和指揮官們的意見，但有一些領導者的能力和經驗使得他們的直覺對他們的決策有非常大的影響。能夠根據他們的直覺勇敢的採取行動，這往往對這些偉大的領導人是一個很大的試驗，如同麥克阿瑟將軍在韓戰時的故事。

在一九五〇年六月間北韓軍隊開始大舉入侵南韓，剛開始遭遇非常小的抵抗，當軍隊在朝鮮半島南方釜山地區建立一條穩固的防線時，才削減北韓軍隊的銳氣並阻止北韓的往南推進。當時美國成功的向聯合國請願派兵防衛南韓，並挑選麥克阿瑟將軍為聯合國盟軍指揮官。他想要在敵人的側後方從仁川運用兩棲登陸的方式，截斷北韓來自中國共產黨的補給線並包圍在漢城南方的北韓人民軍。仁川位處漢城西方約二十哩處，是南韓第二大港。因為潮汐的關係，兩棲登陸時間的掌握相當重要；它必須在九月中旬實施。麥克阿瑟在其回憶錄中如此寫道：「這意謂著仁川的登陸作戰必須在很短的時間內完成，在現代戰役中沒有任何其他大型兩棲登陸作戰能在如此短的時間內完成。」

麥克阿瑟在仁川登陸的決策是孤立無援的。他曾經在《回憶錄》（*Reminiscences*）中寫著：「我的計劃面臨來自華府軍人非常大的反對，……當時參謀聯席會議主席布萊德雷將軍的看法是兩棲登陸作戰已經過時了，再也不可能有一個非常成功的兩棲登陸作戰……參謀聯席會議拍了一份電報給我說，他們將會到東京和我討論這件事情。很明顯的，當他們一到東京我就可看出來他們真正的意思並不是要和我討論，而是要勸我放棄這個計劃。海軍首長薛爾曼上將在會議中如此簡報：『假如我把所有地緣政治以及海軍所有可能的不利條件都列出來，仁川具有所有的這些不利條件』」。

當所有的首長陳述了他們令人沮喪的建議後，麥克阿瑟回憶說：「我可以感覺到氣氛正在緊繃」。他整理一下他的思維後對與會者說：「我確信敵人並沒有對仁川進行必要與適當的防衛。您們所提出此計畫不可行的種種論點也提供我給敵人奇襲的論據……奇襲是戰爭勝利的最重要因素……海軍的反對因為潮汐、水文、地形以及實體的障礙是確實有關的。但它們並非不能克服的……看起來我對海軍的信心，比海軍對他們自己的信心更多」。

但麥克阿瑟對他的決定相當有信心，不因有那麼多有力的反對聲音而退卻，他仍依照原定計劃付諸實施。他依賴他的計劃及其直覺，而這場行動是空前的成功。仁川登陸在戰史上被稱之為最聰明睿智的戰略決定，也是一個作為教育現在及未來將領的經世典範。

軍事決策的政治面

早期當艾森豪在菲律賓擔任麥克阿瑟將軍的助手時，他就意識到政治可能干擾到正確的軍事決策。因為菲律賓陸軍的財務資源非常有限，陸軍顧問們在一九三六至一九三八年間想要以最低的價錢提供菲律賓恩菲爾德來福槍（Enfield rifles）。這應該是一個非常單純的事情，因為這些步槍對美國來說已經過時了。艾森豪在他一九三六年一月二十日的日記如此記載著：「當華府接到這個請求時，它們把他當做一個重要政策並送請總統裁決。我們當時真的是很迷惘，這件事怎麼會與政策有關連？到底這是一個國內的政策問題或是應該有國際的意涵在裡面。」

艾森豪跟著寫道：「總統是不是會顧慮這群厭惡中央政府的和平主義團體？菲律賓人是否會在危機中轉而反抗美國，而讓美國背負以美國經費武裝敵人的罪名？這是否會影響美國對日本的關係？國會是否會將之視為違反國會對武器禁運的意圖，進而提出一個新的法案？」艾克當天進一步說：「所有這些問題經過分析都無法提供一個滿意的解釋，在我們看起來，這只是我政府當局一個非常短視的政策決定」。

艾克從一個軍人的立場，把政治的現實作如此的結語：「我們決不能忘記，今天華府對每一個問題的處理都是根據如何在十一月獲取選票。如果完全依照我們的意思來處理並不能增加選票，但不同意我們的要求，並利用媒體加以渲染則可能被認爲能爭取和平主義團體與一些其他被誤導群體的選票。」

他整理了那天的思緒後得到一個非常清楚的認識，這也是每一個美國軍人都必須了解的：當高層的長官做出一個決定時，「我們的態度……應該是我們已經對這個議題提供最好的專業建議，不管最後決定是怎樣，我們都要準備好去執行這個決定。」這實際上就是專業軍人的行爲規範、準據與指令。

二次大戰期間，並不是所有艾森豪的政治難題都來自英國，有一些是來自美國的政客。一九四二年七月他非常驚訝的發現美國駐英大使拍電報給華府，建議讓他成立一個委員會來挑選戰略轟炸的目標。艾克馬上介入，在不傷感情的情況下非常巧妙的將這位美國大使排除在目標選擇事務外。

美軍在越南的最高指揮官威廉・魏摩蘭將軍（William C. Westmoreland）就不像艾森豪這般幸運。他原希望轟炸北越能提振南越軍隊的士氣和幫助結束這一場戰爭。但是如同他在回憶錄中所述：「在華府對此戰役進行方式採優柔寡斷的指示下，……轟炸對北越繼續作戰的決心沒有明顯的影響」。在他的書中他嚴厲的批評華府對他決策的干擾，他說：「我們原先計畫全天候上千架次的轟炸行動，但是華府只核准每週二至四次的轟炸，而且每次只有數十架次的飛機……來自華府的干預，嚴重的阻礙戰役的進行。據說有一次詹森（Johnson）總統還誇耀的說：『沒有我的核准，這些人連庫房都不能去轟炸。』華府這些怯懦的政策，來自於一位用意良好但過於天眞的官員建議，他的影響造成總統總是從政治角度來考量事情，他試圖去討好每一個人，而不是眞正承擔他的責任來做一些困難決策的取捨……」

「這些政府官員及一些白宮和國務院的顧問們，顯然藐視專業軍人的意見，而寧可相信那些優秀的常春籐知識份子可以利用一些政治戲法，而不經軍事武力就可以摧毀敵人的作戰能力。」

魏摩蘭將軍對不當干預的忍耐終於結束了。「幾乎所有B-52轟炸機的目標都在人煙稀少的內陸」，他如此寫著，「都是遠離人口集中地，但通常都是軍隊集結區或營區。最初幾個月，華府詳細檢查每一個我們提出的轟炸目標，幾乎到了荒謬的程度。當總統國外情報顧問會成員克拉克・克里夫在一九六五年訪問西貢時，我對他拒絕讓我們轟炸一個地區感到無比的憤怒，只因爲在華府有人從空照圖中發現目標區有一類似茅草屋頂的痕跡，並據此判斷該區域有人居住。我要求克里夫帶話回去，從這案例可看出，如果華府對我不再信任，就請他們另請高明吧。從此之後華府的干擾才停止。」

當喬治・布朗（George Brown）上將擔任參謀聯席會主席期間，所面對最困難的抉擇問題之一，就是美國當局要考慮與巴拿馬簽訂一個新的巴拿馬運河協定（Panama Canal treaty），這個協定要把運河所有權轉移給巴拿馬政府。這個案例最能突顯軍隊與總統間應如何維繫適當的關係。任何要美國放棄對巴拿馬運河及運河區所有權的協議都與美國國家安全密切關連。這個決策影響美國的國際地位，尤其是美國對中美洲地區的影響力。美國海軍依靠這條運河，因為美國要安全的在兩大洋間調動兵力就必須依靠該運河的通暢。

那些要放棄對運河主權的人是這麼說的，我們當初從巴拿馬取得這片領土的手段並不是那麼正當，因爲我們越來越依賴第三世界國家的原料，而藉由回歸巴拿馬運河主權我們可以和這些國家進一步和解。

布朗上將在一九七七年九月十六日出席眾議院國際關係委員會的聽證會。他證詞的重點是，對美國重要的是能有效的使用該運河，而不是它的所有權。他也代表參謀聯席會議認爲不管平時或戰時我們的軍隊都必須能使用巴拿馬運河，因此必須能持續確保該運河的安全通暢。他也了解到必須透過美國與巴拿馬兩國的充份合作，才有能力維護這條運河，這也是新的協議書中所涵蓋的。

新聞媒體一直批評布朗及其聯席會議的成員們，說他們被迫來為這個協議背書否則將失去他們的工作。爲了回應這些指責，布朗上將向眾議院的委員會說：「主席先生，一位或幾位專欄作家及幾位個人指責說因爲三軍統帥已經做了決定，所以參謀聯席會議的成員，尤其是我，才支持這項協議。如同國防部長布朗（Harold Brown）曾說，我們不支持總統決定的唯一適當作法只有離開現職，然後才能有不同的意見和立場。」

「但是事實還有另外一面。遊戲規則很清楚的指出，我們每次在國會作證時，必需針對質詢的每個問題提供完整而且合於事實的陳述。許多年來我都是這樣做的。」

「假如您還記得，我曾爲從韓國撤出美國的地面部隊這件事在這個委員會作過證，公開記錄可以證明，在一月時聯席會議並未支持撤軍的行動。我們研擬了一份備忘錄給國防部長，再轉呈給總統，備忘錄中談及我們必須包含到三個條款：一是在能夠維持而且不打亂軍事平衡的情況下才可以從韓國撤軍；二是應該有公開聲明要繼續維持與韓國間的相互安全協議；三是我們要繼續維持在太平洋地區的影響力。這幾點都被接受了後參謀聯席會議才支持從韓國撤軍的計畫，並且在往後四、五年間爲這項撤軍的行動勤奮的規劃以求能圓滿達成任務。」

「同樣的，我們與高層對B1轟炸機的判斷並不一致，這並不值得驚訝。我們認爲B1應該進入量產，而且也是這樣建議的，但是最後的決定與我們相左。」

「所以說指控參謀聯席會議一直都支持總統所有的決定是不正確的。大家都可以很清楚的看到我們在國會作證的紀錄，特別是在巴拿馬運河協議這個議題上。我個人就非常勤奮的努力了四年來達成這個協議。我們請了達爾文（Dolvin）將軍參與談判代表團。我們（參謀聯會議及美國南方指揮部指揮官）針對所謂的陸地及水域問題的細節都詳細的探討，也就是說運河區內的哪些陸地及水域可以歸還給巴拿馬而不會影響我們對運河的防衛與操作。」

有位陸軍現役的美軍駐韓高階指揮官約翰・辛勒（John Singlaub）少將，他曾經公開的批評卡特政府關於從韓國撤軍的決定，並受到總統親自加以懲戒。約翰・葛藍（John Glenn）參議員在聽證會中特別以相當長的時間來質詢布朗，葛藍提醒布朗國會對辛勒事件仍記憶猶新，而且有四位退休的海軍首長並不贊同巴拿馬運河協定的簽訂。但他看到幾位現役的高階將領，像布朗你本人，就支持政府的立場，這不得不令人懷疑他們的動機以及他們是否可能無法眞正的意見具申。

布朗答覆說：「我想針對辛勒事件提出一個評論。我並不想在此重新討論此案，但既然這已被提出，那我可以加以說明……你對於大家對此事件的瞭解是正確的。但大家都誤解了這件事。他們忘了一個非常根本的條件，如果我們要維持一個對正當指揮權責單位有反應與紀律的武力，有些事在軍中是不被允許的。那就是當一個決策已經做了之後，你只能支持他，不然你就必須離開軍中，然後再表示不同的意見。你不能在現役職位上加以抗爭。這是我劃清界線的地方。」

如何自我培養成一位決策者

在回答如何自我發展成一位決策者這個問題上，大衛．瓊斯上將在當參謀聯席會議主席時說：「我過去以及現在都還對從閱讀、觀察、聆聽當中去獲取很多的資訊有無法滿足的渴望。舉例來講，當我接任第二空軍司令部（Second Air Force）時種族問題剛剛開始，我就專心的處理這件事情。我大約讀了八本有關種族方面的書，而且閱讀了所有能夠找到的資訊，我也和一些黑人飛行員進行非常廣泛且深入的討論……領導統御最重要的一件事情就是做決策，其中一個重要的決策就是如何挑選適人適任。因此，透過觀察人在其工作上的表現以有正確的判斷，是非常重要的。」

「你需要的領導人是願意去做決策的人。你最糟糕的部屬就是猶豫不決的人。有時候一些不好的決策比不做決策來的更好。」

「當你從軍事系統的基層慢慢往上晉升時，決策的範圍都很狹窄。例如當一個中隊長所面對的大決策其實很少。也許你必須解除你作戰官的職務，或者對你指揮部某些部屬採取不利其軍中生涯的作爲，但你這樣做是因爲他犯了一些錯，而必須採取矯正性的懲罰。但大部分你所做的決策都是小決策。」

我曾經請教過諾曼・史瓦茲科夫（Norman Schwarzkopf）上將，「假如你的上司是非常糟糕的領導人，你會怎麼樣？」

他回答說：「這將是一個非常好的機會，因爲你除了可以從好的領導人身上學到一些東西，也可以從不好的領導人身上學到東西。對好的領導作爲你會說，『假如我有機會的話，我會試圖如法炮製』，當你遇到一位不好的領導人你會說，『我絕不會像他這樣做』。我在陸軍的早期軍旅生涯中，我學習到可能最糟糕的領導人是不願去做決策的人——我的意思是，他們常常在問題上煩惱打轉，就是不去下決心。一個不好的決策至少會讓軍隊組織採取行動，這個組織能夠承擔這個錯誤決策的後果，然後他會自動的修正，最終會做出好的決策。但如果你沒有任何決策的話，這整個組織就只會在原地打轉。」

我接著問他：「那你用什麼方法？」

他回答說：「基本上，你有你的任務，你會進行任務分析，然後你會對你的幕僚下達指導。我通常在做一個重大決策時，我會要求至少有三個行動方案。當他們進來提報時，我會要求他們簡單的就三個行動方案做一敘述……然後再一起研究每一個行動方案的優、缺點。當他們告訴我這些不同的行動方案後，接著就是我的本份工作——下決心。我也可能說他們準備的不夠好，要他們回去再規劃與提供我更多有關方案一、二或三的資訊。很多的時候我會選行動方案二A，這是行動方案二的修正版，最後還是會有下決心的時刻。我總覺得我有一個長處，那就是我願意去做決策，然後付諸實施全力達成。即使這是一個不好的決策，如果你執意去達成，你也能夠完成任務。這就回到我所說的，我絕不會進行一項工作預期它會失敗的。一旦我做了決策，在我的想法中這件事應該是會成功的。那並不意味著如果事情進行不順利的話，你不能回到以前，重新反省和檢視你的決策。當你在執行某項決策時，你當然必須謹慎的加以監控，看是否有出了任何差錯。這時候你就要說讓我們再來檢視一次這整件事情。總之，我認爲一位好的領導人主要的風格之一就是他願意去做決策。」

在做決策時，史瓦茲科夫腦海裡是怎麼想的呢？「我在波灣戰爭時期睡的很不好，即使在計畫已經完全的定案後。每晚我會躺在床上問我自己，我忘了什麼？我疏忽了什麼？或是有什麼事我可以做得更多？然後我會出去再一次的檢視地圖。我想如果你眞的關心這些士兵們，你會有這樣的自我要求。」

當被問到「直覺」及「第六感」的理念時，他的反應是，「我想我有這種能力。在很多時候我都是根據直覺來做決策的。但這是依據經驗和判斷而來的直覺，而不是一種猜測。我就是很直覺的知道什麼是正確的事情，而這樣的直覺是來自於多年的訓練和經驗。」

史瓦茲科夫上將的評語也呼應了艾森豪上將曾提到身爲將領常常感到的孤寂。參謀聯席會議主席柯林．鮑威爾（Colin Powell）上將在一場演說中的講詞：

我說，指揮是孤寂的，這不只是一個非常羅曼蒂克的陳腔濫調。在軍中和上司談論你的問題，不會被認為是你的弱點或失敗，而是彼此有互信的象徵。但從另一方面來講，他們並不需要將每個決策都呈給我做。「我對很多事情並不是那麼的在乎，」我這麼說，「我並不在意你是在清晨五點三十分或五點四十五分吹起床號。也請不要叫我替你做決定。」

我對忠誠的解釋是這樣的。「當我們在辯論某項議題時，忠誠意謂著你會給我你最真實的意見，不論你認為我是否會喜歡。不同的意見在這個階段對我有很大的激發。但是當決策已定時，就不再辯論。從此刻起，忠誠就是執行這個決策就如同自己的決策一樣。」

這個國王當他是一絲不掛時，他期望別人據實告訴他。他並不想因為他的無知而被凍死。我告訴他們「如果你們認為有事情不太對勁時，一定要出聲，我寧願越早知道這些消息越好。壞消息並不像酒一樣會越陳越香。」如果他們能夠處理這些問題，我就不會太早介入。但我也不願太晚知道，當木已成舟時，我也無能為力做任何改變。「當你搞砸了，」我的建議是，「保證下次會做得更好。我不會把這個怨氣放在心裡，也不會記上一筆。」

我接著說，「我會告訴你什麼是我要的，並清楚的給你指導。假如我說得不夠清楚，你要告訴我。當我對你解釋第二次或第三次以後，你還是不太清楚的話，這可能是我表達的問題，而不是你接收的問題。我不會假設你是聾子或很愚笨。」我想最糟糕的事情是部屬為了掩飾它們的迷惑而唯唯諾諾，結果把事情做錯了。我告訴他們，「假如當你離開了我的辦公室，你還是不清楚我究竟要什麼時，那請立刻轉頭回來再問我一次。」

我告訴他們我會盡一切的力量來爭取他們完成任務之所需。「如果在法蘭克福（Frankfurt）沒有的話，那我會到美國陸軍歐洲總部（USAREUR）找，假如歐洲總部還是沒有的話，我會到華府去要。總之，我將盡一切力量來支持你們。」

什麼是鮑威爾將軍做決策方式？在一項訪談中我曾經就這個話題與他討論。「如果我有任何才能的話——你可自己判斷我說的是否正確——那就是解決問題和領導大家的才能。我能夠組織大家、激勵大家以及解決問題。我可以依狀況作各種層次的思考，不管是戰略性或其他層次，但領導能力基本上是在解決戰略或個人的問題。」

鮑威爾將軍在其回憶錄中提到此事：

我在白宮西廂每天都要做很多決策，然後把這些決策化成建議呈給高層，這些議題包括從紐約一個高峰會的最佳舉行地點到協助草擬一份要在高峰會中討論削減核子武器的協議。工作至今我已經發展出一個如何做決策的哲學。簡單的說，就是挖掘所有可能獲得的資訊，然後跟隨你的直覺決定。我們每個人都有一種直覺，這種直覺隨著年齡增長而更加可信。當我面對一個決策時，譬如指派某項職務的適當人員或是選擇一個行動方案，我會蒐集各式各樣的資料與知識。我找人來或用電話詢問。我也研讀所有我能找到的資料。我用我的聰明才智啓動我的直覺，然後用我的直覺判斷測試所有的資料，我會審思，「嘿，直覺啊！你覺得這樣聽起來、聞起來、感覺起來對嗎？」

但是，我們並不能無止盡的蒐集資訊。常常我們在還沒有所有的資訊前就必須做決定。關鍵並不是很快的做決定。我有一個時間分配公式P－40到70，P代表成功的機率，數字40和70是代表已取得資料的百分比。當我估算我有的資訊只給我低於百分之四十的成功機會時，我不會採取行動。我也不會等到有足夠的資訊證明我是百分之百正確時才行動，因為那時幾乎都已經太遲了。當我蒐集到約百分之四十到七十的資訊時我就憑直覺下決心。

在他的回憶錄裡，參謀聯會議主席威廉．克勞（William J. Crowe, Jr.）海軍上將提供一個有關如何有效決策的最佳洞察力：「回想起來，在波灣戰爭中所要求的一項最重要人類特質是彈性的思維。我們曾派一些有非常好的學經歷，風評也很好的指揮官去，但它們表現的過於僵化與教條化不知變通……現實環境要求一位指揮官以他們的認知去檢視每一種不同狀況來做必要的調整。他需要有這種能力的部屬，換言之，他們要願意以不同於以往所學的變通方法來處理事情。我們的軍事系統常無法讓我們知道那些人有這種特質，這也令我相當擔心。目前唯一的方法，就是讓這些人面對壓力，再觀察他們如何處理事情。通常能在需要高度的彈性及創意的情況下做得很好的人，都無法在平時按部就班的工作環境裡有好的表現，他們也就在這種過程中被排擠而離開。」

「當時這個想法讓我深感憂慮，一直到現在還是。培養心智開放的指揮官是一件最優先的事情，但是我們經常無法做到。軍中生活對這類人才有不利的影響。但缺乏這類人才將會爲往後帶來不幸……我在波灣戰爭面對這種問題的掙扎，讓我相信彈性的思維是我們目前最需要的。」

克勞上將早期的軍旅生涯提供另一個決策要素的啓發。當克勞上校有資格被考慮晉升爲將軍的時候，當時有一千四百人具有資格晉升將軍，但當時只有三十位缺額。對克勞、海軍和國家而言都很幸運，因爲當時海軍參謀首長艾爾默・桑華德（Elmo Zumwalt）上將試圖影響海軍要晉升「與眾不同與想法特異」的人爲將軍。克勞曾說過：「在軍中選擇高階領導人，最難的問題是如何讓這些獲得晉升的人能夠具備高層指揮所需的獨立思考能力。桑華德上將本人是我看到第一位在晉升到高位時仍能維持高度自由思考的人。在每一個軍事組織中，我們會看到一些異議份子能夠生存下來，但數量實在是如鳳毛麟角的少。最大的問題是如何設計組織制度，讓這類的人能夠獲得晉升。桑華德上將試著以制度來改正這個問題。桑華德當海軍參謀首長時花很多的時間在選擇將級軍官，他召開晉升委員會，同時立下指導方針讓他們依循。雖然這個委員會是依法獨立行使其職權，海軍參謀首長仍能影響大體的晉升政策。所以桑華德試圖利用指導方針來加快晉升標準的改變。他所公布的晉升原則基本上說，『我要一些非典型的人。去年我們連一個這樣的人都沒有，今年我要二個人。不要給我同一鍋裡的青豆。』所以有些不是傳統被晉升類型的人都被選上了，包括我在內」。

我問過鮑威爾將軍什麼是他在參謀聯席會議主席最重要的決策。他回答說：「我會提一個或二個，但我要提醒你，我不太願意回答訪問者要我說『最好、最多、最差、第一個或最後一個』之類的問題，因爲那會使你忽視問題的本質背景。但是，既然你問起這個問題，我也不能讓你完全失望。我印象最深的一件事並不是沙漠風暴，因爲它就像順水推舟一樣是逐漸成形的。當它最後要發動時並不是太難的決策，我們知道它早晚會發生。巴拿馬事件對我來說是一個較尖銳與緊迫的決策，因為它來得太突然。我們從一個非常寧靜的週六晚上，在短短的十二小時內決定派兵入侵一個國家。」

鮑威爾將軍描述在一九八九年十二月十七、十八日這個週末中，巴拿馬總統諾瑞加（Noriega）國防軍的一員如何槍殺了一位美國海軍陸戰隊員。當時，四位軍官穿著便服開車到巴拿馬是去用晚餐，他們在路上被巴拿馬國防軍所設立的路障擋住。當這些巴拿馬士兵要把美國人拉出車外時，車子的駕駛猛採油門想要離開，巴拿馬士兵立即對他們開槍，當場把一位陸戰隊少尉羅伯・帕茲（Robert Poz）擊斃。隨後整個週末事情越演變越糟糕。巴拿馬國防軍逮捕了一位親眼目睹到他們暴行的海軍上尉和他的太太。他們把這位上尉毒打一頓，並且以死威脅他不可將此事宣揚出去。他的太太還被迫站在牆邊，讓巴拿馬士兵猥褻到驚昏過去。

鮑威爾將軍馬上召開參謀首長聯席會議，包括陸軍的卡爾・弗諾（Carl Vuono）、空軍的萊瑞・威爾奇（Larry Welch）、海軍的卡爾・崔爾斯特（Carl Trost）和陸戰隊的艾爾・葛瑞（Al Gray）。鮑威爾將軍立場很明確的表示巴拿馬國防軍的行為決不能予以輕忽。經過一番討論之後，參謀聯席會的成員無異議的接受總部在巴拿馬的美國南方統一指揮部指揮官麥爾斯・司爾門（Max Thurman）將軍的計劃，也就是派軍隊進入巴拿馬，推翻諾瑞加的政府，重新建立一個透過民主方式選舉的巴拿馬政府。

一九八九年十二月十七日星期日下午，鮑威爾將軍到布希總統在白宮的私人辦公室向他簡報。

當時在場的還有國防部長錢尼（Dick Cheney）、國務卿貝克（Jim Baker）及國家安全顧問史考夫特（Brent Scowcroft）。鮑威爾這樣說：「我一開始就表明我們的主要目標：我們要除去諾瑞加和巴拿馬國防軍。如果這個行動成功的話，我們將治理這個國家直到建立一個平民政府和一支新的國防軍。因爲這個計劃遠超過只要把『諾瑞加趕出去』的單純目標，我講完後就停下來讓大家有時間注意到整件事情的意涵。」

「布希總統坐在一個高腳椅子上像個守護神觀看我們的爭辯，當時他所有的顧問們正嚴厲的檢驗這個議案。布蘭特・史考夫特有一種令人必須努力調適才能接受的惱人鋒芒，但是有令人敬佩的聰明智慧與良好意圖。他不要給總統一個安心的幻象，史考夫特說，『這個提案會有傷亡，有人會因此而戰死』。總統也點頭表示瞭解，並讓這個辯論繼續。」

鮑威爾指出美國之所以要介入的理由有好幾點，諾瑞加正在偷運毒品進入美國，謀殺了一位美國陸戰隊員，他也常拿美國在運河區的權益來威脅美國，並且藐視民主制度。

這個問題大家一再討論，而且愈討論愈深入，討論的議題也快速轉移，直到它好像正在偏離當前決策的主題。這時布希總統在聽完每個人的意見之後，他扶著椅把站起來說：「好了，我們做吧。」

就如同艾森豪及其他將領有必須承擔決定人們生與死的重責，鮑威爾也有焦慮及寂寞的時候：「在我們派遣軍隊進入巴拿馬的前一天晚上，我在回家的路上獨自坐在車子後座，內心充滿了不祥的預感。我將要參與並促成發動一次戰爭，這一場戰爭將會有人因之受傷流血。我眞的對嗎？我的建議是否合理？國內寒冷的天氣是否會影響到空運能力？如果這樣，我們將如何支援補給已經在巴拿馬的軍隊呢？我們會有多少人員傷亡？有多少平民會在這一場戰爭中喪生？所做的這一切是否值得？我上床時內心充滿自我懷疑的煩惱。」

「我在十二月十九日周二一早到國防部時，我發現聯合參謀部主任麥克・卡恩斯（Mike Carns）中將領導的聯合參謀群及在巴拿馬麥爾斯・司爾門的南方統一指揮部幕僚群對整件事都掌握的非常好。陸軍中將郝爾・古爾斯（Howard Graves）非常有技巧的把所有的軍事計劃與國務院及國家安全會議等政治與外交的努力都融合的相當好。所有可能疏忽的地方都加以處理了。我們已經『一切準備就緒』了。我的信心快速回復。我對許多事情的憂慮一掃而光，就像暴風雨前的寧靜一樣。」

從以上這些將軍他們實際在承擔領導責任時所經歷的回顧中，我們可歸納出哪些結論？在軍中很多的決策是牽涉到生與死的。高層決策是很孤寂的，尤其當一些有能力而他們的意見也受決策者尊重的人對結論提出異議時，決策者更需要有一個堅強的意志。他們通常在事情開始之前及等待預期結果的期間，都會經歷一種焦慮期。

杜魯門總統像其他許多高層領導者都夠精明，所以在他的決策過程裡，他都會徵詢一些很能幹的人的意見。柯林斯將軍所提到馬歇爾所使用的簡單決策方法不只是適用在一九四〇年代，也同樣適用於現在。雖然我們在形成一個決策前要蒐集所有可能蒐集到的資訊，但通常我們都只有很少的時間。經驗與知識無疑的相當重要，但直覺也是一個因素。麥克阿瑟、格蘭特、巴頓、布萊德雷、艾森豪及其他人都具有這項特質。但如艾奇遜曾說：「做決策的能力……是上帝給人類最最稀有的心智禮物。」

但決策能力是一項可以發展的特質。當我問艾森豪將軍，「要怎樣培養一個決策者？」他這麼回答：「跟隨做決策的人」和「書本」。

跟隨做決策的人將在第六章〈明哲導師〉中論述。而艾克對書的評語將在第五章〈閱讀〉中探討。

【第三章】

決策「直覺」與「第六感」

在訪談一百餘位四星上將後，儘管我深信在美國軍中成功的領導者有某些特定的成功領導模式，仍有某些人不同意我的看法。然而，即使那些最強烈反對此一論點的人亦承認所有眞正偉大的軍事領導者都擁有一種「直覺」或「第六感」。

在艾森豪的決策過程中與部隊保持接觸扮演著極重要的角色。就在艾森豪從地中海地區被調往倫敦接任反攻歐洲的盟軍統帥不久前，他正爲安濟歐作戰計劃（Anzio project）煩憂著。當得知其設立統一空軍指揮部在凱塞達（Caserta）的計畫被取消後，他爲此感到不安。艾森豪將軍批評說：「我認爲此一決定似乎缺乏對狀況的瞭解及忽略最高指揮官在戰場上所應肩負的職責，先不論尚有許多應予考量的重大問題，指揮官必須不能失去與部隊接觸的『直覺』。最高指揮官可以，也應該將戰術的責任下授予下級指揮官及避免干涉他們的職權，但他必須在有形與無形上與其部屬保持最緊密的接觸。否則的話，他將在各種重要的戰役中戰敗。這種接觸需要各級指揮官經常巡視他們自己的部隊。」

艾森豪並沒有將所有的時間花在所屬的高階指揮官及參謀上，反而，他經常探望其司令部內各級部隊的士兵。在一九四四年秋天，他到前線與第二十九步兵師的數百位官兵話家常。他站在泥濘溼滑的山坡上對他們講話。在結束講話並往回走向吉普車時，他滑倒了而全身也沾滿了汙泥。此時，所有參加談話的士兵看到此景不禁大笑，但艾森豪並沒有因此而生氣。他回憶說：「從全體越來越高亢的笑聲中，我確信在戰爭期間與士兵見面的談話，沒有一次是比這次更成功了。」

當艾森豪完成設立盟國遠征軍最高統帥部（Supreme Headquarters of Allied Expeditionary Forces,

SHAEF）的總部後，他的政策是分配三分之一的時間用來巡視部隊。當他如此做時，爲了避免影響部隊的正常訓練與作息，他命令各級部隊不准進行閱兵或正式的視察行程。他的視訪通常是沒有媒體跟隨。視導時，他花很少的時間在高階的軍官上，而將注意力集中在士兵與其食宿上的問題。

當排定某一部隊的正式檢驗行程時，其標準的程序爲部隊以展開隊形排列，而艾森豪以穩健的步伐一排一排地檢閱。在檢閱每一排時，他將停下來與其中的一位士兵講話。他與士兵的對話內容通常如下：

艾森豪：「你在從軍前是做什麼的？」
士兵：「報告長官，我是種田的。」
艾森豪：「很好，我也是。你種什麼？」
士兵：「小麥。」
艾森豪：「很好，你一畝田可收成多少？」
士兵：「哦，好年冬時，大約三十五蒲式耳。」
艾森豪：「眞的嗎？非常好，當戰爭結束後，我要跟你討份差事。」
然而，他通常跟士兵結束談話的話題是：「幫我一個忙，好嗎？趕快結束這一場戰爭，這樣我就可以去釣魚了。」

他的吉普車上裝有一個揚聲器，以讓他可以同時對更多士兵講話。爲強調他們在戰爭中的重要性，他通常會說：「你是贏得此一戰爭的重要人物。」並告訴他們，身爲他們的指揮官是一項殊榮。他說：「一個指揮官和部隊接觸是在激勵他們的士氣，對我而言正好相反，我從你們身上得到靈感的啓發。」

有一次，當盟軍正準備橫渡萊茵河發起攻擊時，艾森豪巡視前線並遇到一位沿著河岸步行的士兵，那位士兵看起來非常地沮喪。艾森豪問道：「孩子，你覺得如何？」士兵答道：「將軍，我非常地緊張。我在兩個月前受過傷，昨天才從醫院歸建。我覺得不太好。」

艾森豪回答說：「嗯，我們兩個眞是天生一對，因爲我也有點緊張。不過我們爲這次攻擊行動已計劃很久了，而且我們擁有足以擊潰德軍所需的飛機、大砲及空降部隊。我們一塊走到江邊去吧，這樣也許我們的心情會好些。」

艾森豪的視訪已經形成一種模式並有其目的。在突出部之役（Battle of the Bulge）進行期間，第十三軍司令吉侖（Alvan G. Gillem, Jr.）中將決定當該危機解除後，他將休大約一天的假以調劑自己的心情。他到了巴黎，住進了麗池旅館，當晚吃完飯後隨著去看法式歌舞秀（Follies）。大約在清晨一時左右回到旅館。當他進入房間時，收到立即回到司令部的通知。經過危險的飛行及一段巔簸的吉普車旅程，他回到了司令部並匆促趕到部隊餐廳。「當我到達時，艾森豪將軍跟數位參謀軍官出現在我面前〔剛用完午餐〕，我向他報告及表達沒能親自迎接感到很抱歉。他面帶笑容地對我說，他的視訪是無預警的，事實上，當司令官離營時，這是視察司令部最好的方式，因爲一個部隊如果在此一狀況下無法正常運作的話，那麼表示它是一個沒有效率的部隊。他進一步指出他對部隊的表現非常地滿意也不會再回來視察了，因爲他已得到所想要的，同時他很遺憾現在必須離開。他對我的司令部及軍團在最近戰役上的表現表達恭喜及欣慰之意。我們握著手，然後他離開司令部。一直到易北河（Elbe River）的最後一天爲止，那是他或其總部對我部隊的最後一次視察。」

艾森豪說：「高層司令部視察部隊的重要性，包括政府最高層官員的偶爾視訪，其對提高士氣的價值幾乎是無法加以低估的。當士兵在任何地方看到非常高階的長官出現在其周圍時，他們都會感到很高興……」

艾森豪視訪士兵的作風已經發展成一種非正式及友善的密切交往。對他而言，他當然不可能探視其司令部內所有的士兵。但當他和其中的個別士兵或少數的群體談話時，無形中與那些士兵建立了親密的關係，而參與聊天的士兵們就一傳十、十傳百的將他們的遭遇告訴其他同仁。因此，這些話題就在數以千計的士兵間流傳著。當故事被傳開時，其總是被加以誇張地渲染，但到最後艾森豪將軍總是會被描述成與私人的密切關係與他不是神，也是一個人。當他從報紙讀到有關其巡視部隊的故事時，心情都會受到困擾。因爲如果文章作者認爲巡視部隊的目的只是爲了作秀的話，那麼他將喪失提昇士氣的效益。

但是艾森豪將軍的一言一行並無法經常脫離媒體的注意。有一次，就在一九四五年元月當部隊正往巴黎期間，他展現出一個令人出乎意料之外的表演能力，其故事經由軍中的星條報傳送到世界各個角落的美國士兵：

上禮拜在盟國遠征軍最高統帥部，一則呼籲捐O型血液，並需立即送至前線的消息傳到總部。

幾天後，自願捐血的官兵在醫務所前面排隊。起初並沒有人注意到一個軍官走進房間。他躺在擔架上，一個護士急忙地在他臂上綁上壓血帶。

躺在隔壁擔架上的士兵懶散的東張西望，驀然地往回看，然後驚訝地再仔細一看，結果發現到躺在隔壁的那個人是艾森豪上將。

其中的一位軍醫西格林（Conrad J. Segrin）說：「就如其它士兵一樣，並沒有什麼特殊之處，艾克走進來輸完血，然後喝了一杯咖啡後就離開。」

在排隊中有一位士兵看到艾克走出來，他向旁邊的人說：「嗨，如果那一袋血輸在我身上，或許我就可以當上將軍了。」

艾克聽到他的談話，轉身並面帶微笑的說：「如果你真這樣做的話，我希望你不要遺傳到我的壞性格。」

在發動大攻擊之前緊鑼密鼓的準備時，艾森豪將軍其所屬的高階指揮官亦同樣會密集巡視部隊。在對歐洲進行大反攻的前四個月，從一九四四年二月一日至六月一日，艾森豪總共視察了二十六個師、二十四處機場、軍艦及無數的廠庫、醫院和其他重要設施。布萊德雷、蒙哥馬利、史帕茲和泰德等將軍也都效法艾森豪而採取同樣的作爲。他們視察部隊行程都是從無數研討會及參謀會議中所勉強安排出來的。雖然這些高階將領有眾多的工作要處理，但他們總是儘量地抽空去巡視下級部隊。

艾森豪的朋友有時極力勸告他放棄或至少縮短視訪士兵的時程。他們告訴艾森豪說他所能親與談話者，充其量也僅爲全部士兵中的少數人而已，但卻使自己疲於奔命而成效不彰。但他並不同意或聽從這些善意的勸告。他說：「首先，我覺得從官兵的談話中，我可以正確地瞭解到士兵的心理狀態。我與他們幾乎無所不談……只要我能使士兵與我對話。我認爲，這可以鼓勵士兵與他們的長官交談而這種習慣可以提昇效率。」他相信，如果士兵知道他們能跟高級將領交談的話，那麼他們自然不會害怕與他們的排、連長講話。他希望此一榜樣可以鼓勵低階軍官多與其士兵接觸並從他們身上瞭解更多的資訊。艾森豪說：「在戰場上廣大帶著步槍的士兵當中，可以說是人才濟濟，充滿機智與主動創意。如果他們可以自然及無所限制跟其長官交談，那麼他們所貢獻的才能智慧將對全體有很大的助益。」他最喜歡問士兵的問題之一是：你班或排上最近是否有發現任何可以改進戰鬥效能的新花招或小玩意。他這樣做的最終目的是在促進「彼此相互間的信任，大家同是一種夥伴關係的感覺，這是團隊精神中所必須具備的基本要素。」

在一九四四年十二月，因爲某一關於盟軍間的決定有利於英國，艾森豪得知某些美國士兵正在傳言「艾森豪是英國擁有的最優秀將領。」這一件事件令他很煩憂。當這謠言剛開始流傳不久後，他就到前線巡視。巡視之後，美聯社特派員蓋勒格（Wes Gallagher）遞了一張便條給布奇上尉，其提到部份內容：「我想你可能想要知道艾克最近到前線巡視一事，將其與最近美國部隊謠傳的事情聯想在一起，結果顯示出『（艾克）爲英國陸軍最好的將領』的流言似乎已完全的不攻自破了。」

艾森豪從一九四二年春天接任歐洲戰場的最高統帥到一九四五年春天歐戰結束回到美國爲止，他對於視察部隊的行程從未遲到。在他的信念裡認爲，他就是不應該讓他的人等他。

在一九四五年五月，卡帕哈特（Homer Capehart）參議員與艾森豪一起至某一部隊視察。他們在機場要經過一個美國陸軍部隊位於巴黎的營區，當他們正在走的時候，艾克在這裏的消息在士兵間傳開。然後一群士兵蜂擁而上，使得他們寸步難行。最高統帥就與群體中第四或第五個士兵簡短的談話。然後那位士兵就會轉身並激動地告訴其他人有關談話的內容。有人評論說：「士兵確實支持艾克將軍。」當參議員卡帕哈特看到這種景象，他說：「我希望那個傢伙永遠不要決定到我的州跟我競選參議員，他必定穩操勝算。現在我終於瞭解士兵爲什麼崇拜他。他使用士兵們的語言來溝通及沒有一般高級官員的官架子，而且他們之間都知道彼此所面對的問題。」

艾森豪亦重視醫院受傷士兵的慰問工作，在那裡他會與每一位士兵握手，詢問每一位士兵的名字、如何及那裡受傷、希望何時回到部隊等問題。在二次世界大戰期間，將一些醫院及營區的設施專門控留給因自殘、罹患或假裝歇斯底里、精神性神經病及蓄意感染性病等士兵使用是有必要的。艾森豪將軍相信：「指揮官去探訪這些場所與士兵談話以瞭解那些根本上造成士兵的迷惑、恐怖與失敗主義的影響，這對指揮官是很有助益的，雖然他們認爲他們是對死亡心存恐懼，實際上他們是害怕生命。在這些病患當中，有很多人常因一句簡單的鼓勵就振作起來。當他們感受到別人的關心時，就會有正面的回應，其中不只一位士兵立即對我說：『將軍，讓我離開這裏；我要回到部隊。』嚴厲的言語通常會使士兵的病情更加惡化，然而瞭解體諒他們所面臨的處境將有助病情的治療。我的看法是如果運用得當，也可阻止大部分的病情發生。」

艾森豪在回憶錄中記載他關心部隊的主要原因是：「士兵喜歡看到指揮他們行動的指揮官本人。他們非常怨恨感受到指揮官對他們的疏遠或冷淡，因此對長官的視察，即使是走馬看花，他們都會認爲這是長官對他們的關心。故指揮官對於視察部隊的工作，切勿畏縮不前或感到厭煩而放棄本身的職責。指揮官應經常和部屬見面與士兵談話，在體力的許可範圍內儘量參與他們的活動。這對提昇部隊士氣有非常大的助益，相較影響戰爭結果的其他因素而言，士氣是最重要的。」

在艾森豪的某次巡視中，他從巴黎至在安托（Antwerp）北方的海岸線上的瑟堡（Cherbourg），然後回到總部。當乘座的汽車到靠近安托的一個法國舊港口時，他注意一群正在上船的士兵。他停下來跟少數人談話，並得知他們是正在等待上船輪調回國的軍人。不到五分鐘，大約有四百餘位的人圍繞在他身旁。他向他們祝福並希望他們的朋友都平安快樂，回國後有愉快的時間，充分的休息，然後再回到我這裡來做另一番大事。這時他注意到一位上尉軍官，有人跟他說他已經受傷過五次，他問上尉回來後想到那裏，上尉回答說：「長官，回到我的老單位。」艾森豪將軍喜歡他的態度與精神。當最高統帥的車子一開離上尉軍官的位置不到五十公尺時，艾森豪以非常關切的語氣向坐在身旁的李爾（Ben Lear）將軍說：「李爾，那位上尉已經有過五次死裡逃生的機會了，可否請你看看讓他不需再去冒這樣的險了。」

能察覺到某些事情有不對勁的地方是「直覺」的一種特殊能力。如陸軍參謀長馬歇爾將軍經常視察部隊。馬歇爾夫人說：「雖然他以隨行軍官都很難跟得上的步伐來巡視部隊，他很少有所遺漏，事實上是幾乎沒有。」有一次，當他在諾克斯堡視察部隊時，她注意到他很快的走過兩排的士兵，然後停下來與最後一排的一位士兵交談了數分鐘。

馬歇爾夫人寫道：「我問他爲什麼特別挑選那位士兵，他回答說：『我看到那位士兵的眼神時發覺事有蹊蹺，我想去找出原因。』」

她問：「你有發現到什麼嗎？」

他回答說：「有啊，每一件事情都有問題。那一個人一開始就不應被徵召入伍。他的年紀過大，有一個大家庭而且體能狀況也不能符合現役軍人的要求。他是一位好士兵，亦想盡他的責任。我必須花點時間多問他幾個問題才找出他的困難所在。新兵徵召委員會（The Draft Board）徵召那位士兵有所疏忽。」當天他就安排那位士兵回到自己的家庭。

在二次世界大戰中的空軍戰鬥指揮官李梅將軍開始實施從隊員中來「精挑幹部」以領導每一次任務執行的政策。在一次面談當中，我問他是如何來挑選這些幹部的？他回答說：「我從所有的隊員中挑選最好的人員。不要問我是如何知道誰是最好的，因爲我也不知道我是如何做到的。我可以在出任務之前，走過一排隊員的面前，然後告訴我自己，『這個傢伙將被打下來』，再往前走並告訴自己，『這個傢伙將被打下來』，後來也證明我的直覺是正確的。我對這事變得很迷信及儘量地不要再去想它。」

巴頓將軍在二次世界大戰的副官寇德曼（Charles R. Codman）上校寫道：「在西西里戰役（the Sicilian Campaign）後半段期間的某一天，老闆突然接到通知要他下一重要的決定，或問他的看法。這一個決定是如果你猜對，則其他人得分，如果猜錯則你要單獨承受責難。哎呀，他的決定是正確的，而且他不是用猜的，而必須是靠本能與信念所組成的第六感才能達到的，這是造就一位偉大領導者所不可或缺的。」

布萊德雷說：「巴頓擁有那種特殊的感覺。我記得當第三軍團往北沿著萊茵河到科倫（Cologne），然後向右到被我們右翼的美國第七軍團所牽制之敵軍的後方。巴頓連續前進兩天，僅遭遇到象徵性的抵抗，然後部隊的行動突然停頓下來。我的一些參謀問道：『為什麼他不繼續前進呢？』我說：『他意識到某些我們所感覺不到的事情，因為我們沒有所有的資訊』。次日，德軍三個師向他發動攻擊。然而，因為他已經停下來準備就緒，他擊退德軍部隊然後再繼續前進。」

這種直覺或第六感是否是與生俱來的呢？巴頓稱這種能力為「軍事反應」（military reaction），在一九四四年六月六日他寫給兒子的信中提到：「我的成功源自於我總是很肯定我的軍事反應是正確的。很多人不同意我的看法，他們是錯的。縱使在我父子死後的研究記錄中，公正不差的歷史陪審團，將證明我是對的。」

「注意到我所提到的『軍事反應』。沒有人一生下來就具有該項能力，就像沒有人帶著麻疹生下來一樣。你可以與生俱有發展正確軍事反應能力潛能的靈魂或身強力壯的身軀，但兩者均必須靠後天的努力才得以成就……。」

布萊德雷將軍針對他在決策中的直覺指出：「我的理論是當你在蒐集資訊時，一點一滴的資料進到你的腦海裏，就像資訊進到IBM1401型的計算機裏一樣。資訊儲存在裏面但你沒有意識到它的存在。在電話中、地圖上、閱讀及簡報中你都會聽到或看到部份的資訊。這些資訊均潛藏在你的心裏面，然後當你面臨一個決定時，你不會再回頭找出每一個片斷的資訊，而是直接思考與決策有關的重要資訊，然後就像你在電腦上按個鈕一樣，答案就出來了。當知識進來時你已經將它儲存在腦海裏，及當你在戰場突然面對一個狀況而需要下決心時，你就用到它。當人們打電話給我並給我一個狀況時，我就像在電腦上按個鈕一樣答案馬上就出來了。你不能猶豫及花兩三天的時間在地圖研究後再下決心。」

當問題出現的時候，解決問題所憑藉的不僅是靠感覺而已，其中尙包括直覺。柯林斯在一次探討有關直覺所具有之特性的研討中提到：「也許眞的有『直覺』這麼一回事，但我不相信它全然是直覺。我認爲它是以足夠的資訊爲基礎來仔細評估狀況的一種能力，以瞭解可能會發生問題的癥結所在。就我所知，所有優秀的領導者都具有該項能力，他們可以預知可能會發生問題的地方並親臨該處。他們到那裏是爲了確定當問題發生時可以有所作爲。如果眞有直覺的這種東西，則它首先必需依靠的基礎是知識，知識可以讓你瞭解所能夠運用的工具。你必須去瞭解自己的工作所在。你惟有像年輕人一樣的用功及努力工作才能深入瞭解自己的工作。」

當辛普森將軍陳述他對直覺的認知時，亦提出類似的結論：「直覺是來自多方面的。其中之一是你的訓練背景。當我回顧我的長期軍旅生涯及在頭八年或十年所從事的基本工作時，在少尉所經歷過七個漫長枯燥乏味的年頭，那個時期所學到的知識與經驗對我熟悉後來的各種狀況助益甚大。我認爲少尉時期的經歷是使我具有預判未來可能會發生事情能力的啓蒙。」

杜斯考特將軍認爲：「知識是直覺的基礎。你的訓練、進修、識人之道以及對部屬工作能力的瞭解、他們的體能極限與對軍紀的反應等等，這些都是需要對人有興趣才可以做得到。」

海斯立普（Wade Haislip）將軍亦有同樣的看法：「我認爲直覺是教育的產物，完完全全地知道自己的專業。一九四四年，當我在愛爾蘭帶領著一個軍團時，我們在那裏待命及訓練以準備進攻歐洲。因爲我的部隊被安排在登陸歐洲的第二梯隊，所以在七月九日到八月一日期間，我能夠靜觀戰爭的進行。當我的部隊在訓練待命期間，我獲得上級的批准到義大利進行觀光考察。此次旅程對我有非常大的助益，對我而言那裏已經沒有任何神秘了，並印證我畢生的研究是對的。所以當我的部隊開始採取行動時，一切行動準據均如同先前在指揮部所推演的過程一樣，沒有改變。就我所知，整體行動過程中唯一的不同是有敵人對我們攻擊。」

麥奧立夫將軍亦持相同的見解：「一個作戰指揮官對其部隊進行各種廣泛訓練與領導所屬的下級指揮官時，必須像一位心理學家。某些官兵只要拍拍其肩膀就可以表現得很好，但某些人則需要採取緊迫盯人鞭策的方式。我認爲這些能力是一個人在軍旅生涯中經年累月所學習來的。它需要對人性的瞭解。經驗亦扮演一個重要的角色。在軍旅生涯中，你可以閱人無數及學習到識人之道。」

所謂的直覺、第六感、軍事反應或其他任何名稱，並不侷限在戰場狀況上。布萊德雷將軍說：「馬歇爾將軍是一位偉大的人物。他具有先見之明及想像力的特質。要去定義這種想像力是很困難的。它是一種預知某事件將會發生及所可能造成後果的能力。在戰場上，你可以稱之爲對戰場的直覺或第六感。」

史帕茲將軍擁有這種能力。史帕茲的密友、知己及敏銳與精準的觀察家，陸軍部掌理空軍事務的助理部長拉維特，認爲史帕茲擁有一種對戰略的直覺，通常事後證明他的認知是正確的。史帕茲不是一位有系統的規劃者，其通常是運用直覺來下達正確的決定，他的參謀庫特（Laurence S. Kutter）准將說：「史帕茲將軍個人很厭惡參謀研究。當參謀研究完成後，將軍會立即要求將研究後的結論、選擇方案、建議及誰來執行任務等重點告知他……而不會閱讀整份的參謀研究報告。他所要知道的是結論、結果，選擇方案與一些額外的重點。」

喬治．布朗將軍亦擁有該種能力。他的軍旅生涯大部份都在戰鬥單位，在一九七三年他接任空軍參謀長一職前，他被調往空軍系統司令部（Air Force Systems Command）——空軍的科技部門。他的屬下庫克（Jerry Cook）少將向我提到：「儘管將軍的自信心很強，但他並不自大傲慢，當其調任至系統司令部時，他所做的第一件事是告訴司令部裏的人，他不瞭解他們所做的事，他來這裏當他們的指揮官，並提供維持各單位任務正常運作的一個對上的管道。他會說：『但是我不瞭解你們的工作。事實上，來到這裏而不瞭解你們的工作讓我覺得很羞愧。』他是一位非常謙遜的人。」

「但他把它當作一種力量。當專家向他做簡報時，他通常會說：『現在，對於任何有關工程細節或規格的相關問題，我無法提出任何問題。但針對你所告訴我的這些事情，我可以就個人直覺來提供意見。』他有時會說：『那裏有些不對勁的地方。』進而挑出明顯的錯誤地方。當他指出簡報人的錯誤之處後，他會給他們機會改正。他的作爲使那個被找出錯誤的人能從中成長茁壯。」

特拉斯考持中將是盟軍攻擊義大利時，馬克．克拉克將軍麾下的一位軍級指揮官，在他的回憶錄中對「直覺」有獨到的見解：「克拉克一直是一位非常優秀的參謀軍官，他的執行與行政能力特別卓越。然而，他缺乏亞歷山大在高級司令部中的訓練及經驗，他首次在司令部服務的經驗是在沙樂諾（Salerno）——一個難受的經驗。當克拉克視察我的指揮部時，他通常會帶著記者與照像人員隨行。他的公關軍官要求所有發佈的消息應加入『克拉克中將的第五軍團』的用語，甚至在安濟歐的時候亦不例外。他對個人公關的重視是其最大的缺點。我有時會認爲這可能會影響其對『戰場的直覺』，這種直覺是最高指揮官所必須擁有的特質。然而，廣泛的個人宣傳對巴頓及蒙哥馬利似乎沒有產生很大的影響。幾乎沒有人的個人魅力可以超過克拉克，亦沒有一個高層指揮官對其部屬執行任務的支持勝過克拉克。就我的回憶所及，他從未拒絕過我的請求，並且總是不眠不休地立即執行任何後勤或戰術上的問題。」

「直覺」是否爲與生俱來的能力呢？我問前陸軍參謀長「靦腆的」艾華德・梅耶將軍，他答道：「它是一種與生俱有的天賦與後天的努力之綜合體。我相信它主要是被逐漸培養出來的。上帝賦予人類許多東西，如大腦、基因、有沒有頭髮（他正在禿頭）及各式各樣的天賦，某些人發展出特有的能力而某些人沒有。培養這些特有能力的方法之一就是觀察其他人的學習過程與行爲。培養與發展這些能力的機會造就了偉大領導者在上位時的成功領導。」

我向前聯參主席夏利卡希維里（John M. Shalikashvili）將軍問同樣的問題。他答道：「我不知道它是從何而來，但我覺得在我內心深處對於事情的對或錯，甚至在我周遭的大部份人均提出不同的意見時，我自有一種直覺或定見。我不知道爲什麼會這樣，而我是否認爲在我的心裏面一直有那種直覺？不，我認為這種能力的部份原因是來自信心：當一個人的工作歷練到一定程度以後，自然地就會發展與培養出那種本能。當我是一位中尉軍官時，我從不知道那種東西的存在。當時無論少校軍官說什麼，我都知道何者是對的。現在我唯一能告訴你的是，我擁有該種直覺是來自於信心。」

從我的訪談中可以明顯地看出指揮官視察部隊對其在決策中的「直覺」扮演重要的角色。關於美國在收愎菲律賓的攻擊行動中，當時擔任遠東戰區對抗日本之第八軍團司令艾徹柏格（Robert Eichelberger）中將指出：「在馬尼拉時，麥克阿瑟無論如何都靜不下來。自從他的家人到達以後他都沒有離開過該城市。他說他想要「直覺」一下有關南方的作戰。因此，他在四月中到距離首都東北方廿哩遠處之馬里奇那山谷（Marakina Valley）視察克魯格（Krueger）的部隊外，該部隊正與三萬名躲在壕溝裏的日本兵作戰。六月三日，他花了十二天帶領他的許多參謀登上波伊西號（Boise）軍艦，展開艾徹柏格所稱之對第八軍團戰場的『偉大之旅』，最後並參與汶萊灣（Brunei Bay）的登陸。」

當艾徹柏格接掌第八軍團時，他立即展開視察並發現到令人擔憂的現象：「部隊的儀容很糟糕，士兵們留著又髒又長的鬍子，衣服破爛，鞋子沒有保養或磨損。他們的日需配給嚴重不足而且沒有軍紀或軍中禮節……。當馬丁（Martin）跟我一起去視察一個團的戰鬥部隊並觀察他們應該要發起的攻擊行動時，我們發現該團指揮部距離前線有四英里半之遠，該團長與其參謀幾乎沒有從該指揮部位置往前視察過。」

「部隊沿著至前線小徑零散的聚集著，計畫中他們應該是在攻擊行動中，結果大家都在忙著吃東西及睡覺，在前線只有兩個連的部分兵力，人數加起來只約達一百五十人。」

「除了前線散兵坑裏的一百五十人之外，其餘在該戰場上的二千人也無法做爲預備隊來使用——因爲組織他們需要花三或四個小時，而後才能開始執行任何的戰術任務。」

隨著攻擊行動的進行之際，艾徹柏格對這些缺乏軍紀與組織的部隊進行改善，他描述他如何瞭解到其所負責之廣大的作戰區域：「到四月底，我變成東方最忙的空中通勤者。第八軍團在許多地方從事戰爭，而我就像一位忠實的商業推銷員，試圖到各處視察我的部隊。對我而言，飛機就像魔毯一樣。我可以一早起床，七點鐘搭上飛機到馬尼拉參加總部的會議，在日落之前回到我的辦公室召開參謀會議。總是充滿混淆及矛盾的戰場報告，常常困擾必須下戰略決定的指揮官們。拜飛機之賜，我可以快速地抵達雷蒂（Leyte）的綠色山脈，降落在三寶顏（Zamboagnga）、宿霧島（Cebu）、尼古拉斯（Negros），或是降落在明達諾（Mindanao）地區十二座臨時草皮機場中的一或二個簡易機場，以便親自瞭解戰場上的狀況，在一九四五年春天的九十天中，我有七十天是待在空中。」

在韓戰中避免美軍戰敗的馬修．里吉威（Matthew Ridgway）將軍，認爲其之所以能成爲一位成功的領導者與決策者，視察部隊扮演著非常重要的角色。「如果指揮官完全依賴他的參謀，他將打敗仗，你必須與你的參謀保持最密切的關係，尤其是參謀長。但你所屬的指揮官必須直接對其下級主要的指揮官給予指導。他必須親臨所屬部隊，到了那裏他可以感覺及核對他自己原先對部隊所存之印象。並且綜合他在部隊所聽到與看到的第一手資訊及參謀所提供的報告。但是有些指揮官因爲過度依賴與信任其幕僚而導致僅能獲得第三手的資訊（當然在大部份時間裏，有時可以獲得第二手但絕不是第一手的資料）。就一個師級大小的單位而言，發生這種依賴幕僚的情形是沒有道理的。通常一次僅會發生一個危機，而師長除了極不尋常的特例外，都可以預料到並親臨指導。所以他應該在事情未發生之前就到那裏，然後他可以掌握最佳的時機及在完全不干涉屬下權責範圍內，儘可能地協助將問題解決。他可在部屬提出要求之前就先預知他的需要。」

里吉威將軍堅定地說：「我不認爲我自己有做過任何重要戰鬥上的決定，除非在展開行動之際我正好在現場或我已先諮詢過我將賦予該任務與我熟悉的指揮官，而他也已經熟悉此任務狀況。換句話說，當他認爲有能力可以執行該項任務時，他就可以達成該項任務。現在如果你這樣做，加上知道該指揮官不會要求其部隊去執行他自己沒做過的事，那你就不會遇到挑戰。」

在法國的攻勢行動中：里吉威將軍當時是第八十二空降師的師長，他坐小型的飛機來視察部隊。「當我乘飛機在空中實施偵察時，我問我的飛行駕駛麥克，他是否可以將飛機降落，可以的話我們就落地，我們可以在小飛機上互相傳送紙條，有時我們會決定低飛穿過電線，並將飛機停落在小市鎭的街道上。然後，感謝上帝的慈悲，我們以相同的方式離開。同樣地，我亦搭乘小飛機前往聯繫正在檢查破壞橋樑炸藥是否已經解除的工兵巡邏隊。後來，我們降落在各種地方，如乾河床，或是在光線消失的最後一刻才降落到地面。在那裡是不可能會有燈光導引的簡易機場可供降落，但麥克他是一位優異的飛行員。」

里吉威將軍於一九五〇年在韓國擔任第八軍團司令時就經常主動去視察部隊。哈洛德·強森（Harold K. Johnson）上校在當時是一位團長，並於一九六四至一九六八年接任陸軍參謀長，他指出：「當里吉威將軍走進來並準時召開主官會議及視察我們的部隊時，一個偉大的改變發生了。參加該會議包括單位中所有連級以上的主官。里吉威將軍跟我們講話，光靠他個人的魅力就讓我們大幅轉變。他確實做到了。他親自做了許多檢查以察看情況確有轉變，他變得沒耐心也無法忍受遲緩的改變。他身體力行以身作則，他和參謀居住在我們的指揮所，甚至與我們的部隊一起用餐，早上來，晚上再回到主指揮所。他都是利用白天的時間來視察部隊，他早睡早起。我從他的身上學習到很多，我跟隨里吉威將軍的左右以學習他向部隊官兵所說的金科玉律。這證明是非常有用及助益甚大，特別是我可以向其它指揮官簡單描述事情發生的經過及其要旨。」

柯林斯將軍在二次世界大戰期間擔任軍長，他在自傳中提到：「里吉威跟我均較蒙哥馬利更親近部隊及更能正確地掌握部隊的狀況，蒙哥馬利太信任其派駐在我們指揮部之『有名無實』的英國低階參謀軍官所提供之每日報告。」

當瓊斯在擔任空軍參謀長時，他亦經常至部隊視察。他的侍從官羅伯·巴斯特（Robert H. Baxter）中校亦跟隨在側。他描述瓊斯的視察方式是：「當他視察一個基地時，他有一套程序。我認爲他是一個很不可思議的人。他爲視察發明了一套技巧或本領。在他到達所要視導的基地之前他會深入瞭解有關該基地的一切事情。參謀會準備許多有關該基地的背景資料及相關的議題與問題，例如環保抗爭的問題、及如果空軍想要獲得更多的現行問題與任務執行所延伸出來的各種議題與特性等。他有一組人來爲他準備及規劃相關的工作，如優秀的企劃家格林利夫（Abbot Greenleaf）將軍與庫利（Currie）。他只要走進基地並在當天結束前，他將開始提出相關的解決方案。無可避免的，這將會引起基地某些人的反彈，但這種方法看起來好像是有效的。」

「當我們準時到達瑪曲（March）空軍基地時，他觀察到某些不正常的現象並公開提出。我轉向他問道：『你是如何知道的？你走在基地附近的街道，然後只是看一下就能提出如此精確的評估，你到底是如何辦到的？』他回答說：『問的好，這是來自經驗。如果你經歷許多灰暗角落與裂縫，最後你對不對勁的地方就會有直覺。』」

「例如，他試圖去減併擁有很多冗員與重複功能之全天候工作中心。他想要讓不同的區域執行不同的功能以提昇效率。這段時間正是他調整空軍編組，以強化效能及節省預算的時候。」

「對於他一到基地視察所表現出的直覺，永遠令我嘆爲觀止。對許多人而言，很多事情是具有爭議性的，他總是要求基地應做更多的工作，這些是其他人所認爲不可能達到或不應該做的事情。他時常要求增加設施的承載量。有時，他對一個已經更具有效率的基地，仍會繼續尋求改進並增加額外的功能，以便可以執行其他可以被關閉基地的原有任務。」

在你與長官的關係中，擁有對事情直覺的能力亦是非常重要的。瓊斯說道：「在我擔任李梅將軍的副官時，從第一天報到開始，我就能瞭解他的肢體語言。我知道何時他正爲一個大的議題而陷入長考，這時我要確定他沒有被干擾到，或當他無聊的要命時，那就是我要引起他注意某些事情的時刻。時間的選擇是很重要的。」

瓊斯在處理官僚政治時亦同樣具有這種直覺。空軍戰術司令部前任司令克里吉（W. L. Creech）將軍提到：「大衛・瓊斯是一位非常有政治頭腦的人。我的意思是一種讚美，因爲他非常瞭解其他人的看法，包括個人與大眾的想法。他瞭解偏見與歧視是如何的產生及存在那裏。在評估各種可能之民意潮流及決策可能對民意產生之反應等方面，他可以說是一位大師。當他決定某事應被做時，他就有勇氣去執行，甚至該事可能不是一個很受歡迎的決定。觀察他的所作所爲，我個人認爲他從不會去做那些會被官僚政治所糾纏不清的事。他只會做他認爲對的事；縱使這不是其他人認爲所應該做的事，也不會令他煩憂。他對於什麼是該做的擁有自己的主見，而且他一定會去做。我想有一個重要的觀念是這種現象不是因爲他個人不在乎，而是因爲他很在乎。而且也不是因爲他不懂，而是因爲他很懂。他只是勇往直前將其付諸實施罷了。」

史瓦茲科夫將軍提供一個非常值得參考之有關「直覺」的眞實案例，這是來自他在越戰中與越南軍官相處所得的經驗。那位軍官是吳廣壯（Ngo Quang Truong）上校，史瓦茲科夫說他外表看起來不像是一位軍事天才（但事實上是）。對於那位軍官的外型，史瓦茲科夫描述說他身高五尺七，年齡大約四十五歲左右，瘦小的身材，縮成一團的肩膀，從身體看起來頭是太大了，消瘦的臉；他並不俊俏並且嘴上幾乎經常叨著煙。「而他確實受到官兵的敬重——並且亦受北越指揮官的敬畏。」

有一個事件發生在艾莊（Ia Drang）山谷，被打敗的北越軍隊潰逃並竄入高棉。吳上校被南越陸軍參謀長指派去阻止北越軍隊進入高棉，而吳上校指定史瓦茲科夫擔任其美軍顧問。史瓦茲科夫說：「看他指揮作戰是一件令人難忘的經驗。當我們行進時，他會停下來研讀地圖，偶爾他會指著地圖上的位置說：『我要你們砲轟這裏』。」第一次史瓦茲科夫以懷疑的態度呼叫火力進行轟炸。當部隊到達該區域時，他們發現到許多屍體。僅以簡單的觀察地形及其十五年來與敵人作戰的經驗判斷，吳上校在預測敵人的行蹤方面展現出令人不可思議的能力。

當晚他提出他的作戰計畫並指示：「在拂曉之前派遣一個營的兵力部署在這裏，就在我們的左翼，作爲山脊與河川之間的阻敵兵力。大約在明日早上八點時，他們會與敵之大部隊接觸。然後派遣另一個營部署在那裏，在我們的右翼。他們大約會在十一點右左與敵接觸，所以砲兵的火力應待命轟炸我們前方這個區域。」然後他說：「我們將會以第三及第四個營往河川方向攻擊，屆時敵人將在河川之前被我們的部隊所包圍而進退不得。」

史瓦茲科夫指出：「我在西點軍校從未聽到任何有關這類的知識。我在想，關於八點以及十一點的指導到底是怎麼一回事？他怎麼能夠以這種方法來規劃一場戰役？然而我亦瞭解他的計畫要點：吳上校運用西元前二一七年漢尼拔（Hannibal）在崔西門湖（Lake Trasimence）岸包圍及殲滅羅馬兵團所使用的戰法。」

史瓦茲科夫說吳上校發佈他的攻擊命令後，就坐著抽煙及研究地圖，一再地反覆檢閱作戰計畫，想像著作戰的每一個細節直到深夜。然後到了隔天的拂曉，他們派出第三營。他們進入到陣地位置，到了八點呼叫及回報與敵大舉部隊接觸。吳上校派出第五營到右翼。到了十一點他們也報告與敵接觸。就如同吳上校先前所預測的一樣，在第三營陣地下方的叢林，敵人遭受阻擊。吳上校已經預測敵人的行動並給與痛擊。他看著史瓦茲科夫說：「叫你的砲兵射擊。」他們開始轟炸我們下方的區域約半個小時。然後他命令他的兩個預備營沿著山脊向下發起攻擊。當我們跟隨他們前進時，我們聽到許多的射擊。然後吳上校下令：「好了，停止攻擊。」他挑了一個乾淨的地方，然後他跟參謀坐下來一起用午餐。史瓦茲科夫說用餐到一半時，他放下他的飯碗，然後在無線電機上下達幾道命令。他命令他的部隊搜尋戰場上的武器，並說：「我們殺了許多敵人，而沒有被殺死的敵人則丟下武器落荒而逃。」驚訝的史瓦茲科夫回憶道：「現在，他完全沒有看到戰場的狀況！所有的行動都被叢林所掩蓋住。然而那一天，我們與其他的人留下來待在那塊乾淨的地方，隨後他的部隊每個人都抱了滿手的武器，一堆又一堆的堆放在我們的面前。我很激動——我們獲得了一次決定性的勝利！但是吳上校只是坐在那裏抽他的煙。」

史瓦茲科夫將軍是一位視察部隊的信仰者。在越戰期間，當他是一位中校軍官時，他被賦予指揮一個野戰營。他去見即將離職的營長進行交接，該營長被士兵形容為「一位沒有定見的老傢伙，中等體型，身材瘦，下顎後縮。」史瓦茲科夫將軍本來期望能與他討論兩至三小時，以瞭解該營的狀況，但該營長僅告訴他該單位的軍紀渙散及任務差勁。那位即將卸任的營長說：「祝你好運」。然後，握個手就離開了。

史瓦茲科夫想要去瞭解實際的情況，所以他前往到指揮所。營執行官跟他敬個禮後說：「長官，我們已準備好向你做簡報。」

「我現在不想聽簡報。我要到各連去看看。」

他在使用。」

「長官，我們有，但直昇機在李少校那裏。」李少校是營作戰官。「事實上，直昇機一直是由

「我要到各連去看看。難道我們沒有指揮與管制用的直昇機嗎？」

「長官？」

「你是什麼意思？指管直昇機不是屬於營長專用的嗎？立刻把他叫回來。」

此時作戰中心裏充滿著凝重的氣氛。執行官說：「長官，我可以在外面向你說明一下嗎？」我們一起走出去，然後他解釋說：「我知道這是很不平常的事情，但直昇機現不在這裏，因爲前任營長從來不到各連隊視察。」

把直昇機調回來需要半小時的時間。史瓦茲科夫就走進作戰中心等待直昇機的回來，並發現作戰中心裏並沒有他的位置——沒有桌子、椅子，什麼都沒有。他走回到他的小屋並極力思索下一步應該怎麼走，他問自己：「這個部隊到底是怎樣運作的？是誰在負責？」他的直昇機終於回來了。他走回作戰中心並無意中聽到有人說：「到底是那位該死的傢伙，命令你們把我找回來做什麼？我在那裏有很多工作要做。」這位就是維・李（Will Lee）少校，他是一位熱情、富有經驗及服從命令的軍官。他在缺乏眞正的領導者時，正努力的維護作戰的進行。史瓦茲科夫說：「在自我介紹後，我告訴他我想到各連看看，他興奮地說『好極了，長官！我們走！你想先看那一個連？』」

史瓦茲科夫所發現的是一個很糟糕的情況。連上的帳篷配置凌亂，人員穿著馬虎及沒有散兵坑，機槍上沒有彈藥及生銹。他指出：「我瞭解到我必須終止這種軍紀散漫的情況，以避免人員開

始無謂的犧牲。我把連長叫到我的旁邊，這位傢伙穿著紅短褲。現在這裏的一切將有所改變，上尉。就是現在！在我的內心裏是想解除你的指揮權，但我不會這樣做，因爲顯然過去是容忍你把部隊弄成這樣子。我現在告訴你：你知道應該如何做，我要看到成果。首先，當你在某處停下來的時候，你必須派出安全警戒，我指的是有用的警戒。第二，我要求每一部手提收音機帶離營區。第三，我要求單位裏的所有武器保持乾淨，並且最好不要再讓我看到有人沒有隨身攜帶武器。永遠要把武器帶在身上！並且配帶乾淨的彈藥！第四，我要求每一個人把儀容整理好，並從你開始以身作則，刮鬍子、梳洗乾淨及穿著制服。戴上鋼盔！最後，這些士兵在今天晚上絕對無法在執行埋伏巡邏時保持清醒，因爲他們現在都很清醒。」

史瓦茲科夫回到指揮部的部隊餐廳，在餐廳門口正排著長長的隊伍——一群士兵站在雨中排隊。他就排在隊伍的最後一位，一位伙食中士看到了以後，跑過去向他報告：「長官，你不需要在站在這裏排隊，我們有特別爲軍官安排的位置。」

史瓦茲科夫回答說：「中士，如果我的士兵必須在這雨天中站在這裏排隊，那麼我也要站在這裏排隊。」所有的士兵不約而同的望著他。然後他們開始跟他講話，這是他第一次感覺受到鼓勵。某位士兵問：「你是新來報到的營長嗎？」另外一位士兵問：「你準備要有許多改變嗎？」第三位士兵問：「長官，這是我們第一次與我們的營長講話，能跟你聊天眞好。」隨著隊伍的前進，當他走進餐廳時，他發現軍官們的用餐時間與士兵們不同。他們一直等到部隊用完餐後才坐下開始用膳。他派人去叫營執行官過來並告訴他從現在開始，所有的軍官與部隊一起用餐。

對於視察部隊的角色與有關「直覺」的形成，靦腆的梅耶將軍的看法是：「根據我在韓戰與越戰及擔任陸軍參謀長的經驗，我無預警地視察部隊，沒有先行告知所屬各單位。大約在出發前半小時左右，我會通知前往視察的單位並告知我們已在路上了——我不想要各單位專門為我擺出排場。你必須到現場去體會各單位在做什麼，不論是對補給庫、戰術單位或研發部門都是一樣的。不管是什麼單位，如果你想更深入探究他們的工作對整體組織的貢獻為何，你就必須以現場視察的方式來瞭解他們平時的工作場所及運作情形。所以，現場的觀察及至各地視察部隊是獲得『直覺』或『第六感』所不可或缺的。」

引人注目的技能

擁有引人注目的技能可以讓你接觸到指揮部中最低階層的士兵。巴頓將軍在寫給其西點軍校兒子的信中提到：「你應特別地耀眼，而且不僅是耀眼而已，更要引人注目。你想想我為什麼會這麼注重服儀，其原因為何？把你的衣服熨平整；當年我在努力爭取學生實習幹部時，我總是有一套制服，平整的沒有坐下來過的痕跡。」

巴頓對身上所穿軍服的要求是十分講究的。對所有的領導者而言，這是非常重要的部份，而且巴頓運用它來吸引部隊的注意。在獲得「直覺」方面，它是很重要的。巴頓將軍他身著訂做的完美且合身的野戰夾克並搭配黃銅色的鈕釦，在左邊口袋上方別著四排的作戰綬帶和勳章，雙肩及襯衫領上均掛著特大號的將星。他的褲子是由馬褲呢布料所做的馬褲。腳穿長筒馬靴，擦蠟擦的像鏡子般的亮並配上馬刺。在他的腰上繫著一條人工雕刻而成的皮帶及配上一顆閃閃發亮的銅扣。兩邊還配掛一對象牙握把的手槍，握把上也裝飾著將星。他的手上持著馬鞭，他的鋼盔被擦得閃亮發光。你第一次看到他的感覺是「哇！」毫無疑問的他身著制服的外表的確十分引人注目。他的裝扮似乎在說，我是巴頓——我是本軍團或其他任何軍團中最優秀的將軍。

每當攻陷一個城市時，儘管還有狙擊手的子彈和尚未爆炸砲彈的危險，巴頓總是第一批進入該地方的一員。在一次兩棲攻擊行動後，在登陸艇仍未靠岸之前他就跳下海，在槍林彈兩中涉水而行，一邊走上岸，一邊大聲地鼓勵士兵激勵士氣。當他的部隊移往法國和德國時，他涉過很多河川。他甚至爲了臉部的表情做了許多努力。有一次他妹妹妮塔（Nita）問他：「爲什麼你的照片看起來這麼刁蠻與嚴肅？」巴頓笑著回答說：「那是我的戰爭臉。」

戰時有個寒冷又下雨的下午，巴頓遇到一群正在修理被敵人砲火所擊中的坦克。由於到前線戰場的交通非常的擁擠，所以那輛坦克被拖到離路邊大約十碼的地方。巴頓看到此景，就叫他的駕駛兵停下來。他從吉普車跳下來，走向那部損壞的坦克，並且爬到它的底部。兩位正忙著修理坦克的技工，看到這位星光閃爍的將軍躺在泥濘中，把他們給嚇壞了。依據負責此地區的一位副師長說，巴頓在坦克底下待了二十五分鐘，當他回到他的吉普車時，他身上沾染著泥濘和油污。他的副官問道：「長官，到底出了什麼問題？」巴頓回答說：「我不知道，但我可以確認的是我躺在泥濘上修理坦克的事將會傳遍整個師。」

有些時候，巴頓將軍引人注目的效果來自於簡單化。就在戰爭剛結束後不久，巴頓與朱可夫

（Zhukov）元帥在柏林分別代表自己的國家參加一個蘇俄戰爭紀念堂的落成典禮。朱可夫元帥的制服上衣兩邊完全掛滿了勳章。相比照下，巴頓將軍的胸前僅是掛著少許的勳章。一位曾參加當時典禮的人提到：「巴頓看起來是如此的簡單整潔，比一輛蘇聯的大坦克更具有致命的殺傷力。」

巴頓將軍引人注目的能力，對他自己或是軍中領導階層的同仁而言，都不是一件新鮮事。早在二十年代他還是個騎兵時，因為他在馬球與騎術上的滑稽動作，已有「喬治馬」（Horse George）的綽號了。有一位朋友說他與年輕巴頓的關係時說：「我們好像一直在向前衝刺」。當巴頓接任第二裝甲師長時，他為裝甲兵設計了一套特別的綠色制服，這件事讓他得到了「綠色大黃蜂」（Green Hornet）及「閃快的格登」（Flash Gordon）兩個綽號。其他人則認為來自於火星人貝克・羅潔斯（Buck Rogers）及「鐵褲子」（Iron Pants）等名字更適合他的個性。在一次演講中，他告訴手下的士兵，贏得一場戰爭只需要兩種能力——熱血與膽識。這件事又為這位陸軍作戰指揮官贏得「有熱血和膽識的老傢伙」（Old Blood and Guts）的綽號。對他而言，這類綽號代表他引人注目的能力非常成功，他也認為這種風評的綽號對於軍隊的領導是非常重要的。領導成千上萬的士官兵，巴頓必須將其領導統御的能力擴散到遠處，而這種耀眼的綽號可幫助他擴散出他想讓士兵看到的印象。

第六十五步兵師的師長雷恩哈特（Reinhart）少將在德國執行巴頓的作戰行動時，他寫道：「當時我們行軍的速度非常地快，幾乎是和追擊沒有兩樣，導致我們的側翼沒有任何安全屏障，並有被敵軍包圍的危險……事情嚴重到我的三位步兵團長，一起向我提出非正式抗議，他們不喜歡部隊目前所處的態勢。『我們一路驅車趕至這裏而留了一個尾巴在後面（意指部隊所暴露之側翼）』

，他們以這種說詞表達他們的意見。」雷恩哈特反問他們：如果情勢眞的壞到不能再壞，他們被重重包圍時，他們難道不相信「喬治」將殺出重圍將他們救出。雷恩哈特將軍說：「此一說法似乎是完全地說服他們，從此未再聽到他們口中提起這一類的事情。」這些軍官從未見過巴頓，但他們知道巴頓將軍的聲譽。縱使從遠處看巴頓，他也是一位名聲響亮及個人色彩濃厚的將軍，他能夠創造出個人領導的光環。

艾森豪形容過巴頓將軍引人注目的魅力時說：「他的魅力是一顆經過不斷細心雕磨的貝殼。」巴頓所做的每一件事情都有其目的。他相信一位領導者爲了使部隊所有各層級的官兵都能認識他，應該展現一種個人主義，製造機會讓官兵能談論他。他的官兵都知道他的獨特的處事風格，而他也盡全力來維持該形象。在一九四三年在北非時，巴頓告訴羅伯・馬肯（Robert C. Macon）少將說：「在訓練期間，我腰掛兩隻象牙握把的左輪手槍。他們封我一個外號『雙槍巴頓』。所以當我上岸來到這裏時，我也不會讓他們失望，我還是帶著那兩隻手槍。」

親近巴頓將軍的人都認爲他是一位演員。他可以依據狀況的需要來決定是否該展現個人的魅力。在追悼陣亡將士的典禮致詞上，在表揚官兵的演說中，在對表現不好單位的訓辭中，他都有不同但適當的表演行爲。然而，他並不是不眞誠。他展現個人引人注目的魅力一點都不矯揉造作；無可否認的，他穿著一套舞台裝，卻是一套剪裁良好，十分合身的戲服。

有關巴頓之引人注目的能力所扮演角色及其行爲的基本原由均詳述於一九三一年發表於《步兵期刊》（*the Infantry Journal*）中，其標題爲〈戰爭中的成功〉（Success in War）：

在討論成功領導統御的特徵（自信心、熱誠、自制、忠誠及勇氣）後，巴頓總結為：「道德上以及體魄上的勇氣幾乎是所有前述特徵的同義語。它孕育出戰場的決斷力及肩負重責大任的能力，不管它是成功或失敗……但就像聖光一樣，如果這些特徵被隱藏起來，則它們是沒有軍事價值的。」

一個難以相處的人將永遠無法激發信心。沈默冷淡是無法招引出熱誠，因此，對於他人來講，應該將自己內心與精神上的魅力透過一種外向清楚可見的方式表現出。

這顯示出領導者必須是一位表演者，這是一個不爭的事實。但對他而言……除非他親身奉行，否則他將不具說服力。

這種可以經學習而得嗎？巴頓認為是的，他說：「人是否可以培養及展現出這些特性呢？答案是他們有這些能力，他們可以的。『只要一個人認為他可以，他就能做得到』。有勇往直前去獲得它的決心，贏得榮譽或為其而死是戰爭成功的秘訣。」

* * * *

道格拉斯．麥克阿瑟擁有許多令人對他產生英雄崇拜的特質。他英俊、瀟灑，更有一副好口才。雖然他擁有魅力十足引人注目的表演天份，但他同時也是一位隱士。他很少出現在軍隊面前，但他一旦視察部隊時，他帶著神秘氣質的魅力總是吸引人們的注目。

他吸引大眾注意力的關鍵是一種獨特的簡潔。在整個二次大戰期間，他都身著一件簡單樸素的卡其制服，襯衫不扣風紀釦，長褲燙的筆挺。除了四星上將的官階外，他上衣沒有配掛任何勳獎章，頭上還帶著帽舌繡有黃金繐的便帽。除此以外，他唯一的配件是由玉米穗軸所製成的煙斗及一根竹杖。有時候，他口裡叼著一支長長的黑色煙嘴，煙頭朝上，手上揮著一把咖啡色有圓弧手把的手杖。

麥克阿瑟那富戲劇性的表現，常使他與眾不同。他代表盟軍在美國軍艦密蘇里號（Missouri）上接受日本投降的表現就是一典型的例子。事情發生在一九四五年九月二日的星期天早上。日本的外交與軍事代表團在八點五十五分抵達。在場等候他們的有美國、英國、中國、荷蘭、法國與蘇聯等國家代表。日本代表團的十一位成員都身著晨禮服或掛滿勳章的軍服。幾分鐘後各代表都已就位，麥克阿瑟將軍才從船艙走出來。他身著整個戰爭期間一直穿著的典型卡其軍服，衣領打開也無領帶，沒有配掛勳章，頭上則以慣常的輕鬆方式帶著野戰元帥帽。當他致詞時，他還筆直的站著，但在宣讀預先準備的文稿時，他的手卻顫抖起來。然後在簽署投降書時全場鴉雀無聲。九點零八分，在典禮正式開始後才十四分鐘，就結束了所有的儀式。

麥克阿瑟對受降書的簽署讓人聯想起總統的簽名慣例。他使用五支筆，其中一支筆是他自己的。他用第一支簽「道格」，第二支筆簽「拉斯」，第三支筆簽「麥克阿瑟」。他用另外二支筆署第二份文件。因此，他可以將具有歷史意義的筆送給他的朋友。其中一支保存在他心愛西點軍校的博物館。

在受降典禮中，麥克阿瑟展現出空前未有吸引大眾目光的能力。在科里吉多（Corregidor）投降之後，巴丹（Bataan）的死亡行軍成爲盟軍在二次世界大戰中最慘痛的事件之一。被日本所俘虜的盟軍部隊在這次行軍中造成很多的死亡。在戰犯集中營的人在和時間競賽，但所費的時間比預期來得長。麥克阿瑟在回憶錄中寫道：「當他們一知道盟軍登陸日本本土時，立即開始將戰犯從日本集中營中釋放出來，在第一批被釋放出來的人有韋恩懷特（Wainwright）與伯色弗（A. E. Percival）兩位將軍。他們是被關在滿洲的木登（Mukden），並從那裡飛回到馬尼拉。我立即指示把他們兩位接回到日本參加在密蘇里號上的受降典禮。當我正要坐下吃晚餐的時候，我的侍從官通知我他們兩位已經到達了。我立即起身前往大廳迎接他們，但在我到達之前，門已經打開了，站著眼前的人正是韋恩懷特，他體態憔悴及老了許多。穿在瘦弱身體上的軍服呈現出許多的褶層，他撐著拐杖困難的走著，他的眼睛凹陷及在臉頰上有許多疤痕，頭髮雪白及皮膚看起來像舊皮鞋的皮革。當我擁抱他的時候，他努力想對我微笑，當他試圖講話時，他卻發不出聲音來。」

一九四五年九月二日，當日本在美國軍艦密蘇里號上簽署投降書時，站在麥克阿瑟後面的正是韋恩懷特與伯色弗兩位將軍。此次安排對韋恩懷特是別具意義的，自從他成爲階下囚後，整個期間他都生活在精神的煎熬中承受無比的痛苦；而如果在戰後他還活著，他還必須面對因爲在菲律賓率領美國部隊投降一事，接受軍法審判的殘酷事實。但沒有什麼事情可以阻止麥克阿瑟讓他出現在受降典禮的現場。

一九四五年，麥克阿瑟以一位征服者的身份搭乘閃亮發光之銀色C-54運輸機飛抵日本。當他在厚木（Atsugi）機場降落時，隨著舷梯的緩緩下降，樂團開始奏樂。麥克阿瑟將軍是第一位從這家命名爲「巴丹號」的飛機機門中走出來的人。他走下舷梯幾步後，他抽著玉米煙斗。然後戲劇性的佇立不動。他是日本歷史上掌控該國家的第一位白種人。在他目光環顧四周幾分鐘後，繼續的走下舷梯來，親切地與先導部隊中的老朋友握手。

當美國的代表團抵達美國的大使館時，麥克阿瑟下令：「艾徹伯格將軍把我們的國旗展開，讓它以所有的榮耀飄揚在東京的陽光下，象徵被壓迫者的希望，也代表正義終將獲得最後勝利。」該面國旗正是於一九四一年十月七日當天飄揚在美國首都華盛頓特區的那一面國旗。

所有我所訪問過的四星上將均一致認爲高階領導者擁有一種「直覺」或「第六感」。艾森豪認爲一位領導者：「絕不能與部隊的感受脫節」，並專注在整體的「直覺」。他亦說過：「與部隊接觸需要經常至部隊視察。最高司令部視察部隊，對提高士氣的價值幾乎是無法評估的。」因爲，「當士兵在任何地方看到非常高階的長官出現在其周圍時，他們都會感到很高興」、「當士兵被鼓勵與他們的長官交談時，視察可以增進效率」、「視察可以鼓勵低階軍官從士兵身上獲得更多的資訊」、「在戰場上廣大帶著步槍的士兵當中，可以說是人才濟濟，充滿主動運用智慧的想法」、視察是「長官對下級關切的表現」、視察是「指揮官所必備的基本工具之一」而「關心官兵是成功的關鍵。」

是的，綜觀歷史有天賦的軍事領導者均具有直覺或第六感，然而它是天賦的才能或是可以被訓練開發的呢？本研究強調它是可以被訓練發展的。巴頓視其爲軍事反應，他認爲這種能力不是與生俱來的，「其必須靠後天的努力才得以成就。」布萊德雷認爲他的經驗是被「儲存」在腦海裏面，及當突然面臨一個決定時，他將「按個鈕……然後就有一個答案跑出來。」柯林斯說直覺是「主要來自知識」及「跟年輕人一樣的努力與好學不倦才能得到的。」

辛普森說幫助他瞭解即將發生之狀況的能力是來自學習背景與經驗。杜斯考特說：「知識是直覺的基礎」及「需要對人有興趣才可以做得到。」海斯立普說直覺是教育及完完全全地知道自己的專業的產物。麥奧立夫說：「一個人在軍旅生涯中經年累月所學習而來。它需要對人性的瞭解而經驗亦扮演一個重要的角色。」

布朗成為空軍系統司令部的指揮官，但他不是一個工程師或科學家。在一次會議中，他告訴簡報軍官他無法針對工程細節提出批評，他可以根據所聽到的「直覺」來提出建議。

夏利卡希維里說我有一種：「直覺時常存在我的心裏面，我知道事情的對或錯，我認為這種能力的部份原因是來自信心，當一個人的工作歷練到一定程度以後，自然地就會發展與培養出那種本能。」——再一次的證明它是來自經驗。

而視察部隊是關鍵的因素。里吉威指出一位指揮官必須：「親臨所屬部隊，到了那裏他可以感覺及核對他自己原先對部隊所存之印象。」在部屬提出要求之前，就應先看出他的需求，這是很重要的，而且身為一位顧問及陸軍指揮官，他從未下達過一個作戰決定除非他在「行動的時刻剛好親自在場。」

瓊斯至部隊視察並提到他的觀察是來自經驗，如果你仔細觀察每一個角落及細節，你就可感覺到不對勁的地方，並且他可以解讀肢體語言。

引人注目的能力是視察及獲得部隊現況直覺的一部份。巴頓說一位領導者應該「注重外表（打扮鮮豔）及引人注目。」他當然也是身體力行，腰配象牙握把手槍；閃亮的鋼盔上、衣領及肩上配掛超大型的星星；腳穿馬靴及手持馬鞭。他說如果把他的特徵隱藏起來則將不具軍事價值及「一個人只要認爲他可以做得到，他就做得到。」他需要以吸引大眾注意的能力來與所領導的五十萬官兵保持接觸，而且他也做到了。

艾森豪必須接觸多達一百五十萬的部隊官兵。當視察部隊時，他頭戴無邊便帽，身穿量身定做的俗稱「艾森豪夾克」的短夾克，後來成爲標準的陸軍配備，及馬褲、馬靴與馬鞭。艾克的微笑很自然的比兩個師更有價值。所有這些高級將領都各自擁有他們自己引人注目的能力及自己與部隊接觸的方式，重要的是他們都具有該能力並實際的運用它。

【第四章】

憎惡「唯唯諾諾的人」：具有挑戰的風格

一九四〇年，喬治・馬歇爾將軍指定奧瑪・布萊德雷少校擔任參謀本部的助理秘書，向馬歇爾簡報有關待決定的文件是他的任務之一。這個任務執行數週後，馬歇爾把布萊德雷及他的助手叫進辦公室。他說：「先生們，我對你們很失望，你們從未對我所做的任何一個決定發表過不同的意見。」布萊德雷回答說：「報告將軍，那是因爲一直沒有不同意的理由。當我們對您的決定有不同意見時，我們會向您報告的。」這個插曲清楚地反映了決策時最重要的重點之一——確定你的幕僚群中沒有「唯唯諾諾的人」。

不成爲「唯唯諾諾的人」是馬歇爾生涯中的一個轉捩點。第一次世界大戰期間，他在歐洲最初的職務是擔任第一師師長威廉・史伯特（William L. Sibert）少將的參謀。

當時有數個師正在接受訓練，潘興將軍經常以視察來評估他們的進展。一九一七年十月，他以一個小通告宣佈他將陪著法國總統雷蒙・波音凱爾（Raymond Poincare）前去視察史伯特的師。事實上，該視察命令在視察行程前一天下午很晚才收到。該師的軍隊已散開超過三十哩方圓，他們必須整晚行軍才能到達法國的蕘得蔻特（Houderlcourt）接受視察與檢驗。馬歇爾上尉被指派負責安排視察有關事宜，但因爲過遲的通知他必須在晚上選擇檢驗的地點。在暗夜裏，他看不到所選的地點在山坡上，該地已被經常在此訓練的部隊踩得稀巴爛，泥濘深及腳踝，加上這個師的人員大部份沒有什麼軍事經驗，而且只受過一個月的訓，視導的結果當然糟透了。馬歇爾回憶說，潘興將軍「讓每個人像下地獄一樣」，並說這個師沒有任何訓練績效，未能善用時間，也沒能遵守指令。這對馬歇爾而言似乎很不公平，特別是潘興「在所有軍官面前，當面嚴厲指責史伯特將軍（師長）。」

潘興接著向史伯特詢問一些事情，但由於史伯特在視察前兩天才到任，這些事情都是由馬歇爾所處理，所以他對這些事不甚瞭解。潘興粗魯地解除史伯特的職務並要求他離開。福瑞斯特・波葛在馬歇爾傳記的書中指出，一如預期，馬歇爾的反應激烈：

馬歇爾對明顯的不公平感到震驚，他把一個初級軍官在類似場合中應有謹慎的認知與行為拋諸腦後。他決定不管代價為何，他必須做些解釋。他才開始要說話，潘興不想聽，聳聳肩膀掉頭就要走。馬歇爾「氣急敗壞」地，伸手拉住將軍的手臂。

「報告潘興將軍！」他說：「有些話我想在這兒說，而且我認為我應該說，因為我待在本單位最久。」

潘興停住腳步。「你想講什麼？」

發怒的上尉究竟說了那些話並無正確的紀錄，事後他也不記得了。日後在場的一位同事說那個生氣的上尉講話速度很快，並以「一連串的事實」讓他的對手沒有回話的機會。馬歇爾他自己回憶道「當時他受到某種啓示所激發」，但站在他身邊的同僚卻「餘悸猶存」。當他講完，潘興將軍保持平靜。他在離開時對馬歇爾說：「你一定能體諒我們（晚通知）的問題。」

馬歇爾瞭解到「他已經讓自己陷入水深及頸的窘境」，仍然不放鬆的說，「是的，將軍，但我們每天都有這些問題，而它們必須在晚上之前解決。」

潘興將軍離開時已經氣消了。史伯特將軍對馬歇爾為了他而淌這渾水感到非常抱歉。一些馬歐爾的朋友確信他完了，而且「馬上會被開除」，但馬歇爾本人並不後悔。他對那些想要安慰他的人說：「就我所見，我可能會被派赴戰場，而不能再當參謀，但這是我所要的偉大成功。」

懲罰並沒來，相反地，從此以後每當潘興來視導這個師，他經常把馬歇爾帶在身邊，並徵詢事情進展的狀況。接下來的數個月，很明顯地，他不但受到將軍的尊重，且好感與日俱增。馬歇爾發現潘興一直都願意聽取他人誠實的批評，並便可讓自己從旁觀者的角度來審視事情。「你可以跟他討論他自己，恰如你在討論另一個國家的人一樣。他未曾有片刻認為你在反對他。我從未見過其他指揮官能做到這一點……能夠傾聽意見是他最偉大的力量之一。」

因此，馬歇爾不但未被開除，且在一年之內晉昇到上校，在戰爭結束之前還成為潘興將軍的作戰官。戰後，潘興成為陸軍參謀長，馬歇爾協助他並擔任執行官，跟著他服務四年，在那些日子裡，一般助理的任期時間只有兩年。

當馬歇爾任職於馬林．柯瑞葛（Malin Craig）將軍麾下，擔任陸軍署長時發生了一件類似的事情。一九三八年十一月十四日，羅斯福總統召集他的內閣成員及軍事顧問開研討會，目的在研議建構一支一萬架戰鬥機群的計劃。馬歇爾起初以為這些飛機是美軍要用的，但隨著會議的進展，他才瞭解原來總統企圖把它們送到英國及法國去協助對德國的作戰。列席的軍官都沒注意或多加思考這件事，馬歇爾非常驚訝竟然沒人敢挑戰總統的主意。羅斯福徵詢大家的意見，他轉向馬歇爾時說：

「喬治，難道你不這樣認爲嗎？」馬歇爾注視著他的眼睛，並回答說：「非常抱歉，總統先生，我完全不同意您的看法。」

在場的一位觀察者提起這件事時表示：「總統臉上掠過一絲震驚的表情，他似乎想要問爲什麼，但隨即一想並沒有追問，就突然結束了會議。隨後，其他的人……一個接一個走過來與他握手。」特別是財政部長亨利．摩根紹（Henry Morgenthau），他告訴馬歇爾說：「嗯，很高興能認識你。」正如其他的人一樣，摩根紹認爲馬歇爾的率直已經毀了他的生涯，他在華府的工作將告結束。

但事情並未結束。羅斯福在一九三九年決定挑選馬歇爾擔任陸軍參謀長。由一顆星躍升爲四顆星。他接受了，但他再次表明不會成爲一位「唯唯諾諾的人」。馬歇爾回憶說：「總統是在書房召見我，並告訴我這件事的。這是一次有趣的面談，我告訴他，我希望能有權利說出心中想講的話，而且這些話可能不太好聽。『這樣可以嗎？』他回答說：『可以。』我再追問說：『你愉快地說『可以』，但我將來所說的話可能是不令人愉快的。」與其開除勇於陳述想法的馬歇爾，羅斯福瞭解到，面對國家難以置信的諸多困難，他不能也不應冀望找一位「唯唯諾諾的人」。

馬歇爾要求他的參謀及指揮官們一樣眞誠。第二次世界大戰期間，部隊出發去作戰前，師長要先受領作戰簡報乃是一項標準程序，而這個作戰簡報包括與馬歇爾的談話。某師長描述了該簡報如下：「我本來預期簡報是有關於作戰整備標準的建議與指導，然而，他整個時間專注於痛責那些隱瞞困難事實、歌功頌德講長官想聽的話的軍官。由於發生了一些特殊事件，他當時的心情並不好。令我們印象深刻的是，他強調身為一個軍官要有道德勇氣陳述事實，也許它們可能令人不愉快，但能讓指揮官聽到，總比讓他避開壞消息要來得好。」

馬歇爾提供了他經驗裡的一個特殊例子，當時是一九四四年，他正在歐洲訪問。他視導途中停在荷蘭的賀爾崙（Herrlen），該地是由少將師長查爾斯．柯萊特（Charles H. Corlett）所指揮的第卅師師部。他停了下來，因爲該師只有部份單位完成整備而已，這讓柯萊特很憂慮。各師的人員補充進度對當時的陸軍指揮官而言，是個主要的問題。因此，馬歇爾問柯萊特如果人員補充以整團的方式進行，納編入已在歐洲的各師是否有幫助，柯萊特未加思索即表贊同。馬歇爾嚴峻地注視他，並說：「柯萊特，你給我贊同的回答，只因爲我是參謀長，是不是？」柯萊特對被指責是一位「唯唯諾諾的人」大發雷霆，這讓馬歇爾不再懷疑，知道柯萊特給的是一個誠實直接的答案。馬歇爾對「唯唯諾諾的人」極度反感。他堅持要求撰寫研究或參謀報告的軍官要出席該報告的提報。他告誡所有在場的人要陳述己見，不須顧慮當前長官們的態度。

馬歇爾當參謀長期間曾與國會有過爭執。其中一次在一九四一年秋天，當時他要採取行動整頓陸軍屆齡與不能勝任的軍官，他在該年十月十五日的戰爭委員會中向史汀生部長簡報有關他的行動，史汀生對該計劃的回應是：「我預期會有麻煩」。

不久，麻煩就來了。史汀生在他的日記中評註：「我們幾乎未開完會議，當時德州的參議員湯姆．康納利（Tom Connally）怒髮衝冠，氣憤塡膺的跑來，因爲有兩位德州國民兵將領被迫退休並除役。」其中一位將領是因年齡過高，另一位則是因不適任而被馬歇爾勒令退休。他拒絕重新考慮此一決定或向政治壓力屈服。也就是這種革新的勇氣、誠實的力量，逐漸爲他贏得了國會議員們的信任。

約瑟夫・麥納尼（Josehp T. McNarney）將軍係美國空軍將領，他在陸軍航空隊從陸軍獨立出來，成立自己的軍種時被賦予1A的編號。他告訴我有關他與馬歇爾第一次會面時的情形：「戰前，我在華府的戰爭計畫部門（War Plans Division）當參謀，當時我是中校，後來我被指派在聯合計畫部門（Joint Plans Division）負責制訂與海軍聯合作戰計畫的計劃科科長。有一天，馬歇爾派人來取我們正在做的某計畫的一些資料，但我的上級主管不在，所以我就去見馬歇爾。這是我生平第一次見到馬歇爾將軍，而他也是第一次見到我。我們陷入了一個爭執，我走回辦公室去取更多的資料，並帶了一張我所需的地圖來證明我的觀點。我把地圖攤在地板上來說明，但我們又起了其他的辯論。」

「我想，我是個性急魯莽的年輕人，但我不會退讓。將軍一直問我許多問題，這終於把我惹毛了。我說：『我的天呀！你不可以這樣做！』然後他就讓我離開。我走出他的辦公室，他的秘書是一九一四年班的軍官，他輕拍我的肩膀並說道：「不要擔心這件事，老人家每次都這樣，他剛才是在試探你。」

馬歇爾必然留下極深的良好印象。麥納尼於第二次世界大戰期間，在馬歇爾麾下由中校晉昇到四星上將。

麥納尼繼續談論馬歇爾將軍：「他不喜歡『唯唯諾諾的人』，也不願與『唯唯諾諾的人』有來往。任何人在第一次就與他意見一致，他將以某種猜疑的眼光來觀察這個人。當然沒有必要經常表示這一點，因爲要做的若是適切，也許你會與他意見相合。但他不喜歡一進來就馬上同意他的人，他不是一位『唯唯諾諾的人』，也不喜歡他底下的人是那一類的人，他想要的是你坦誠的觀點。」

馬歇爾當了國務卿後一如往昔。在一九四七年一月廿一日，甫履任新職，他便要求助理國務卿迪恩·艾奇遜扮演如同國務院參謀長的角色。艾奇遜對此事的反應，提供了洞悉馬歇爾對擔任他參謀的預期：「我對這突如的告知內心偷笑，也瞭解這將對國務院產生的衝擊，我解釋這項安排不能如他所描繪的輪廓來運作，但我迅即向他保證我瞭解他所想要的。還有別的事嗎？」

「有，我常回想因爲馬歇爾將軍的話是那麼的典型，他說：『我將期待你最完全的誠實坦白，尤其是對我個人有意見時。我不會感情用事，我的感情只留給內人。』這是他所留給我的指示。這位將軍關於他欠缺敏感性的說詞很快地就要接受考驗。」

道格拉斯·麥克阿瑟是赫伯特·胡佛（Herbert Hoover）總統所選任的陸軍參謀長。因爲經濟大蕭條日子並不好過，財源也受限。不管麥克阿瑟怎麼努力爭取，在他任內的陸軍預算總是一再地被刪減。

預算被砍已是夠糟的了，但最嚴重的挑戰之一，是國會中的「和平—孤立主義者」（pacifirst-isolationist）團體想要大刀闊斧縮減陸軍常備部隊的軍官團，毀滅性地動搖美國的國家安全。有人提議強迫大量軍官休假，剩餘的則薪俸減半。爲了阻止這個議案，麥克阿瑟在眾議院軍事事務委員會公開表示說：「國家安全的基礎是正規陸軍，而正規陸軍的基礎是軍官，他們是這個系統的靈魂。要是你們必須對國防法案進行刪減的話，軍官團應該是最後一個被考慮的。即使你們必須使每一個戰士退役，即使你們必須丟棄剩下的，我仍將以專業的立場奉勸你們保留那些一萬二千名軍官。他們是整個機制的主要動力，在戰爭初期他們每一個人將抵得上一千人，他們是唯一能將這些由不同背景組成的集團，並使他們成爲一個同質團體的人。」

麥克阿瑟的論點深具說服力，致使該項攻擊性的提議被擱置下來，行政部門遂動議大幅刪減正規陸軍的預算。

陸軍部長喬治・德恩（George Dern），是前猶他州州長，在未加入羅斯福內閣之前是一位成功的企業家，他熟諳國防問題，對國會所提議的預算刪減感到不安。有次德恩、麥克阿瑟及他的助理參謀長休斯・壯姆將軍、工程處長萊特・布朗（Lytle Brown）將軍與總統舉行私下會談。會談進行得並不順利，乃因他們向總統報告了德國及義大利正快速武裝部隊，而日本正在侵略滿州和中國，因此，大幅刪減軍費將會是個致命的錯誤。

德恩部長是個講話溫和的人，他聽到羅斯福尖銳的評論後噤若寒蟬，但麥克阿瑟並沒這樣。他對這事的反應，如同在他回憶錄裡所說的：「我認爲極力辯護是我無可旁貸之責。坦白說，國家安全正處於危急關頭。而總統卻將裝滿諷刺的藥水瓶倒在我身上。當他被刺激時就會變得尖酸刻薄。這是我有生以來第三次也是最後一次，感到痲痺噁心、氣急敗壞。我感到情緒非常低落，力竭聲嘶不顧一切地說了若干當我們輸了下一個戰爭時的一般情景，美國男孩的腹腔被敵人刺刀貫穿，躺在泥漿裡，敵人的腳踩著他垂死的喉嚨，他吐出的最後詛咒，我希望他詛咒的名字不是麥克阿瑟，而是羅斯福！總統如被揍得一身瘀青，他咆哮說：『你不可以用這種方式對總統說話！』當然，他是對的，在我最後一個字還沒說出口時我就知道我錯了，於是，我說對不起並向他道歉，同時我覺得我的陸軍生涯已盡。因此，向他口頭請辭參謀長一職。當我走到門旁，卻傳來一陣冷靜、公平無私的聲音，十足反映了他超凡的自我控制力，他說：『你別傻了！道格拉斯，關於這件事，你與預算必須一起奮鬥。』」

「德恩馬上來到我身邊，以很歡欣的語調說『你已經拯救了陸軍』，但我卻是在白宮的步階上嘔吐。」

「總統與我從未再提及那次的會談，但他從此站在我們這一邊了。他經常派人來找我過去，並時常詢問我有關他的社會計畫的意見，但他很少再詢問我有關軍事事務。有一天晚上用餐時，也許是一時的好奇心慫恿我問他：『總統先生，為何您經常詢問我關於所考慮中社會改革的觀點，我目前對這些完全不權威，但卻甚少過問我所專業的軍事觀點？』未料，他的回答讓我恍然大悟。他說：『道格拉斯，我所提的那些問題，並非因要聽你的建議而是要看你的反應，對我而言，你是美國人民良心的表徵。』」

再一次，我們又有一位軍官的風格力量來自於他拒絕成為一位「唯唯諾諾的人」的例子。麥克阿瑟不只使自己免於被開除的厄運，還成為三軍統帥的一項重要資產。

雖然有些人會挑戰這個觀點，但有人證實麥克阿瑟在第二次世界大戰期間，當遠東地區美軍指揮官時並不欣賞「唯唯諾諾的人」。有一個人說，「麥克阿瑟不願接受忠告，是他最大的缺點，導致他事必躬親。」亦有人說他才華橫溢，可憑直覺獲知，因此，他不須別人的忠告。但這些都不是事實。無獨有偶地，也有人批評第二次世界大戰期間，麥克阿瑟身邊的參謀充滿了「唯唯諾諾的人」。這也不是事實。他徵詢參謀並聽取他們對所有重要決策的建言，他堅持誠實的意見，但他很快就擺脫任何虛假或奉承同意他的人。

眾說紛紜係來自媒體，部份則來自歷史學家對麥克阿瑟在第二次世界大戰期間與海軍不睦的報導。事實上，在麥克阿瑟的領導下，軍種間的競爭一直控制在最小的程度。「公牛」威廉・海爾賽（"Bull" William Halsey）上將，之所以被如此稱呼，是因他頑強、直言不諱的個性所致；他就被麥克阿瑟具說服力的口才及邏輯所迷。海爾賽回應說：「整個地區的戰略都掌握在麥克阿瑟手中，但參謀首長聯席會則將在所羅門群島的艦隊交我指揮。雖然這項安排是明智且令人滿意的，但卻造成一種特殊的結果，那就是讓我這一階層同時有兩頂「帽子」。我原來的帽子在尼米茲（Nimitz）麾下，他控制我的部隊、船艦與補給，現在我又有一頂帽子在麥克阿瑟麾下，他控制我的戰略。」

「為了與他討論新喬治亞計劃（plans for New Georgia），我要求與他在位於澳洲布利斯班市（Brisbane）的指揮部見面，因此我在四月上旬，由諾米亞（Noumea）飛過去。過去我從未見過麥氏，但卻有一點淵源：我倆的父親四十年前在菲律賓是朋友。我報到五分鐘後，便感受到我們彷彿是一生的知己，很少見到能那麼快速、強而有力的建立別人對他的良好印象。他當時六十三歲，卻看似五十歲左右。他的頭髮烏黑，眼睛清澈、身體筆直，即使他穿上老百姓的衣服，我仍可立即知道他是個軍人。」

「從那天下午起，我對他的尊敬在大戰期間一直與日俱增，甚至觀察在他掌理投降後日本的事務期間依然如此。我記憶中我們之間的關係沒有任何問題，雖然我們難免會有爭執，但總能和氣收場。他身為我的上司，卻從未對我強制決策。在某些場合，我倆意見不一時，我會告訴他事實如此，然後我們針對該項爭議進行討論，直到我們其中有一個人改變主意為止。我可以想像這樣一個情景，他會在辦公室裡不停地踱步，幾乎在空蕩的書桌和面對他的喬治．華盛頓畫像間走出一條軌跡。他手裡拿著玉米穗軸煙斗（我很少看到他吸過），最後他以我前所未聞的措詞提出他的主張。」

然而，要說服麥克阿瑟是必須要非常有說服力的。在某一場合，麥克阿瑟跟海爾賽面談有關他與海軍間管轄「地盤」的問題時，海爾賽寫下這一段會談的經過：

當抽完煙，他用煙斗柄指著我，並問我：「比爾，我不對嗎？」湯姆．金凱（Tom Kinkaid）、泌克（Mick）、佛利克斯（Felix）與我齊聲回答：「不，長官！」

麥克阿瑟微笑並愉悅地說：「既然有那麼多優秀的紳士不同意我，我們最好再次檢驗這個提案。比爾，你的意見為何？」

「報告將軍！」我說：「我完全不同意您，不僅如此，我將進一步告訴您，如果您堅持現在的命令，那麼我們對戰爭所作的努力將被您所阻礙。」

他的參謀倒抽一口氣，我想他們彷佛從未預期會聽到審判席另一邊的說詞。我告訴他，我對曼尼斯（Manus）的指揮權我一點都不在乎。要緊的是對其基地的快速建構。甘迺迪、澳洲人或一個騎兵來管它我一點都不在乎，只要在我們艦隊開入新幾內亞（New Guinea）戰區，並繼續向菲律賓挺進時，它已經完成一切的準備就可以了。

這場辯論由十七時開始，於十八時散會，當時我想我大概已經改變他的心意了。但第二天早上十點，他要我們回到他的辦公室。（他保留了從十時到十四時及十六時到二十一時或更晚的這段不尋常時間。）他似乎又徹夜發飆，而且對於這項工作的限制已經下定了決心。我們把昨天下午的辯論又重來一遍，幾乎一字不變，一個小時後我們還是得到同樣的結論：這項工作將繼續進行。就在我要跟他說再見並飛回諾米亞時，他忽然問我是否能在十七時返回，若我們不再進行第三回合的辯論，我將被詛咒！還好，這次真的結束了。他給了我一個迷人的微笑，並說：「比爾，你贏了！」並向蘇瑟蘭（Sutherland）將軍說：「迪克，這件事你放手去做。」

在處理戰爭中與盟國之間的領導及風格方面，約瑟夫．史迪威（Joseph W. Stiwell）將軍是一個極好的例子，尤其是他拒絕成爲一位「唯唯諾諾的人」。一九四一年十二月七日珍珠港被偷襲時，在美國陸軍中只有少數現役人員，能像史迪威那樣熟稔亞洲事務並說一口流利的中文，他能說亦能讀中文，也瞭解中國政府及中國人的心理。此外，他還是位能力極強的軍人。當美國被捲入第二次世界大戰後，馬歇爾將軍選派他第三度到中國，並擔任中國戰區領導人蔣介石的參謀長。一九四二年間，史迪威第一個任務是試圖阻止日軍奪取緬甸的任務未成功，在失去緬甸後，滇緬公路這條中國與西方盟國重要的通道就被切斷。蔣介石命令史迪威指揮中國的第五、第六軍，這是個令人沮喪的指揮。中國軍隊不願聽令進行攻擊，此乃因蔣身邊的中國將軍都是「唯唯諾諾的人」，他們還經常在暗中破壞史迪威的威信。

日本在緬甸打敗了中國與盟國軍隊後，史迪威必須解救他所負責的美國及中國陸軍人員。但當時鐵路已不通，他們必須用走的離開緬甸，歷盡千辛萬苦，並飽受疾病、叢林的困境、敵軍、野生動物、饑餓的折騰，精疲力盡。他們熬過來了，這要感謝史迪威不屈不撓的領導特質。

史迪威相信只要給予中國的士兵適切的訓練及領導，即能成爲有效能的戰士。當他接管後，他發現士兵們不但挨餓、病弱且裝備不足，而多數的中國軍官是有能力且正直的，高級軍官才是問題的根源，因爲貪污與腐化是這裡運作的方式與途徑。

美國送了數百萬美金的武器及信用貸款予蔣，而史迪威與蔣有意見不同之處，羅斯福總統及馬歇爾將軍都一致地挺他，此乃因羅斯福與馬歇爾均相信史迪威的領導將使中國軍隊變成能實際作戰的部隊，所以羅斯福甚至建議由史迪威來指揮整個中國的軍隊。但因史迪威拒絕成爲一位「唯唯諾諾的人」而激怒蔣，遂堅持史迪威必須被召回。史迪威最後終於在一九四四年十一月間返回美國。這事是很遺憾的，因爲史迪威非常瞭解中國士兵的內心想法，並能激勵他們迸出智慧的火花，而這是中國軍官所作不到的。依史料之記載，他穿過緬甸叢林撤退，並領導中國軍隊佔領米奇亞納（Mykikyana）是個戰術計劃與執行的傑出佳作。

史迪威拒絕成爲一位「唯唯諾諾的人」爲其與蔣之間不睦的導因。蔣是位獨裁者，身邊被一群

「唯唯諾諾的人」圍繞著，就如同多數的獨裁者一樣。史迪威在他的日記裏寫道：「平心而論，要蔣介石嘗試安置一位僅短暫相識，對其知之甚少的外國軍官來領導中國正規軍的所有戰鬥，可能是一個嚴酷的強求，這種事從來沒發生過。雖是如此，但我後來發現，縱使他完全的明確授權給別人，他仍有方法有效的予以限制。這嚴重的影響到中國的高層指揮，也加重了我贏得他們信任的負擔。」蔣雖遠在一千六百英里之外，但他經常干預，一再地對史迪威指示該做些什麼，「都是依據一些以支離破碎情報爲基礎的荒唐戰術觀念。他認爲他知道……每一件事，卻又朝令夕改他的每一個行動主意……他一貫地干預我的權責……致命的問題是，軍長與師長一直在做他們認爲蔣要他們做的事，他們爲什麼要服從我？」

史迪威的特質可由他在一九四二年四月一日所寫的評論中一見端倪：「蔣介石在中國掌權如此久，周遭有那麼多『唯唯諾諾的人』，使得他誤認爲他絕不會失敗的。我唯一關心的是告訴他實情並繼續做我該做的事。如果我不以此方式做，管它的，很顯然的，我沒法與圍繞他身邊一群阿諛奉承諂媚的寄生蟲相競爭的。」

一九四二年六月七日，史迪威由重慶寄給他太太的一封信中，寫道：「我呈了一份報告給『大男孩』（蔣），我告訴他全盤實情，但卻像踢到老太婆的胃一樣。然而，就我所知，除了我以外，迄無一人敢告訴他實情……我不在意其他人了——就是盡其在我，其他則任其自然發展。」

有時候，官員公開發表意見，馬上被制壓可能是較好的。例如，馬歇爾在一九四五年十月由陸軍參謀長一職退伍後，由艾森豪將軍繼任。勞頓・柯林斯得知艾克即將指派他新職爲陸軍情報處處長。柯林斯很生氣地去見艾克，希能「攔住該項派職」。柯林斯在他的回憶錄中敘述了他與艾克見面的經過：「將軍友善地微笑歡迎我，但我一開口表達我的來意，他表情豐富的臉隨即皺眉蹙額。『我聽到您將要派我擔任陸軍部情報處處長的謠傳，但我很想讓您知道，我不想要該部門的任何職位。』當他的笑容很快地變成怒容時，我猶豫了一下，接著補充說明：『我想我的專長是指揮部隊。』」

「艾克對我咆哮說：『喬，過去兩年來，你一直在幹什麼的？』我只好垂頭喪氣地匆忙退出。第二天，一九四五年十二月十六日，指派我擔任戰爭部情報處處長的命令就發佈了。」

艾克知道他在做什麼事情。柯林斯是一位有風格、直來直往且開放的人。當時陸軍在處理裁軍及德國佔領的問題上，一直飽受媒體與國會的批評。由於柯林斯的誠實公正，他已與許多新聞界發展了很好的關係，但有時他會失去耐心。艾克送柯林斯到歐洲去處理一些與不良輿論有關的事。

有位記者詢問柯林斯是否認爲美國人民已清楚佔領的複雜性，他堅定且坦白地回答，他用自己的話表達說：

「不！」當再被問「為何不是？」時，我說：「因為你們這些傢伙花大部份時間全神貫注在醜聞上，而忽略了佔領時期蘇聯與同盟國部隊間將進行冷戰的重要觀點。」

我的聲明被所有的新聞通訊社報導，這激起在德國的美國記者們的忿怒是可理解的。因此，當我到達柏林時，他們已經準備用尖銳的文筆攻擊我。就在一九四六年八月十九日，我在柏林媒體俱樂部（Berlin Press Club）一個不尋常的晚宴上當客人，出席的人限為該俱樂部的會員，我自己還有一位助手。在用過一巡令人愉快的雞尾酒及美食佳餚後，我受到肯鐸．福斯（Kendal Foss）及其他人的攻擊。他們所持的論點是只要在我們佔領區內的軍官與部屬間有可恥的事情發生，就該被報刊報導。我同意這種報導是應該的，但我堅守立場表達，醜聞的報導量與陸軍所表現的一般特質簡直不成比例，並掩蓋了佔領區的真正問題。

最後有個人表示意見，並說他某種程度地同意我，但我應該與國內一些在家的編輯們談一談。他說他早在數月之前，就將我們與蘇聯之間難題有關的報告送出，惟迄無回音，但當他寫了一則懷孕護士的故事，立刻就收到回應：「請送來更多相同的故事」。

我結束討論，並說我這趟旅程的整個目標，是對我們的指揮官們強調，記者們在報刊中無法給他們比實際的表現更好的報導，這也許是一廂情願的想法，但我覺得我與柏林新聞界互諒互讓的意見交換，對他們與我們的軍官團是有相當的助益的。

這個任務與柯林斯在該職位的成功，對他最後的成功是有相當影響的。「回顧起來，」他說：「雖然我當初抗拒擔任情報處長，假如我刻意地選擇某一職位，以鍛練自己成爲陸軍參謀長，則我可能不會挑選到更好的。情報處長乙職讓我深入瞭解國會、政府及陸軍的情報關係，而這些是我無法從其它職務獲得。」

「當情報處長期間，我幾乎每天見到艾森豪，私誼漸篤，這可由一九四七年秋季的某一天他所告訴我的事情來說明，他想任命我當他的副手，這事完全出乎意料。我說，當然，我將會高興，但懷疑我們對許多事情的想法可能不大相似，是否找較不會直言不同意見的人當其副手較好——我的說法完全不為艾克所考量。所以一九四七年的九月一日，我變成了陸軍的副參謀長。當副手期間，我讓參謀長對他辦公室的例行事務不用操心。」

一九四七年，柯林斯被指定將繼艾森豪之後任陸軍參謀長。當他被通知即將被派任下一位參謀長時，他致電衛德・海斯立普將軍說：「衛德，我已被通知即將接任下一任陸軍參謀長，我想請你當我的副手，你願意接受這個職務嗎？」海斯立普回答說：「你為什麼要找我？卅年來，我們對任何一件事的意見都相左。」柯林斯說：「這正是我要你的原因。」

柯林斯不想要一位「唯唯諾諾的人」，沒有一位卓越的領導者想要這類的人。

但吾人不應該只為不當一位「唯唯諾諾的人」就表示不同意。我問詹姆斯・杜立特爾（James Doolittle）中將，在第二次世界大戰初期，艾森豪將軍不希望他當其北非戰鬥時的空軍指揮官是否正確，杜立特爾確認上項說法，並說：在某個參謀會議中，艾森豪簡報完他對即將到來的北非入侵計畫的構想後，接著詢問在場軍官們的觀點。杜立特爾說：「巴頓將軍訴說他將採取的行動，接下來艾森豪要我表達意見……，艾克回應說：『第一件要做的事是佔領飛機場』」。我應該說，『是的，艾森豪將軍，這是我們集團軍在上岸後，所必須做的第一件事——確保飛機場安全。』」

杜立特爾接著說：「顯然地，我那時做了一件蠢到極點的事。我繼續發表我的論點並說：『將軍，直到我們有了補給品、油料、汽油、炸彈、彈藥、支援人員、食物及儲存它們的設施後，否則飛機場對我們沒有任何價值。』以上全部是事實，但不該是我應說的；當時我所做的，只是突顯了我的長官不知道他在做什麼。與其說我說的話，我應該只說艾森豪將軍，您非常的對。我們首需要做的第一件事就是佔領那些飛機場，然後盡可能的運進補給品來完成任務。」

「我說話時一直看著艾森豪的臉；因爲我知道我的大嘴巴闖禍了，眞想把話收回去，但已經太遲。這件事的陰霾花了我一年的時間才克服過來。我並非建議你成爲一位『唯唯諾諾的人』，而是建議你『不該暗示你的長官未同時提及所有的事時是有些愚蠢』。我始終不相信『唯唯諾諾的人』的人，我確信要機敏地讓人瞭解你的主意。」

當我問及在決策過程中，指揮官與其部屬之間的關係應爲何時，空軍獨立後的首任參謀長史帕茲將軍的回應是：「我當然想受到周遭部屬們的尊重，但我不希望他們有任何的恐懼。我經常鼓勵底下所有的參謀及各級指揮官，有任何事情想跟我討論時不要拘泥，同時，我喜歡至少有一個參謀對其他的人持反對意見。想要成爲一位眞正好的『不先生』，那麼他必須是一位非常聰明，能言善辯的人。」

當問及「不先生」的觀念時，史帕茲回答說：「在決策定案之前提出挑戰。但這個動作全部必須在決策定案之前發生，這也是我所謂的成功的指揮官與失敗的指揮官之間的差別。如果在決策之前沒有挑戰，在決策之後才出現挑戰，然後他又變得猶豫不決，這樣的軍事行動即可能導致以災難的方式收場。」

納森・圖寧將軍（Gen. Nathan F. Twining）係一九五二年至一九五六年間的空軍參謀長及第一

位被選任爲參謀首長聯席會議主席的空軍軍官，闡釋了「不先生」的觀念，並建議決策者要堅韌不屈不撓且能忍辱負重。它以相同的脈絡評論道：「有關領導的另一件事是說出你所想的。沒有任何一個人能偉大到不用聽別人的，某些人自以爲是，結果作繭自縛。當然，有些人在鋼琴或小提琴或其它類似特別的領域有天份，但這不是領導者，而是個人的成就。就領導而言，你必須能坐下來、傾聽你的參謀或像你簡報的人講話的能力，你要有勇氣坐下來聽，讓他們暢言他們認爲什麼是對的，不要介意這些話的針砭之痛。你也需要一位當他認爲你是錯了的時候，能進來直接告訴你的指揮官。這種事在我身上就發生了好幾次，對我助益良多，我也相信如此才能超越自我。」

空軍布魯斯．哈洛威（Bruce K. Holloway）將軍對「不先生」的觀點與史帕茲及杜立特爾的說法相同。哈洛威有個非凡的經歷：他曾於第二次世界大戰初期，在中國的飛虎隊飛戰鬥機參戰，擊落十三架日本飛機而成爲空戰英雄。在任職作戰軍需處當參謀主任期間，曾在許多空軍飛機與飛彈系統的發展上擔負了一個舉足輕重的角色，後來榮任第一個非長程戰略空軍司令部（SAC）的指揮官。在某次與我面談中，哈洛威針對「唯唯諾諾的人」這個議題上回答我問的「你當指揮官時，你對部屬領導才能所在意的是什麼？」問題時，他說：「首先他當然要有成果。我既不喜歡任何有稍微表現出『唯唯諾諾的人』的人，亦不喜歡任何一位沽名釣譽老是對我觀點持異議，或他們相信必須這樣做方能彰顯其風格的人。周遭有這種過份的『不先生』，他們雖是少數，但我如見瘟疫，避之唯恐不及。」

「嗯，我猜你可能可以說我所要找的是某種同時具有經驗又聰明正直的人。就聰明正直而言，我的意思是，某人在本質上眞的不同意我時，就會表示不同意，但如果無庸思考就可同意者，他們也會立即同意我。而不是不管他反對與否都要表示不同意，爲反對而反對，或是要當魔鬼的代言者。周遭確有少數這種人。」

* * * *

哈洛威特別指名某位少將，無論他是否同意，他都要反對。這個人惹惱了許多人，哈洛威評論道：「假如有選擇餘地，基於上述的理由，我將永遠不會聘用那位將軍。然而，有少部份的人像他那樣，極端地認爲他們的不同意是一種特權。你也許能把他們轉過來並讓他們忠心耿耿。你必須直接了當對這些傢伙講清楚，如果經過討論之後，他們依然要爭論，我將會說：『照著我所指示的做，否則我將找其他願這樣做的人來做。』」

「我想假如這個傢伙對他自己、對我都是眞誠的，且試圖竭盡所能去做我已下決心要做的事，但他如果不同意也會告訴我，那麼我將非常愉快地容忍較低水準的智商才能。我寧可要這類的人而不要超級天才，這種人具有某種通常成爲超高智慧水準的頑固自我，我就是不喜歡他們，而較喜歡那種意見態度相當持平的人。如果你發現他們，喔，孩子，你已經找到一座金礦了。在我的生涯中我遇到了多座金礦，我想這就是爲什麼我過去能做得那麼好的原因。我知道是這樣沒錯。沒有任何人聰明絕頂到能把所有加諸於身的工作都做好，他就是無法辦到。若有人認爲他們可以獨自完成大業，這類人通常都沒成功。」

愛得溫・羅林斯（Edwin W. Rawlings）將軍就在空軍成爲一支獨立的軍種後，獨一無二地指揮空軍物資指揮部（air materiel command）長達八年之久，在該期間，他做了花費九百六十億美金的決策。他評論說：「領導者在做決策時，必須創造最好的指揮氣候。當我一直在經營空軍物資指揮部時，我致力找出並指派所能得到的好部屬，負責我手邊特別關鍵的工作。如果你做得很努力，自然的你會適才適用。因爲好領導者的特性之一是不斷訓練一些接班人，所以在他必須離開之前就有好的人能取代他，如此開始便會如滾雪球般。」

「領導的方法各式各樣，不一而足。我每個月都跟我的指揮官們及重要參謀人員檢查我們的作業。我們會注意我們所有的問題，每一個上位領導者都有機會解釋他的哲學與他的態度，及讓其他人都瞭解他當時所需處理的問題。通常，這些人都比我們想像中的好很多。因此，我認爲每個領導者的責任就是去創造讓部屬可以施展全部能力的氣候文化。此外，還要讓他們知道上位領導者所處理中的問題，有何因素環繞著這些問題及領導者的個人哲學又是什麼。但我不是指要『唯唯諾諾的人』。」

「太多人告訴你他們認爲你想要聽的話，這將是指揮的危險根源與墓穴之一。所以你必須非常用心的去創造他們願意不同意你的文化氣候。這可不容易。如果你要採取果斷的行動，他們會認爲如果他們有不同意見，他們必須對此負責。我的哲學是需要讓每個人說出他的想法，這是因爲我們沒有一個人是夠聰明、能面面俱到的思考，假如我們知道某些人有意見及不同的看法，可能會改變初衷。但是，一旦你做了決策，就是另一回事了。這時你期望每個人都實踐這個決策，如果他們不能，你就有麻煩了。但假如你已經創造了汲取眾人意見的文化，他們很可能會高興，否則如果他們不高興，他們將不會把事做得那麼好。」

大衛・瓊斯將軍，一九七四至一九七八年的空軍參謀長，試圖建立能容納發表意見的文化。亨利・米德（Henry Meade）少將，後來曾任空軍牧師，回應說：「我觀察大衛・瓊斯很多次引導我們的指揮官討論會，他們對他不會膽怯，甚至資深的領導人員也不會對他膽怯，這對他的參謀們來說是一種信任。他們會讓參謀長知道他們的看法，而瓊斯將軍從未失去冷靜，他從來就不會表露惱怒……。我記得有一次，當時有件與特別福利有關的事被抨擊。瓊斯將軍扮演魔鬼的代言者，向他的資深軍官們挑戰，要他們為這些福利辯護，他是在試圖引出對那些福利的最佳辯護理由。瓊斯將軍無論何時都不會失去他的冷靜，或表露惱怒、沒耐心。他是能自我控制的大師。在四年期間，我從未見過他在任何時間被觸怒，我想這是他非凡的成就。當然了，在你需要一個冷靜頭腦的時刻，那是人的言行舉止的最有力特質，你不這樣認為嗎？」

查爾斯・迦伯利（Charles Gabriel）將軍，一九八二至一九八六年的空軍參謀長，也反對成為「唯唯諾諾的人」：「你想替空軍做最好的工作，你就不能冀望你的參謀是位『唯唯諾諾的人』；但當你不同意某人的時候，你必需非常小心地說『不』。你需要若干能盡他們全力的人，你也要對你的人有所認知——他們的背景、他們的經驗、他們的判斷。你挑出最強的理由，你不必擔心究竟誰站在你這邊或另一邊。」

「我想特別強調在指揮官與其參謀間的關係中，可能發生最糟糕的事是（這些人）害怕說出某些事，因爲擔心他們可能是錯的。許多指揮官因阻斷了參謀成員的進言，導致自我拒絕於接收適切的訊息。」

賴利・威爾奇將軍，繼迦伯利將軍之後任空軍參謀長，他有同樣的觀點：「當你只聽到人們認爲你想聽到的事時，將產生很大的問題，你可以立即分辨出來。那些不是我們替空軍參謀本部挑選的人，我過去數年都在注意這件事。我們就是不挑選這類的人。在空軍參謀部裡，你能獲得『唯唯諾諾的人』的唯一方法是，由你將他們改變成爲『唯唯諾諾的人』，亦即你不能忍受不同意見，或你捨棄『不先生』而給『唯唯諾諾的人』獎勵。就我所認識的參謀長而言，迄未見過能容忍傾向『唯唯諾諾的人』。空軍就是不會如此，這不是我們做事的方法。」

當史瓦茲科夫中校第二次志願到越南服務任營長時，就已經展現強烈的風格與領導才能了。他當然不是一位「唯唯諾諾」的作戰領導者。他陳述了一個經驗以說明他在最近加入的單位：「隔天，我被拂曉巡邏兵射殺了一個越共鬼鬼祟祟想滲入陣地外圍鐵絲網的新聞吵醒。在該屍體上他們發現了刺刀登陸區（LZ Bayonet）的詳細草圖——這是越共最具破壞性的戰術之一，所謂坑道攻擊，所需的偵查方式。」

這件事引起史瓦茲科夫的注意，他所接管的單位嚴重缺乏戰備。他的旅長喬・克萊姆斯（Joe Clemons）上校，是國家的英雄，也是在韓戰期間豬排山（Pork Chop Hill）戰役中「卓越服務獎章」（Distinguished Service Cross）的得主，他來拜訪並視導史瓦茲科夫的單位。他驚訝地發現地下碉堡倒塌，環繞營房的刺絲網有缺口，因此，敵人可輕易地穿過，而四周所鋪的定向散鏢地雷不只生鏽還被轉向，使得它們在爆炸時是將內部尖銳碎片噴向己方，將殺死並殘傷美軍自己的戰士。

看了令人悲痛的設施後，克萊姆斯轉向史瓦茲科夫。「這是恥辱，在我陸軍生涯中從來沒見過如此糟的狀況。」史瓦茲科夫當然同意旅長的指責，他說：「我們走過整個周邊陣地，上校一路上對我嚴責，我知道他是對的：如果以前在夜間有狙擊兵突擊，我的人很大多數都將陣亡。」

「在他離開後，我馬上就召集全營軍士官，我們花了整天的時間確定沙袋都已裝滿、散兵坑都挖妥、定向散鏢地雷重新埋妥，以防衛我們的營區。我們延伸了周邊陣地，以將指揮中心及我的住所涵蓋在裡面。雖然我已決定兩者最後還是要移進基地裡面。克萊姆斯的指責依然在我腦海裡迴響著，我決定我不能在一個懷疑我能力的指揮官下有效的執行我的工作。因此，我致電並要求會面，他當晚在指揮部接見我時，但並沒提供位子讓我坐下。

「我說：『報告旅長，你有萬般理由對今天在我單位裡所發現的事實生氣，但我想要你知道我也很生氣，我對該營的狀況與你一樣震驚。同時，我瞭解我未能在接管指揮權後立即檢視整營的狀況是項過失。』」

「當我在講話時，克萊姆斯雙眼瞪著我一語不發，我吸口氣又繼續道：『我不知道您對我的單位瞭解多少，但以我在基地只待過兩天的經驗，我可以告訴您，我可能繼承了美國陸軍最爛的營。我知道錯在何處，我將修正它，但無法在一夜之間扭轉過來。如果每次都要緊盯著這些過失，不但對您沒好處，也會讓我變得遲鈍。』」

「他什麼都不說，一直用他冷冰冰的藍色眼睛凝視著我。最後他終於說：『史瓦茲科夫中校，我想告訴你，我也已經繼承了美國陸軍最差的一個旅。我願意去相信你知道該做些什麼，現在就讓我們一起去做吧。』既無笑容亦不相互吹捧——我們兩人都在槍下，必須盡快行動。」

史瓦茲科夫另有個越南經驗可用來說明不成爲「唯唯諾諾的人」有時所需付出的代價，它也強調當遇到弱勢領導時應有的應對作爲。有一天，一位助理師長搭機飛來告訴史瓦茲科夫說他的單位殺的越共太少。這個人的職業一直是在陸軍工兵圈，既不懂作戰又未曾在戰壕裡作戰過，他做的決策突顯他未能理解步兵作戰的情境。史瓦茲科夫對此有所瞭解，告訴他這樣行不通，並給了他理由。「這使得該位將軍狂怒，『嗯，聽你所言，我認爲這是領導方面的問題！顯然，你在這個營裡必須更嚴謹的控制你的人。』

「震驚之下，我幾乎要說：『將軍，我很抱歉，但我無法服從您的命令。』」

「幸運的是，喬．克萊姆斯插手干預並說：『長官，史瓦茲科夫的分析絕對正確，您所建議的並非是個明智的行動路線。』該位將軍面紅耳赤衝出地下碉堡，氣得說不出話來。」

「如果當時克萊姆斯自己未介入，我的事業也許將止於該職位。因該位將軍就足以報復的說：『你這是不服從。因爲你拒絕聽從我的命令，你的指揮職被解除了。』相反地，克萊姆斯站出來承受這個鋒頭。這是在做對的事——當部屬是對的時候，指揮官要支持他們——然而，這需要相當的道德勇氣。」

史瓦茲科夫將軍向我解釋他對『唯唯諾諾的人』的看法：「我將帶的人或想找來在我底下做事的人都不能受我的脅迫。當你是位將軍時，當你是個身高六呎四的人，當你體重兩百五十磅，且當你跟我一樣對每件事都很熱心時，你會渴望成功而不願失敗，你會脅迫到許多人。有些人可能會在我面前屈服，而我所希望在身邊的傢伙將是那些不會輕易屈服的人。這些傢伙會說，等一會兒，長官，就這事而言，你偏左了或您錯了，或我不同意您這一點，或我認爲這件事您做錯了。我並不一定會同意他們，但重點是，你想留在身邊的人是那些假如他們認爲我正在犯錯，或他們認爲我已犯了若干錯時，將不會猶豫的告訴我。你讓身邊圍著一串『唯唯諾諾的人』絕對是這世界上最糟糕的事。」

我有機會與一九七九至一九八三年擔任參謀長聯席會議主席的威廉・克勞上將深入探討「唯唯諾諾的人」的觀念。我詢問他有關坦率進言的價值，他答覆說：「我也是人，有時候『唱反調』的人會激怒我。你本來打算這麼做了，結果有個腦筋靈光的混蛋站出來說，你的構想很愚蠢。這下子你火了。但是這些敢說話的人可是扮演了重要的角色。可是對這個惱人的傢伙很難塡寫好又適切的報告。」

「但我確實遇過一些非『唯唯諾諾的人』，他們就做出自我傷害的行爲。他們沉迷於爲反對而反對，卻未經深思熟慮。有很多方法讓人知道你並不接受他們的想法，你認爲你有較佳的主意，而不會讓他們覺得自找死路，這是一種藝術。」

「國防部長會仰賴你的建言，如果他是精明者，將會仰賴你很多的建言，他會經常索求你的意見。但如果你進去，並告訴他所問的每個問題都是錯的，你將失去你的可信度。他不必一定要徵詢你的建言。然後很快的他將會說，我不知道爲何我想要對克勞談這件事，他是個凡事反對的混蛋。

國防部長可將主席完全拋開在問題之外。」

「與部長相處時，……對一些無關緊要的事，你大部份同意他的意見，但如果事關緊要，你就要勇敢直言。這並非容易做到，你必須努力使自己有勇氣直言不悔。」

正如馬歇爾、艾森豪及麥克阿瑟當時所想，克勞認爲他的事業可能將因他的坦直而就此告終。在我與他面談時，他評論道：「海梧德（Haywood）上將有一位名叫鮑伯·龍（Bob Long）的副指揮官，我十分讚賞他。在我被派到海軍參謀首長辦公室任職之前我並不認識他。他過去是核子動力潛艇的軍官。有一次他來約一星期，並打電話給我，開始告訴我一些與我工作有關的事，我眞的勇敢地面對他。他的執行助理是我的朋友之一，他下來說鮑伯·龍不喜歡那樣——沒人以那種方式跟鮑伯·龍說話。我對自己說，好吧，事情就這樣結束了。我認爲我完了，結果事情全然未了。」

我與柯林·鮑威爾將軍討論「唯唯諾諾的人」觀念，他在早期的生涯時即能對上級長官堅持面對。鮑威爾時任科羅拉多州卡森基地（Fort Carson）的第四步兵師助理師長，師長是約翰·休達查克（John W. Hudachek）少將。鮑威爾同意我對於不成爲「唯唯諾諾的人」的重要性。情節正如在他所著《我的美國之旅》（*My American Journey*）一書中的內容：「我開始從同儕聽到抱怨說在卡遜堡我們有一位地下師長。當休達查克將軍監督他的屬下時，太太們報告休達查克夫人也同樣在監督她們。休達查克夫婦是對非常投入的夫妻，將軍過去一直把他的妻子當作執行職務的搭檔。安·休達查克在他所設立的各種顧問會議，如福利社、托兒中心及每件事，扮演重要的監督委員角色。她顯然對她丈夫所指揮的戰士們及其家庭福利深感重責。摩擦來自他夫妻倆直率扮演的角色，而我變成那些牢騷的避雷針。最後，我決定，是的，如果需要時，同時買他們兩人的帳。但這個情形在卡森基地已太過火了，我持續觀查了四個月，發現士氣在消沉，我相信我有責任採取行動。」

鮑威爾去見休達查克的參謀長湯姆．布拉格（Tom Blagg）上校，要求安排晉見並告之想見休達查克有關的事。我被警告：「柯林，……不要這樣做……我是在提醒你——你幫不了他，而且你可能傷到自己。」鮑威爾還是進言不懼，正如布拉格所預言的他的進言並不被賞識，會談並不順利。

我曾多次對年輕的軍官演講領導統御，通常我在問題與回答時段一直被問，「假如你為對的事情仗義執言，卻被處罰，你會怎麼樣？」鮑威爾與休達查克將軍就發生這種事情。鮑威爾評論道：

一九八二年五月廿日時，我在卡森基地已待了整整一年。那個在十個月以前要把我的名字送上少將候選名單的人，把我叫進辦公室。休達查克說：「坐下」。他是個香菸一根接一根抽的老菸槍，當他交給我一份兩頁的文件時，香菸在手指頭上顫抖著。這是我的年度考績表，我的前途就繫於其上。我看完之後說：「這是你經過考慮以後的評論？」他點點頭。我又說：「你知道會有什麼後果嗎？這份考績表可能會毀了我的前途。」休達查克抗議說：「不會的」，他保證不會有問題的。他明年還會給我打考績表的。他又說：「明年的考績表會給你打的好一點。」我無法相信，起身告退。

當晚，我頭昏沈沈的上了床。這是我在陸軍服務廿四年來，所得到最差的考績評語。貝尼羅傑（Bernie Rogers）在魅力學校（charm school）就提醒過我，我們之中有一半人無法晉升為兩顆星的少將。我現在知道我是屬於那一半了。在五角大廈將官管理辦公室（General Officer Management Office），那些辦理將官異動的年輕中校看到這份考績表會想，這個一帆風順的傢伙，終於吃癟了。鮑威爾只不過是一個「政治將軍」（即在政治圈結交權貴而獲得晉升為將軍）罷了，他無法承受野戰部隊的洗禮。「靦腆」的梅耶將軍看了這份考績表會搖搖頭說，柯林・鮑威爾離開部隊太久了。下一次晉升評審委員會看到我的考績表是那麼的差，想到一向完美無瑕的鮑威爾，到底發生了什麼事？那晚我睡的很不好。

我和當時的陸軍參謀長「靦腆」的梅耶將軍談論到年度考績的事情。他告訴我，他已經聽到了我和休達查克之間的問題，而且正在設法將我從該師調出，把我安置在一個兩星少將的職位，於是鮑威爾的前途獲得挽救。

鮑威爾和柯林頓總統最初討論的事情之一是有關軍中同性戀的問題。鮑威爾說他對軍中同性戀問題的看法和身兼三軍統帥總統的看法完全不同，所以當他和總統談論這件事，「可能是他軍旅生涯中最困難時刻之一」。

所有當局說道，總統就是想取消同性戀服役的禁令。你的看法是什麼？我說，「我的看法就是同我給予前任布希總統的看法一樣。假如柯林頓總統想取消同性戀服役的禁令，那麼他將給我們一個命令去取消禁令。但是，假如他詢問我的意見，那將是上個禮拜我給予布希總統的相同意見。」這樣的回答，引起了全面的反彈聲音，我被控為「不忠的將軍」，特別是不忠於總統。你可以想像，當人們如此批評你的時候，是什麼樣的一種感覺。在那段期間，我受到了嚴厲的指責，後來我告訴人們，「瞧，假如總統當時決定採取一個政策的改變，我將會去執行。然而他並未取消禁令。他徵詢我的意見，我告訴他我的意見。如果，僅僅是在二天之後因統換人了，我原先的意見也跟著改變了，那才是最大的不忠。

「報紙上傳聞你威脅要辭職。你或是任何一位首長有如此做的嗎？」鮑威爾回答說：

「沒有。有一些將軍寫信告訴我必須為此事辭職。但是我說不。我從來未曾為任何事情考慮辭職一事。因為我不是三軍統帥，柯林頓他才是。我的啓發來自於馬歇爾將軍。馬歇爾將軍於一九四七或四八年時，極力主張反對承認以色列，然而卻失敗了。當杜魯門總統準備承認以色列時，一些人也認為馬歇爾會辭職。」

我和夏利卡希維里將軍訪談時，他在一九九三到一九九七年任參謀首長聯席會議主席，我們談到麥克阿瑟將軍任陸軍參謀長時，反對羅斯福總統的提議。夏利卡希維里將軍說：

「我沒有像麥克阿瑟將軍任陸軍參謀長時的戲劇性時刻。另一方面，我想我們之中的每一個人位居高層職務時，都有面對不同意高層政治領導人物意見的時候，甚至於不同意三軍統帥的意見。那時一個人是必須表明立場的時候。在我任職參謀首長聯席會議主席四年之間，所遭遇不同意高層意見的時刻，從未曾像麥克阿瑟將軍不同意羅斯福總統意見時那般的戲劇化，但是卻遭遇相同的事情，例如是否政府能提供足夠的資源供軍方使用。我記得第一次在國會作證，我提出軍方的採購經費尚不足二百億美元，這件事情引起了很大的騷動。」

「也有很多時候不同意其他的事情，例如我們佈署在波士尼亞部隊的真正任務，或是對於特殊武器的管制提議。但是在每一個事件中，當討論在進行時，你可以感覺到對於國家和總統的責任，你縱使在壓力下，你必須堅持自己的立場，給予你最好的軍事專業的建議，而不是一般大眾最受歡迎的建議。最後，總統總是很清楚的表示，他想要我提供最佳的判斷，即使你的判斷和其他顧問的意見不同，甚至於與他自己的判斷相左。反過來說，你必須確定你已經做好了事先的作業，而且實際上你的建議是你能夠給予的最好建議。畢竟，你的國家可能必須靠你的建議而生存，而國家的生存也必須依賴你的建議。關於這一點，我為那些在參謀首長聯席會議與我一起工作的同仁感到驕傲，他們處理那些經常會遭遇到困難事情，處理的那麼好。他們時常也樂意去捍衛他們相信那些是對的事情。」

一九七八至一九八二年參謀首長聯席會議主席是空軍上將大衛．瓊斯，他提供了一個在他從事參謀首長聯席會議組織重整時，一位軍官拒絕成為一個「唯唯諾諾的人」的例子。對瓊斯將軍而言，那是自二次大戰以來最大的改革運動，對我們的軍事組織而言，造成了重大的改變。此一改變，使我們上述所提到的參謀首長聯席會議主席克勞、鮑威爾、夏利卡希維里，和我們所有的軍事機構均自這次的改革中獲益。

瓊斯將軍的例子是回到他軍事生涯的早期。他告訴我，「我第一次接觸參謀首長聯席會議，是擔任柯蒂斯．李梅將軍副官時。李梅將軍告訴我，做爲副官的第一個責任是『去學習』，幾乎所有的會議他都帶著我參加，甚至於那些參謀首長聯席會議主席的會議。聯合參謀系統內的程序複雜而緩慢，和戰略空軍司令部（SAC）內快速步調，高度效率的行動而言，兩者有天淵之別。我的反應是有人應該對聯合參謀系統作些變革的事情，卻從未想到有一天我會置身其中。」

瓊斯將軍短期的前往越南去瞭解一個從未被適當提出來討論的問題，即空權的被誤用，這使他深切的關切聯合參謀會議系統的功效，此一問題不僅是詹森總統仔細研究並插手「目標清單」而已。數年之後，在一九七四年夏天，瓊斯將軍成爲空軍參謀長，他說：「我覺得許多冗長的聯席會議，對我的時間而言是一大干擾。我必須說讓我坐在那邊開會是一件煩人事。我是一個好軍人，如果我沒出差我就會去開會，但是我的心不在那兒。我相信我的同事同意我的看法，但是我們尙無法獲得協議如何去改變此一現況。」

有兩個特別的作戰行動突顯「改變」的必要性。瓊斯將軍說當他在越南任空軍副指揮官時，「我發現聯合系統眞的無法掌握正在進行的事情。」我們至少從事六種不同的空戰：海軍在北方作戰、空軍在北方作戰、戰略作戰、空軍在南方作戰、越南人的作戰、陸軍直昇機的作戰……。」

「第二件是一九八〇年四月二十五日代名爲『鷹爪行動』（Operation Eagle Claw）的軍事突襲行動流產及令人困窘的失敗。此一行動是去救援被伊朗囚禁在德里蘭美國大使館長達五個月的五十三個美國人質。此一救援的企圖，因八架直昇機僅有三架到達集結地點，被迫中止救援行動。」

瓊斯將軍所提倡的變革，最後是透過「高華德—尼克斯，一九八六年國防重組法」（Goldwater-Nichols Department Of Defense Reorganization Act Of 1986）付之實施。

瓊斯將軍在他任參謀首長聯席會議主席第一個二年任期時，想和各軍種參謀長一同對這組織實施改革，但他很快地發現各軍種無法自行改造（組織改造）。因此必須從外部來進行改革。一個軍種的參謀長，如同瓊斯將軍當年一樣，是「首先自己是軍種的參謀長。歷史上顯示，一個參謀長，沒能爲其軍種全力打拚的話，很快就會失去他的權威。」

瓊斯將軍知道他將使其他的軍種天翻地覆，對五角大廈各種勢力地盤而言，那是一場「神聖的戰爭」，將會引起退役的和現役的軍官的各種人身攻擊。他將和五角大廈的同事分道揚鑣，也知道軍中同袍不會喜歡他所建議的改變，各軍種不會願意放棄他們任何的影響力，而瓊斯將軍將成了變節者（叛徒）。在美國軍中，同袍對其高階領導者提出批評，是很不尋常的，但是在反對改變的力量反撲下，爲粉碎瓊斯將軍的改革運動，傳統倫理也被放棄。此外，國防部內的文人組成分子因爲「政治任命者」頻繁的更換，造成人員缺乏連貫性和專業性，也感到五角大廈此一帝國在權威上受到威脅。這情況在軍事幕僚方面也是一樣，在參謀本部內，大部分人的平均任期爲二年半。

瓊斯將軍小心地遵循軍方與文人之間適當關係的遊戲規則，親自領軍進行改革。他使參院軍事委員會和國防部長哈洛德．布朗瞭解他將在往後的二年，儘速推動聯合參謀系統的組織再造。布朗部長十分支持並且給予他所能給予的任何幫助。

雷根當總統時，國防部長是凱伯．溫柏格（Casper Weinberger），當瓊斯將軍提醒溫柏格部長此事時，溫柏格答覆說：「他正期盼著我的建議。」當瓊斯將軍後來再提起改革的主題時，溫柏格表示他不想去提出組織再造的事情，因爲這將讓許多人認爲聯合參謀系統已經是一團糟了，而且也會對預算造成負面的影響。瓊斯將軍說國會山莊的許多議員都知道聯合系統的問題，如果提出組織再造的議題，將會獲得他們的認同。瓊斯又說：「雖然溫柏格部長在每次提到此一議題時都很有風度，但是我仍無法說服他。」

瓊斯將軍體認到，身爲聯席會議主席照道理須設法進行改革，以完成此一組織再造工作，特別是他任聯席會議主席長達八年，爲歷任主席中任期最長者。謠傳他正嘗試建立他自己的帝國，此一論點是站不住腳的，因爲再過幾個月他就將離開聯席會議主席的職務。顯然，加強聯參會議主席的權力，是爲了他的繼任者可以有更好的條件去執行他的任務，而不是爲了他自己。他斷定此一改革必須來自國會，而新聞界必須參與此一改革的過程，以保持改革的動力的繼續前進，並且給國會壓力去支持此一改革。

對於新聞界，瓊斯將軍表示：「在我任期最後幾個月，我仍將致力於參謀首長聯席會議的組織改革。坦白地說，我試著去建立改革所需的支援力量，我要謝謝你們（新聞界）所給予的任何幫助。」

《紐約時報》在一篇社論中說：「除非是相關權責的文人領導所要求，軍方的傳統一向是保守沈默以不變應萬變，所以很少有軍中的領導者會如此公開的去進行一項改革的運動。」

當瓊斯將軍表達他的立場：「雖然我遭遇到很強烈且頑固的反對力量，若未能再次闡明這個問題，及有希望地獲得一些實質上的改革之前，今年夏天我無法心安理得的離開這裡。」

經過瓊斯將軍努力不懈地協調奔走，「高華德—尼克斯法案」的制定，「可以說是自二次世界大戰以來最重要的國防立法」，「也是自一九四九年以來……國防部組織結構最重大的改變，是美國歷史上一個里程碑。」前眾院軍事委員會主席暨國防部長雷斯．亞斯平（Les Aspin）說這「也是美國大陸國會於一七七五年創建大陸陸軍以來，在美國軍事歷史上最大的單一改變。」

本書中研究的所有將軍們的生涯都經歷挫折，但也突顯他們不是「唯唯諾諾的人」，也不能容忍這樣的人在他們的周遭參謀之中。馬歇爾還是一名上尉軍官時，不顧一切地挑戰潘興將軍，是他生涯中的一轉捩點，他告訴潘興將軍「有一些話必須說出來」，而且潘興將軍錯怪了他們。馬歇爾的同僚告訴他，他將被「立刻開除」，但是馬歇爾非但沒有被開除。相反地，他成為潘興將軍的作戰官，並且在一年之內晉升到上校。

馬歇爾挑戰羅斯福是在他第一次參加內閣會議時，他告訴總統：「非常抱歉，總統先生，我完全不同意您的看法。」當他們離開白宮時，財政部長告訴馬歇爾「很高興能認識你」。不到一年，馬歇爾被羅斯福選為陸軍參謀長。馬歇爾告訴總統，他要有權說出他眞正的想法，而且那樣「通常會是不愉快的事。」當馬歇爾任國務卿時，他告訴他的副手迪恩．艾奇遜，「我將期待你最完全的誠實坦白，尤其是對我自己。」

當羅斯福一九九三年想要大幅削減陸軍預算時，陸軍參謀長麥克阿瑟將軍以堅決的口氣反對總統的意見。羅斯福告訴他：「你不應該對總統這樣說話。」麥克阿瑟回想，「我感覺我的陸軍生涯已經結束了。」然而並非如此。

一九四九年，當勞頓・柯林斯將軍將被任命為陸軍參謀長時，他請衛德・海斯立普將軍做他的副手。海斯立普回答說：「為什麼你要選我？三十年來你和我沒有一件事意見是相同的。」柯林斯說：「那正是我選擇你的緣故。」

當馬歇爾將艾森豪准將三振出局時，告訴他身為他的參謀是不會獲得晉升的，艾森豪立即反擊說：「我一點都不在意你的晉升及你使我晉升的權力。」艾森豪又說：「從那時候起，他開始升我的官。」

大衛・瓊斯將軍在參院軍事委員會之前，有滔滔而辯的性格，和挑戰國防部長麥納瑪拉。結果他被從晉升准將的名單中除名。但是空軍並未讓這件事情結束他的軍人生涯，瓊斯最後成為空軍參謀長和參謀首長聯席會議主席。

史瓦茲科夫將軍拒絕一位從未打過仗，而且不懂自己在做些什麼的工兵准將的愚蠢命令。史瓦茲科夫將軍告訴這位將軍：「很抱歉，但是我無法服從你的命令。」幸運地，他被他的旅長喬・克萊姆斯上校解救，克萊姆斯是韓戰中豬排山的英雄。史瓦茲科夫的軍人生涯繼續向前，但是克萊姆斯的軍人生涯卻因此次事件而告結束。

鮑威爾准將反對他的師長約翰・休達查克少將的作為，因此休達查克將鮑威爾的年度考績評的很差。鮑威爾告訴他：「這份考績可能結束我的軍人生涯。」然而並非如此，因為陸軍參謀長「靦腆」的梅耶將軍將鮑威爾自該師中救了出來，並且安排了一個二顆星少將的職務，因而挽救了鮑威爾的軍人生涯。

克勞將軍對他的上司鮑伯．龍將軍直言無諱，一位朋友告訴他：「沒有人以這種方式對鮑伯．龍說話。」克勞想他大概就此結束了他的軍人生涯。然而他並未如此，他一直晉升當上了參謀首長聯席會議主席。

「靦腆」的梅耶挑戰參院軍事委員會，告訴委員會我們擁有的是一個「空洞的陸軍」，他已經準備好提出辭呈。然而他並不需要提出辭呈，他的直言不諱結果獲得了所需的經費，以協助陸軍重建武力。

瓊斯將軍挑戰參謀首長聯席會議的組織，其他軍種的同僚為此而嚴厲的批評他。然而他卻成功地使「高華德—尼克斯法案」通過，前國防部長亞斯平說：「自從一七七五年美國大陸國會創建了大陸陸軍以來，這是美軍軍事歷史上最偉大的單一改變。」

在我們國家，一個成功的軍事領導者，必須有一些部屬具備這種性格，要能提出引起爭論的論點供制訂決策，並且努力執行決策，即使他不同意領導者的決策。最高的軍事領導人必須具有接受挑戰的性格，如同克勞將軍所說的，即使有時「會有一個不先生使我心煩意亂」，圖寧將軍說：「必須超越自我。」

【第五章】

閱讀：終生學習

教育塑造一個人的風格

——赫伯特・斯賓塞（Herbert Spencer）
（譯按：1820~1903英國哲學家）

沒有歷史，只有自傳

——拉斐華都・艾默生（Ralph Waldo Emerson）
（譯按：1803~1882美國散文家及詩人）

一九四〇年，當杜威・艾森豪還是駐防在德州胡德基地（Ford Hood）的上校時，他任職陸軍第三軍軍長瓦特・克魯格（Walter Krueger）少將的參謀長。艾森豪奉令前往華盛頓去見陸軍參謀長喬治・馬歇爾。他並不盼望這次的出差，因爲他害怕此一命令會將他帶回華府並擔任參謀的職務，而遠離他夢想多年的陸軍及熱愛的部隊。

在這次會議中，馬歇爾請教艾森豪有關未來可能遭遇日本如何挑戰美國在太平洋的存在，特別是對於當時還是美國領土的菲律賓群島的看法。艾克的自傳中曾做這樣的觀察：「此一問題使艾森豪感到震驚。他知道他在陸軍已經獲得了一個『創意點子王』的聲譽，但是他知道馬歇爾和他的戰爭計畫處也有他們自己的創意點子。他很清楚他們可能是爲了一個職務在測試他，很可能這職務就在陸軍部裡面。」

身爲一個創意點子王，艾森豪提供了許多重要的意見。我請教他，「一個人如何成爲一位決策者？那是天生的才能，或是後天發展而成，如果是後天發展而成，一個人是如何去成長及進步？」他的回答有兩點。第一，他強調在決策者身邊學習的重要性。在他的軍人生涯中，他的確擁有那些經驗。他曾在華盛頓及馬尼拉爲道格拉斯·麥克阿瑟工作過，也爲擔任陸軍參謀長的馬歇爾工作過。第二，他強調書籍的重要性，特別是歷史和自傳。

他在那本《稍息：我告訴我朋友的故事》書中，將某章命名爲〈書房之鑰〉（The Key to the Closet），但從他顯赫的經歷去推測，該章應命名爲〈成功之鑰〉（The Key to Success）可能較好。在這一章之中，他回想：「我最初的閱讀嗜好是古代的歷史。在早年我就培養對人類記錄的興趣，我變得特別喜歡希臘和羅馬的史料，這些主題是那麼的吸引人，以致於我常常覺得自己忽視了其他的科目。從那書房及那些書籍中，產生了一個奇妙的結果，甚至到了今天，仍有許多看似無關的希臘和羅馬的知識與日期銘刻在我的記憶中。我有一種如定影般的記憶，當說話的人在一個事件，例如亞貝拉（Arbela）談到日期，在時間上錯了一年或一百年，常會讓我打斷我們的談話；或是當作者不小心把年代寫錯了，我就會把書本放在一邊，一直到我又重新有足夠的興趣去閱讀。

無論是馬拉松（Marathon）、扎摩（Zama）、薩拉米斯（Salamis）或凱楠（Cannae）戰役，對我而言均是如此的熟悉，就好像我和我的兄弟和朋友在校園裡的遊戲一般。在稍後幾年，電影教導孩子們，那些壞人就是頭戴黑帽子的人。那些人如漢尼拔（Hannibal）、凱撒（Caesar）、培里克里斯（Pericles，譯註：雅典政治家、將軍及演說家）、蘇格拉底（Socrates）、密斯脫克利

（Themistocles，譯按：雅典將軍及演說家）、米勒堤阿迪斯（Miltiades）及李奧尼大（Leonidas，譯按：希臘英雄，曾任斯巴達國王）是我的白帽子（好人），我的英雄。澤克西（Xerxes，譯按：波斯國王）、大流士（Darius，譯按：古波斯王）、亞勒錫比爾達斯（Alcibiades）、布魯特斯（Brutus，譯按：羅馬政治家）及尼羅（Nero，譯按：羅馬暴君），這些人是戴黑帽子的，是壞人。白色的或是黑色的，他們的名字和他們的戰役歷久彌新，我無法將二千年發生的所有事情全記在我的腦袋裡——或許我更應該多注意現代的事多於古代的。在所有古代的人物中，我最喜歡漢尼拔。

從早年開始，所有種類的歷史，尤其是政治及軍事歷史常常引起我很大的興趣。當某本歷史小說寫的很好且考證詳實，我就可能花一整個晚上的時間去閱讀。比較近代領導者的戰役——腓特烈大帝（Frederick）、拿破崙，高斯塔維斯．阿德羅佛斯（Gustavus Adolphus），和所有美國傑出的軍人和政治家——我都深感興趣。

當我想到美國人時，華盛頓是我心目中的英雄。我從不厭倦的去閱讀他在普林斯頓（Princeton）、特雷頓（Trenton），特別是在福格山谷（Valley Forge）的功績。對康威（Conway）和他的陰謀，我幾乎懷有強烈的怨恨，而且無法想像會有人是如此的愚蠢，如此的沒有愛國心，想把華盛頓從美國陸軍指揮官的位置上拉下來。首先，我欽佩華盛頓的風格是他在逆境中的精力和耐心，然後是他不屈不撓的勇氣，大膽和自我犧牲的情操。」

艾森豪會提到華盛頓是很有趣的，因爲華盛頓確實也是一位愛讀書的人。在華盛頓去世時，他擁有的藏書超過九百多冊，在那個時代而言，是相當一個大的數目。華盛頓很早就養成了閱讀的習慣，他從倫敦訂新書都是一次一大箱，他能對軍事、英國歷史和農業方面的常識有充分瞭解，選擇閱讀及研究的書籍是十分重要的。他甚至閱讀當時流行的英國小說，例如《湯姆瓊斯》（*Tom Jones*）。

最近一本命名爲《國父：重新發現喬治・華盛頓》（*Founding Father: Rediscovering George Washington*）（一九九六）的華盛頓傳記，相當值得一看。其中一章命名爲〈想法〉（Ideas），詳細地敘述了華盛頓的教育觀點。該書作者理查・布魯克黑攝（Richard Brookheiser），引述湯瑪士・傑弗遜（Thomas Jefferson）提及華盛頓所說的話：「他花時間從事的主要活動乃是閱讀農業和英國歷史的書籍。」

華盛頓不是一個大學畢業生，雖然他同時代的大部份人都是大學畢業生，如湯瑪士・傑弗遜是威廉瑪莉大學（William And Mary），約翰・亞當斯（John Adams）是哈佛大學。雖然在「立憲會議」（Constitutional Convention）中有二十四位大學畢業生，然而被選爲會議主席的，卻是主要靠自我教育的華盛頓。

他的閱讀包含當時引起爭議的文學，特別是討論當時爭論問題的小冊子。傳記作家布魯克黑攝說：「雖然華盛頓做爲總司令的經驗，使他贊成一個比較強的中央政府，但這主要是來自於閱讀的教導。在討論憲法時，他除了閱讀《聯邦主義者》（*Federalist*）之外，還閱讀了六篇贊成或是反對的其他辯論者的論文，而且在他的就職演說的草稿中引用那些文章的內容。」在他退休後，華盛頓鼓勵免費報紙的想法，訪問者前往瓦隆山（Mount Vernon）去拜訪他時，發現他訂了十份報紙。

創意從何處而來？

《大英百科全書》對班傑明・富蘭克林有這樣的描述：「在喬治・華盛頓之後，他可能是十八世紀最有名的美國人。」富蘭克林的父親是一位肥皂與臘燭的製造商，在家中十七個孩子中排行第十。儘管他的家世很平凡，富蘭克林在五十歲時就積蓄了一小筆錢，並決定獻身於公共服務。在他的許多的貢獻中有：撰擬「獨立宣言」（Declaration of Independence），在美國革命時爭取到法國的軍事與財政的支援，和英國談判承認十三殖民地爲主權國家，並且起草憲法。

然而富蘭克林的公共服務貢獻是很重要的，包括在賓州國民軍任職上校，同時也是以發明而出名的人。他的創意在何處開花結果呢？富蘭克林從閱讀和思考獲得的靈感發明了「富蘭克林火爐」（**Franklin stove，譯按：冬天屋內取暖用**），直到今天大家還在使用。他還發明了「避雷針」，在歐洲則以他在「電的實驗與理論的研究」而聞名。他也發明了「近遠視用眼鏡」（bifocal glasses），在費城是他一生中住最久的住所，他組織了第一個義務消防隊，在每一次集會時，隊員都必須帶著自己的沙桶。他創立了第一所公共圖書館、第一所醫院、費城第一所學術學院（現在是賓州大學〔University Of Pennsylvania〕）。爲了建議在人生中如何出人頭地，他寫了一本《窮人李察曆書》（*Poor Richard's Almanac*），那是一本大家公認的「暢銷書」，也爲他賺了不少錢。

十本傳記的作家德林克・鮑溫（Catherine Drinker Bowen）在一九七四年寫的富蘭克林書中有如此的描述：「在一個年輕人醞釀與支持革命成爲他們特別標籤的時代，很重要的我們要記得二百年前，英國的君王們和歐洲很多地區所害怕的人，且被視爲美國人中最危險的人就是班傑明・富蘭克林——在他六十八到八十歲那段期間。」

令人驚奇的是，雖然他有卓越的成就，富蘭克林的學校教育在他十歲時就結束了，他僅有一年的正式教育和一年的家庭老師教育。他的創意起源於何處？他又如何為如此重大責任的職務做準備？答案就是他喜愛閱讀。

他的自傳提供了不少閱讀重要性的說明，閱讀一直是他生命的一部分。他說：「我不記得什麼時候我不能閱讀。」事實上，他的朋友們認爲他可能成爲一個偉大的學者，進而鼓勵他。「從我幼年的時候，我就喜歡閱讀，所有到了我手上的錢，全拿去買書了。」他父親的藏書侷限於「辯證法神學」（polemic divinity）。「我閱讀了大部分。我很失望，那時我渴望知識，但是卻無法獲得適當的書籍。」

在年少時，富蘭克林是一個印刷學徒。「現在我可以接觸到比較好的書籍，我經常坐在房間內讀書，當書是晚上借來而必須在早上歸還時，我會花上大半個夜晚來讀完那本書。害怕人家會把書要回去或是把書弄丟了。」

藉著模仿其他作家的風格，他發展出自己的寫作技巧。他說：「由於我有強烈的渴望，因此激勵自己未來可能成爲一個還可以的英文作家。我的寫作練習和閱讀的時間是夜間，在工作之後，或是在早晨上班之前或是在星期天，當我設法獨自一人留在印刷工廠的時候……。」

一七二四年春天，富蘭克林前往英國，繼續保持對閱讀的興趣。他在他的自傳中提到，「當我住在小不列顛（Little Britain）的時候，我認識了一個賣書人威爾卡克斯（Wilcox），他的書店就在我住的隔壁。他擁有許多的二手書，那個時候還沒可外借書籍的圖書館可以利用，我們訂了一個合理的借書條件，不過究竟是什麼條件，現在我已經忘記了。他所有的書籍，我可以去拿來閱讀，然後再還給他。我認爲這是一個絕大的方便，而我也儘可能去利用這個機會。」

從英國回到費城，富蘭克林組成了一個十二人小組，他們每星期聚會一次，吃過晚餐之後，開始討論當晚指定的書籍。他勸小組的成員把他們各人書籍集中在一個共同的圖書館，「以方便整個小組的成員，都可以使用所有成員的書籍，如此一來就好似每一個成員擁有全部的書籍。」可惜的是，這個構想並未成功。所以他「發動第一個大眾性的計畫，就是公眾訂購圖書館（subscription library）」，他說：「這就是整個北美州公眾訂購圖書館的始祖。這些圖書館改進了美國人的一般談話水準，使得普通的小商人和農夫談起話來，與來自其他國家的大部分紳士一樣聰明有才智，也許這對能普遍的讓殖民地的人民站出來保衛他們權利有某種程度的貢獻。」這也就是這個國家免費公共圖書館的起源。

富蘭克林進一步回想，「藉著持續不斷的學習，這個圖書館提供了我進步的方法。爲了學習，我每天安排一到二小時來唸書，如此在某種程度上彌補了以往我父親想要我受教育的損失。閱讀是我允許我自己唯一的娛樂，我不浪費我的時間在酒館的遊戲上或是任何的玩耍作樂。我不屈不撓的不斷求知，且樂此不疲。」

在美國的歷史中，美國最有名的軍人之一就是亞瑟·麥克阿瑟，他是陸軍上將道格拉斯·麥克阿瑟的父親。老麥克阿瑟十八歲時就在南北戰爭中獲得了榮譽勳章，在十九歲時成爲南軍或北軍中最年輕的上校。

在美國和西班牙戰爭之後，亞瑟・麥克阿瑟那時已是陸軍中將，被任命為菲律賓的軍事總督。當美國總統荷華・塔虎脫（William Howard Taft）稍後派了一位文人總督，兩人之間有很大的摩擦。在戰後統治菲律賓的確是件引起爭議的事，因為美國擁有菲律賓這塊領土權利尚在爭議中。參院在調查這件事，在這件事上造成共和黨和民主黨之間的衝突。

因為他軍事總督的角色，麥克阿瑟很自然地被選為一個證人。於一九○二年的聽證會上，他就政治理論和民主原則上作證，並展現了寬宏的心胸和淵博的知識。當他被詢問到美國是否應該將菲律賓併入其版圖時，他從政治、經濟和軍事上的理由，廣泛地說明這些島嶼的重要性，顯示了他的遠見。他認為菲律賓具有很大的潛力成為美國貨品的市場，在遠東則是一個戰略基地，可增加和中國的貿易，並且可以保護夏威夷的安全，亦可做為一個散播民主的政治基地。他說：「它是一個指揮影響力的踏腳石——在東方政治、商業和軍事的優勢。」不超過高中學歷的他，是一個白手起家的人，他的教育乃是透過自力閱讀和終身的認眞學習。

一九○四年二月八日，日本海軍攻擊在滿洲亞瑟（Arthur）和戴雷（Dairen）港的蘇俄太平洋艦隊，引發了雙方的戰爭。老羅斯福總統先提供斡旋，在一九○五年促成雙方的議和談判前，他派遣亞瑟・麥克阿瑟到日本和蘇俄考察這場戰爭。麥克阿瑟的觀察報告對羅斯福總統而言是非常珍貴的。他的傳記作者肯尼思・楊（Kenneth Ray Young）在書中描述：「三十年來，他幾乎讀完了每一本有關東亞的書籍，因他在菲律賓的經驗，而加強對日本和中國的深度興趣。」事實上，早在一八八二年，他就試著去獲得擔任北平軍事武官的派職。

在他研究亞洲情勢時，亞瑟．麥克阿瑟的兒子道格拉斯．麥克阿瑟中尉是他的副官。道格拉斯奉父命「購買他所能找到有關他們訪問國家的每一本書，到了晚上，他們閱讀、談論並且分析經驗，亞瑟要求道格拉斯好好地保存這些記錄，他的閱讀書單逐日加長。在考察結束時，他們已經閱讀了好幾十本有關他們訪問過國家的書籍。」

在道格拉斯．麥克阿瑟整個軍人生涯中，他力求自己能達到像他父親一樣有輝煌貢獻的軍人，亞瑟的榜樣在道格拉斯的軍人生涯發展是一個重要的因素。南北戰爭之後，亞瑟．麥克阿瑟起初駐防在美國西部，一位傳記作家描述他是「閱讀其他人書籍的偉大讀者，寄給他的書都是一大箱一大箱的，運費相當可觀。」

他讀那些書籍呢？在邊界關閉的那一年，一份保存在人事參謀主任辦公室的考績表，記載著亞瑟從事於美國歷史上殖民與革命時期的政治經濟學調查、美國和英國憲法的比較、中國文化和制度的廣泛調查，還有有關吉朋、麥考萊、沙密．強生（Samuel Johnson）、湯瑪士．馬斯（Thomas Mathers）、大衛．理卡多（David Ricardo）、約翰．史都．彌勒（John Stuart Mill）、亨利．卡瑞（Henry Carey）、瓦特．巴吉諾（Walter Bagenot）、湯瑪士．列尼（Thomas Leslie）及威廉．傑文斯（William Jevons）等作品的閱讀。

在一九〇五年之後，麥克阿瑟父子閱讀的書目持續成長，他們對於書籍的渴望永遠無法滿足——希臘和羅馬的歷史、中國的歷史和文化以及任何他們在每一個國家能夠找到有價值的書。他們連續考察旅行八個月，期間他們的旅程超過二萬英里。

道格拉斯·麥克阿瑟在他的回憶錄記載著「毫無疑問地，亞洲之行在我整個生命的中佔有重要的部分……殖民系統的優缺點，如何帶來法律和秩序，但是卻沒能發展大眾的教育和政治經濟。」這些對一位在二次世界大戰後，負責佔領日本並在那建立民主制度的麥克阿瑟將軍而言是一個非常重要的基礎。

道格拉斯·麥克阿瑟在他父親去世後繼承了四千多本書籍。在他整個生命中，他遵循一個嚴格的閱讀時間表，選擇涵蓋主題範圍甚廣，且不易閱讀的書籍。

一九一九年六月十二日，從西點軍校畢業十六年之後，道格拉斯·麥克阿瑟被任命為他的母校的校長。經由他廣泛閱讀的啓發，他將歷史和傳記併入課程學習中。他發現西點軍校正處於一個無秩序和混亂的狀態，在第一次世界大戰期間，因為對軍官的迫切需求，學校四年的課程被縮短了。現在為了陸軍未來的需求，現在需要新一代的軍官。陸軍參謀長沛頓·馬爾曲將軍（Peyton March）告訴麥克阿瑟：「西點軍校落後時代四十年。」麥克阿瑟回應說：「西點軍校必須再生，課程必須重建。」

哪裡錯了？需要什麼樣的變革？麥克阿瑟簡要的說明了這些問題。

「對於課程的學習情況是一團糟，大學的教育程度大幅的降低，學生團隊的士氣低落。」由於無高年級學生，導致沒有學生軍官幹部做為榜樣，「在一九一九年六月實在看不出老西點軍校的任何影子，老西點軍校已經消失了，它必須被重建。」

他利用夏季時間把學生帶出去進行一般的野外演習。他希望讓學生能直接接觸實際的軍隊情況。他想改變一個所謂「遁世的，像是修道院般的生活。」他要求每一個學生都要參加主要的運動。

雖然這些改革是需要的，但最重要的是，麥克阿瑟決心把課程擴充，增加了國際關係、歷史和經濟的課程，去幫助學生建立一個全球性知識的基礎。

威廉．曼徹斯特（William Manchester）在《美國的凱撒》（*American Caesar*）一書中描述，一九三〇年，當道格拉斯．麥克阿瑟駐防在菲律賓時，他的太太珍（Jean）「經常寄給他美國南方聯邦軍們的傳記，其中包括道格拉斯．傅立曼所寫的四冊有關李將軍的生活、韓得生（Henderson）二冊有關「石牆」傑克遜將軍和威勒（J. A.Wythe）合寫的《內森貝得福郡森林》（*Nathan Bedford Forrest*）。」曼徹斯特說麥克阿瑟是一位「速度極快的閱讀者，他一天可以讀完三本書。」

在離開菲律賓之後，一九四二年，麥克阿瑟奉小羅斯福總統的命令前往澳洲組織聯軍，以奪回被日本人侵略並佔領的土地。一位傳記作家描述：「麥克阿瑟在晚上花很多的時間待在住家的書房裡。這房子的前一位主人，是一位很有學問的人，書架上放滿了好幾種語文的書籍……他所閱讀的書中句子，常會在他每天早上口述的『公報』（communique）中出現……他會引述莎士比亞、聖經、拿破崙、馬克吐溫和林肯的句子來解說一個單一的概念或想法。瓊斯頓（Johnston）也說：『他會引述柏拉圖的一段聲明，有時則是聖經上的句子。』」

一位曾在他手下服務過的軍官描述麥克阿瑟在擔任陸軍參謀長時：「他在辦公室長時間的工

作，而且心甘情願地花費大部分的夜晚，在他位於波多馬克河（Potomac）邊梅耶堡（Fort Myer）的宿舍裡閱讀。他是一個非凡的閱讀者和歷史的學生。他在書房裡讀書就可以獲得心情的放鬆（閱讀他父親遺留給他的書籍）……。」

「閱讀」在馬歇爾、艾森豪、華盛頓、富蘭克林和麥克阿瑟等人風格的發展上，扮演一個重要的角色。南北戰爭領軍的雙方偉大領導者，以及在二次世界大戰陸軍和陸軍航空隊的領導者，都熱愛閱讀並因閱讀而獲得積極的影響力。

探討南北戰爭時，閱讀對一些重要領導者所產生的影響力是顯著的。一八六二年，被林肯總統任命爲「波多馬克陸軍」（Army of the Potomac）指揮官的喬治・麥克萊倫（George B. McClellan）少將，在他早期的軍人生涯中，閱讀和學習對他的名聲建立非常重要。麥克萊倫一八四六年畢業於美國西點軍校，在全班五十九位同學中排名第二，他被派職於工兵部隊，這是陸軍最精銳的兵科。

麥克萊倫畢業後駐防在西點，他將大部分時間用於一個叫做「馬漢的拿破崙俱樂部」（Mahan's Napoleon Club），該俱樂部開放給大學以及對專業學習有強烈興趣的軍官。俱樂部經常集會來討論會員們對拿破崙戰役所寫的論文。麥克萊倫寫了一篇一八一二年拿破崙入侵蘇俄戰役的論文。此一論文被會員們稱贊爲出色的研究報告。

一八五一年六月，他又被派往參與一個陸軍工兵在德拉瓦河（Delaware River）地區的計畫，在那他開始研究德國。一八五五年三月，他被選派赴歐洲研究「克里米亞戰爭」（Crimean War）。有兩名軍官和他一起前往，理查・德拉費得（Richard Delafield）少校和亞佛列得・莫迪凱（Alfred

Mordecai）少校。

在隨後六個月期間，麥克萊倫研究法國、英國、德國和蘇俄的軍事設施和要塞，並訪問了位於比利時的滑鐵盧（Water Loo），觀察這個著名的戰場。經徹底深入研究後，他寫信給他的朋友說：「現在我可以想像自己是當時這個偉大戰役的觀眾。」

當他們三人回到美國，陸軍部長傑佛遜・戴維斯（Jefferson Davis）告訴麥克萊倫以騎兵和工兵的觀點來撰擬克里米亞戰爭的報告；莫迪凱少校負責軍械方面的報告；德拉費得少校負責要塞方面的報告。麥克萊倫並且帶回了二百本書籍，書籍的主題範圍自野戰口糧到獸醫醫藥。

麥克萊倫從這次的經驗學習到很多。南北戰爭開始後，在尋求領導人才的各州州長及華盛頓官員的眼中，他是著名的戰爭藝術學者也是一位專家。

一八六一年，一位評論家寫了一篇麥克萊倫的報導：「接續他工作的一個主要利益，是因作者已事先不知不覺地給了我們他的工具和原則寶庫。從已經寫好的文字，我們可以期待輝煌的成就……關於這一點，已經寫好的文字，多年的研究和閱讀，在領導軍隊從事戰鬥時有實際效用。」

我必須強調麥克萊倫的例子，僅僅是「閱讀」不能確保一個軍事領導者的成功。他是一個戰史的學者，但是對於他指揮記錄的批評家可能會懷疑，爲什麼他沒能運用他研究工作的心得。他是一個熟練的戰爭學者，然而卻是一個失敗的戰場指揮官。麥克萊倫的問題是在於缺乏風格。傑克遜的傳記作家拜龍・華偉（Byron Farwell）說：「傑克遜重視軍事教育的重要性，但是他相信『要成爲一個將軍必須要有一些特質』，在這些必要的特質中，他列出了『判斷、膽識和風格的力量』。」

羅伯．李將軍是一位認眞的閱讀者和成功的戰場將軍。他是西點軍校四年級的資優生，曾和班上的一些同學擔任助教，教導數學有困難的學生。雖然李在教導上所花費的時間有獲得補償，可是他的名次開始滑落。爲了重新趕上班裡的名次，他必須縮短教導數學的工作，然後才有時間開始閱讀的工作。從一九二八年一月二十六日至三月二十四日，他從圖書館借了五十二本書，顯示了他多方面的興趣：盧梭（Rousseal，譯按：法國哲學家）的著作，馬基維利（Machiavelli）的《戰爭的藝術》（*Art of War*）、傳記和拿破崙的相關條約。

當李將軍成爲西點軍校校長時，他再度擁有當時最好的軍事圖書館。在二年七個月的任期，他讀了四十八本書，其中十五本是軍事傳記、歷史和戰爭科學，七本是有關拿破崙及他在蘇俄的戰役。

艾肯柔（Ikenrode）和孔瑞德（Conrad）所著南方聯邦詹姆士．龍司崔將軍（James Longstreet）的傳紀中描述說：「鮮有人比龍司崔更能完整地用他的行爲和文字說明他的風格——他的行爲比文字更具說服力」。龍司崔對於戰爭藝術很少去研究，他不像傑克遜一樣是個讀書人、學者。他戰爭理論的想法，是偶然獲得的——龍司崔是不讀書的。作者們進一步的詳述：「龍司崔不是一位戰爭學者，在戰爭方面亦沒有深入的思考，將他放在一個需要豐富的知識和積極主動的職位上，他就會挫敗。沒有深入的研究將戰略結合到所有的環境之中，他就不知道該如何採取行動。」

「石牆」傑克遜將軍是一位不折不扣的閱讀者。他的傳記作家詹姆士．羅伯遜（James I. Robertson）描述說：「傑克遜對書店著迷，他花好幾個小時的時間去書架上翻閱那些書籍。決定以各種可能的方法成爲一個軍人，他開始閱讀歷史故事和軍事傳記，古代歷史和有關拿破崙戰役的論文是他的最愛。偶而傑克遜會閱讀當代的定期刊物，以感覺國家大事的脈動。」

我寫信到「維吉尼亞歷史協會」以確定傑克遜在他書房內的書籍。這些藏書包括《安德魯傑克遜的生活》（*Life of Andrew Jackson*），其中包含了說明他性格的小故事、以及克倫威爾（Cromwell）與亨利・克萊（Henry Clay）的傳記、許多拿破崙和喬治・華盛頓的論文和無數有關宗教和科學的書籍。

尤里西斯・格蘭特將軍在他的回憶錄中描述他在西點軍校的歲月：「我無法停止熱愛我所學習的功課，事實上，在我學生時代我很少對功課唸第二遍。可是我無法坐在我的房間什麼事也不做，當時學校有很好的圖書館，學生可以借書回他們的宿舍去看，我花了很多的時間在圖書館，但並非是在閱讀學習中的課程，我很抱歉地要說，大部分的時間是花費在閱讀小說上，但並非那種無價值的小說。」格蘭特的傳記作家威廉・麥克菲力（William S. Mcfeely）寫道：「這是一個大膽和守舊的性格平衡。格蘭特相信他自己具有知識上的進取心，然後辯解那些書籍對他具有重要性，他感覺到去記錄受惠於那些書籍是一件重要的事。那些是好的書籍，閱讀它們是一件快樂的事。」

威廉・薛爾曼將軍喜愛書籍，並且在九歲時就開始閱讀書籍。他的父親，查爾斯・薛爾曼（Charles R. Sherman）去世時，留下一位寡婦和十一個孩子，其中之一就是「坎巴」（〈Cump〉，薛爾曼小孩時的綽號），他必須由不同的家庭和朋友照顧。很幸運地，九歲大的坎巴僅須到隔壁去和湯瑪士・伊文（Thomas Ewing）家庭共同生活。伊文是一個成功的律師，他把對書籍的愛和閱讀傳授給他。薛爾曼的傳記作家約翰・菲茲格拉德（John F. Fitzgerald）描述說：「書籍變成了他的同伴。他閱讀任何他能夠獲得的書……」伊文堅持要他的太太將所有的孩子集合在一起，讓坎巴唸古德利奇（S.G. Goodrich）的彼得・巴里（Peter Parley）書籍給他們聽。這些書的領域集中在地理、歷史和道德方面，也爲他開啓了這個新的視野。瑪麗亞・伊文（Maria Ewing）鼓勵坎巴每天晚上在就寢前唸書。

伊文的藏書被譽爲「在這區域中是獨一無二」的。這樣的閱讀，建立了薛爾曼終身對地理的興趣。傳記作家瑪斯查克（Marszacek）說：「（薛爾曼）對美國聯邦的崇敬，無疑是受到這些書籍的影響。」

一八四六年七月，薛爾曼上尉奉命前往加州登上海軍雷克新頓（USS Lexington）號艦艇。他是第三砲兵E連的成員，離開港口時他們的任務尚未確定。雷克新頓號在海上航行了六個月，薛爾曼把船上所有的書都讀完了。

後來他離開了陸軍。一八五九年四月，薛爾曼擔任了新的路易斯安那軍校（Louisiana Military School）校長一職，該校現已成爲路易斯安那州立大學（Louisiana State University）。他在那所學校的首要任務之一，就是強調閱讀的重要性。他前往紐約爲學校的圖書館買了數百冊的書籍，其中有四百冊是歷史和地理。

薛爾曼終其一生喜愛書籍，在他退休的歲月裡，他讀了很多的書。他個人龐大的藏書包含了十二冊《威靈頓的報告書》（*Dispatches Of Wellington*），莎士比亞的戲劇，和三冊巴可勒（Buckle）所著的《美國的歷史》（*History of the United States*），和瓦特・史考特（Walter Scott）、查爾斯・狄更斯（Charles Dickens）和華盛頓・伊文（Washington Irving）等人的著作。

在二次世界大戰，可能沒有一個人所做的決策超過喬治・馬歇爾將軍。他認爲「閱讀」對他的職業生涯很重要，且爲做出好決策的重要因素。

馬歇爾說：「今天我瞭解在家庭生活中，我可從閱讀之中獲益良多。說也奇怪，我的父親大聲的閱讀，而且喜歡如此閱讀。我的母親讀很多書給我聽，如《艾凡赫》（*Ivanhoe*，譯按：林琴南譯該書名爲《撒克遜劫後英雄略》）和所有這樣系列的書籍，但是她的視力逐漸衰退，最後無法再爲我讀書。那時我的父親喜歡讀書，而我們大都喜歡聽他讀的書。他讀很多的書給我們聽，我可以回憶那些書的部分內容，記得由美國住在羅馬的作家，馬利昂・克勞福（F.Marion Crawford）所寫的薩拉西內斯卡（Saracinesca）系列——《Sant Ilano》和《Don Orsino》。我記得我父親爲我們讀的費尼・摩庫伯（Fenimore Cooper）故事集，特別是由亞瑟・柯南道爾爵士（Sir Arthur Conan Doyle）所寫的著名的故事。」

在一次訪談時，馬歇爾提到他小時候讀的一些比較沒那麼嚴肅的書籍：「在那個時期，有很多薄薄的小說，如尼克・卡特（Nick Carter）小說集、富蘭克・密立威（Frank Merriwell）小說集、老南方（Old South）小說集，當時富蘭克・密立威的小說集是被廣泛閱讀的，除此外我們被禁止讀其他的書。爲了閱讀尼克・卡特的小說集，它們很類似傑西・吉姆（Jesse James）的佳作，我們必須躲到避暑小屋去閱讀。」

當馬歇爾還是小孩子時，受僱於聖彼得教會，閱讀使他惹上了麻煩。馬歇爾說：「我的工作是爲風琴打氣。打氣幫浦的位置十分狹小，就在風琴的後面，幫浦就好像是船上舵柄的把手一樣。打氣的工作並不困難，除了你必須守在那兒之外，但是佈道時你必須在那等待一段很長時間。有一天早上，在等待的時候，我忙著看五分錢一本的尼克・卡特小說。正看到最精彩的一段時，我的注意力被一陣敲打聲叫回到風琴上，那敲打聲是風琴師芳妮・何威（Fanny Howe）小姐從風琴的鍵盤上發出來的。雖然我知道她必須在佈道結束的時候演奏曲子，但音樂並沒有從風琴裡跑出來⋯⋯。她不僅不高興且十分震怒⋯⋯她解除了我爲風琴打氣的工作。」

馬歇爾在高中時候的數學、拼音和文法上，只是個成績普通的學生，但是他說：「假如是歷史的話，我的表現就很好了。在歷史上我可是最優秀的學生。班傑明・富蘭克林和羅伯・李將軍是我個人崇拜的英雄。」

一九五七年三月六日，在一次和福瑞斯特・波葛的訪談中，馬歇爾回想在維吉尼亞軍校當學生時的閱讀情形：「任何我能弄到手的書我都閱讀，那是相當大的數量，特別是最後的一年半。一直到那時候我都還沒有發現我的室友尼可森（Nicholson）——他和他的兄弟們都是孤兒，他們擁有《皮卡楊時報》（*Times-Picayune*），是新奧爾良的皮卡楊報紙——有一天，尼可森無意中說到他們要審查許多書，審查後以一本五分錢將那些書籍售出。因此，我們趕緊叫尼可森連絡在報社的一個朋友，這位朋友願意將這些書籍買下，並且送給我們，所以你可以在記錄簿上找到尼可森捐贈給圖書館書籍的記錄，這就是此事發生的情形。我是一個快速的閱讀者，匹通（Peyton）也是一個快速的閱讀者，但尼可森閱讀速度慢，所以匹通和我就把那一大堆書都讀完。」

在一次訪談中，艾森豪將軍和我詳細討論「閱讀」對他職業軍人生涯發展的重要性。「我在西點軍校時不是一個特別好的學生。在西點軍校有一門叫做『戰史』的課程，這門課與現在所學的是不一樣的。我們所學的戰史之一是『蓋茨堡戰史』（Battle of Gettysburg），我們被要求的第一件事是，熟記每一位將軍和代理將軍的名字。你必須知道他們指揮哪些部隊，然後他們給你每一位指揮官在某時某刻的狀況與位置。我一向討厭記憶，雖然我的記憶力很好，但這樣的教學方式引不起我的興趣。所以我並未將精神投注在戰史這門課上，因此，我這門課幾乎不及格。」

儘管艾森豪在學生時代曾因踢足球而受傷，艾森豪仍然在陸軍任官。「那時我下定決心，如果我要選擇軍人做爲事業，我就要成爲最好的軍人。我並不是說我就停止玩樂，我想我和任何人一樣都是喜歡玩樂的。可是當我靜下心來唸書時，我不會去做任何其他事情。我在尋求新的計劃、新的想法，因爲我無法忍受戰壕戰爭及爲什麼我們不放棄這種作戰型態。我閱讀所有我能找到有關戰壕戰的資料，我實在沒辦法去從事那樣的作戰型態。但因他們認爲我俱備當教官的特殊才能，因此，我勉強地接受了戰壕戰的訓練。對一個年輕軍官而言，這是一個不得不爲的安慰。」

艾森豪繼續說：「毫無疑問，是福克斯．柯納（Fox Conner）引導我能以比較好的方法來學習。那時是在一九一五到一九一九年，但我遇見柯納並與他一起學習是在一九二一年。他就是教導我有系統的學習計畫的人，他曾是盟軍遠征部隊的作戰軍官，是一個風趣、有耐心的人。他認爲我將會有所成就，因此，他要看看是否我是那塊料。」

柯納拿歷史書籍給艾森豪少校讀，然後就書中的問題考艾森豪。柯納在他巴拿馬宿舍裡爲艾森豪安排了一個房間做爲書房，他在牆上掛了地圖以研究世界戰略，並要求艾森豪爲營區的軍官上課。在巴拿馬的叢林裡，他們兩人是固定的伙伴，晚上坐在營火旁邊，柯納會就指定給艾森豪看的書籍來考試。在此同時艾森豪撰寫了戰場命令和操典並且負責所有其他的行政業務。

對一位年輕人而言，能接受陸軍中最優秀軍官之一的教導，是一種獨特的經驗，在艾森豪所接受所有訓練之中，最有價值的可能是柯納所瞭解到下一次世界大戰關鍵的成果。柯納認爲凡爾賽和約呈現了一個事實，就是聯盟指揮。在聯盟指揮作戰前二十年，艾森豪就開始學習統一的聯盟行動了，當然，這是造就他在二次世界大戰中完成最偉大的貢獻之處。

喬治．巴頓在一次世界大戰時，是美國陸軍中最具有坦克作戰經驗的軍官。艾森豪在一次世界大戰時雖曾在美國本土一個坦克訓練單位服務，但卻從未曾有機會派赴海外服務。戰後他被派往馬里蘭州的米德營區（Camp Meade），在那裡他遇見了巴頓。他們一起讀書、學習和討論他們的專業，然後開始戰術和戰技的訓練，以求理論與實作的配合。艾克回想：「我們那些在大戰時未曾派往海外作戰的人員，常纏著巴頓和其他在海外參加過戰爭的人，請他們告訴我們計畫和作戰的細節。我們開始發展我們認爲是新的而且比較好的坦克作戰準則。」

艾克描述和巴頓共事的經驗：「的確，我們兩人皆是現代軍事準則的研究者。我們熱愛的一部分是對坦克的信仰，惟在當時這是被其他人嘲笑的一個信仰。」他們兩人相信坦克將扮演最具有價值和最驚人的角色，並詳細說明了他們的理論也精進了他們的戰術思想。」

艾克說：「我們兩人都開始爲軍事雜誌寫稿，巴頓爲騎兵期刊雜誌，我則爲步兵期刊。然後，我被叫到步兵司令官（一位少將）前！」

「我被告知，我的想法不僅是錯誤而且十分危險，今後這些想法就留在自己心裡。特別是，我不可以出版任何與現有步兵準則不相容的想法。假如我去做了，我將會被送上軍事法庭。」對於他們如此的研究專業，所獲得的酬報卻是對他們的打擊，這對於意志不夠堅強的人，足以使他們喪失繼續研究的勇氣。

「我想喬治也和我一樣收到相同的警告，對我們而言，這眞是一個打擊。結果反而使得喬治和我來往更密切，我們花費很多時間在一起，白天騎馬經過我們各自的營區、談話和學習，晚上則用來發洩我們內心的怨氣。喬治的脾氣和超過我包容力的苦惱，說實在的，我們軍官寢室發出的怨氣可能遠超過營區洗衣房發出的蒸汽。」

艾克告訴我，這位步兵司令企圖藉著阻止他接獲進入步兵高級班受訓的命令來破壞他的軍人生涯。這意指他將永遠無法奉派至李文沃斯堡的指揮參謀學院受訓，如此他將無法晉升至少校以上的階級。還好此時柯納介入，改變了此一危機。

艾森豪對書的愛好與閱讀，終其一生皆是如此。在艾森豪回到華盛頓擔任馬歇爾將軍的計畫軍官一職，他和瑪米在瓦德曼公園旅館（Wardman Park Hotel）建立了他們的住所。他們的孫子大衛・艾森豪（David Eisenhower）描述艾克愛書的情形：「在他們的公寓裡，瑪米陳列了他們擁有成套購於一九三〇年代初期的哈佛經典著作。在一個書櫃裡，旁邊放的是一些裝框的法國版畫，那是他們十二年前住在法國巴黎歐德伊街（Rue d'Auteil）時買的。」

巴頓將軍，第二次世界大戰最傑出的戰場指揮官之一，贊同艾森豪反對背誦每一位將軍的姓名和戰役的日期，但是他們兩人都相信閱讀是有益的，並且研究歷史和傳記。

在戰時對人的領導是不變的。巴頓將軍在一九四四年六月六日諾曼地登陸D日的前夕，告訴他的兒子：「要成為一個成功的軍人，你必須懂得歷史。客觀地去閱讀戰術，詳細時代的背景都是有用的。你必須學的是人們如何反應，武器改變了，但是使用武器的人一點也沒變。贏得戰役，你不須打敗武器，你必須打敗每一個人的精神。」

《巴頓論文集》（*The Patton Papers*）的編輯馬丁·布魯曼生（Martin Blumenson），對巴頓的研究歷史做了這樣的觀察：「研究一八七〇年以前的戰爭並非沒用的，對巴頓而言，歷史是循環的，因此，戰爭的種類會重覆出現。他認為一幅沒有透視畫法的畫是沒價值的，在軍事方面也是同樣的道理。以前的戰術很難抄襲，但職業軍人必須去熟悉那些戰術並且合乎道理的去採用它。因為雖然人的本性會改變，但在有記錄的歷史上，這改變卻是很少。」

「自公元前二千五百年開始，巴頓根據涉入軍隊的型態將戰爭分類，那就是民眾或是職業軍人所遂行的戰爭。他讀過一遍埃及人、敘利亞人、希臘人、馬其頓人、羅馬、非洲人、哥德人、拜占庭人、法蘭克人、維京人、蒙古人、瑞士人、土耳其人、英國人、法國人、西班牙人、荷蘭人、德國人和美國人的戰爭，最後以波耳戰爭（Boer War）做為結束。從這些歷史上的例子，他汲取了一些教訓，例如，職業軍人在持久戰爭，在補給比較困難的戰役，在紀律比感情的激勵更重要的戰爭中都表現的較好。」

奧瑪・布萊德雷也是一位貪婪的閱讀者，在他的自傳中描寫他的父親約翰・史密斯・布萊德雷（John Smith Bradley）是密蘇里州僅有一間教室的學校老師，「是一位邊疆開拓者、運動家、農夫和知識分子的混和體。（他）……是一位無所不讀的閱讀者及愛書人。無論他在那裡教書，他都鼓勵他的學生們去閱讀，並爲學生建立一個小型圖書館。」

父親將閱讀的嗜好遺傳給了我。我回憶說：「讓我十分崇拜的父親，他很快地就培養我對閱讀的習慣。在我能夠自發性的閱讀後，我沈迷於如瓦特・史考特爵士（Sir Walter Scott）的《艾凡赫》、吉卜林（Kipling）的《叢林書》（*Jungle Books*）和其他類似的書籍。我特別沈迷於歷史——法國及印度戰爭的故事，獨立戰爭和南北戰爭。我常在起居室的地毯上模擬演出許多戰役，使用骨牌建立堡壘，用點二二釐米的空彈殼代表士兵的防線，並用中空的接骨木桿或銅管做『重砲』，再用扁豆來轟炸骨牌做的堡壘，在我的模擬戰爭中，美國人總是獲勝的一方。」

一九一五年從西點軍校畢業之後，布萊德雷奉派至華盛頓州史波坎（Spokane）地區的喬治萊特基地（Fort George Wright）在那裡他延續對書籍與閱讀的興趣。西點軍校一九〇九年班的艾德溫・佛瑞斯特・哈汀少尉（Edwin Forrest Harding）也駐防在該地。布萊德雷回想：「佛瑞斯特・哈汀是一位認眞的歷史學者、出色的作家和嚴格的老師。在我們到達喬治萊特基地不久，佛瑞斯特組織了一個非正式家庭聚會，聚會中他邀請營區約六位少、中尉。在他的指導下，在好幾個小時內，我們討論小部隊的戰術，在不同地點的班和排攻擊等等課目。這些聚會非常地有刺激性和教育性，我們經常會擴大範圍去討論戰史。在我的早期陸軍生涯中沒有人比佛瑞斯特帶給我更大的影響，他灌輸我一個眞實的渴望去認眞且深入的學習我的專業。」

如同艾森豪一樣，布萊德雷在第一世界大戰並沒有機會參加作戰，因此他想「他的職業軍人生涯已經完蛋了」。一九一八年，布萊德雷駐防格蘭基地，他所屬的那個營，因爲人員大量退伍，造成人員嚴重的不足。他描述在第一次世界大戰停戰後幾個月，好似一個「酷寒、休止狀態的冬天，閱讀了大量的書籍……。」

布萊德雷提到在一九二〇至一九二四年間他任職的情形：「在那段期間，我開始很認眞的讀書，學習戰史和傳記，從前輩們的錯誤中學習到很多經驗。我對南北戰爭中一位威廉・薛爾曼將軍特別感到興趣，儘管在南方他的聲名狼藉，但他可能是聯邦所訓練出來最有能力的將軍。」

我請教布萊德雷一個人如何培養做決策時所需的感覺或第六感。在他的回答中，他強調閱讀和學習的重要性。「你首先應學習掌握部隊的理論、學習戰爭和戰術的原則，以及某領導者是如何應用它們的。你永遠不會遇見標準的情況，但是當你瞭解所有這些原則以及過去它們是如何地被應用後，當你面對一個情況時，你就可以以目前面對的情況去應用這些原則，希望你能獲得一個好的解決方法。我想戰史的學習以及那些偉大領導者所做的言行，對一個正在發展這種風格的年輕軍官而言非常非常的重要。」

勞頓・柯林斯上尉，於一九三〇年代早期，馬歇爾擔任步兵學校副指揮官期間，奉派至本寧堡（Fort Benning）。馬歇爾對於派來學校的這位年輕軍官有重要的影響，柯林斯說：「馬歇爾上校似乎對我和查理．波特（Charlie Bolte）特別有興趣。他經常將額外的工作給予我們其中一個人，並加以詢問及要求我們做口頭報告。我們成為一個非正式學習小組的成員，這個小組包含了上述我們所提到的大部分軍官。一些出色的步兵委員會（Infantry Board）委員，如史塔亞（Stayer）博士、哈羅德．布魯（Harold R. Bull）少校、巴拉福特．西諾斯（Bradford G. Chynowth）少校及其他人，偶而也會加入我們。我們不定期的利用晚上在馬歇爾上校的宿舍聚會。我們的會議由庫克「博士」（"Doc" Cook）主持，小組中的一個或兩個人得就上次集會時，由馬歇爾或庫克所指定的書或題目，提出報告或接受詢問。題目很少是直接與軍事性質有關，但是範圍從地緣政治學到經濟學、心理學或是其對軍事問題有影響的社會學。通常討論的情形都十分熱烈。」

柯林斯在西點軍校當學生時就熱愛閱讀，但是他的興趣並不侷限在與軍事有關的科目，而是更廣泛得多：「我是那些少數能夠享受西點軍校生活的學生之一，或者至少願意承認我的喜愛。西點軍校遠超過我所期盼的，特別是課程的艱苦。我在入學時就希望能在班上名列前茅畢業，俾加入工兵部隊，但不久我就體認到，假如我想獲得班上前幾名，我必須放棄我大部分的其他興趣，集中我所有的時間在學習上。在當時，學習大部分是技術性的，然而我的性向是朝向人文科學。學校的作息表不像現在排的那麼滿，學生在冬天的月份有更多的時間去閱讀和思考，我花了很多時間在圖書館閱讀史溫本納（Swinburne）、馬斯菲德（Masefield）、拉福卡迪歐．賀恩（Lafcadio Hearn）、易卜生（Ibsen）和其他的詩人與劇作家。我是被一位畢業於耶魯大學，且是西點軍校唯一的文職教授魯席爾斯．亥（Lucius H. Hi）介紹我進入他們的世界。亥教授是西點軍校英文系系主任，他具有令人精神振奮的影響力。」

＊　＊　＊　＊

第二次世界大戰中，盟軍最令人注目的工作夥伴就是艾森豪和瓦特．史密斯將軍，他後來成爲陸軍參謀長。史密斯僅有高中學歷，但在他整個軍人生涯中，他是一個勤奮的閱讀者，也是一個自我教育者，藉此他使自己成爲價值非凡的軍人。就在艾克被宣佈成爲盟軍最高統帥的同時，他要求史密斯來襄助他。

史密斯傳記的作家簡述了他們之間不平凡的關係：「從一開始，艾克和史密斯就組成了一個近乎完美的個性混合體。艾克的長處在於人性特質：他謙虛、具常識、樂觀和幽默，使他具有吸引人的力量。艾森豪的微笑能立即贏得人們的信任與忠誠，而史密斯精於計算、沒有偏見的專業素養和他是大不相同的。史密斯是一個有膽識鎮定的人，他對責任目標導向的投入，驅動著盟軍的幕僚。身爲他下屬的工頭，他在和英國的關係中，展現了一個外交官的靈活手腕，他犧牲個人的考慮，使用任何方法以達成他的目的。」

話說回來，史密斯以高中的教育程度，爲何能獲致如此的成就？從一九四二年六月二十六日一直延誤到一九四二年九月七日他才抵達倫敦，史密斯被提議去指揮一個師，經過認眞思考後，他決定追隨在倫敦的艾克。再一次，他明確顯現無私性格的部分；他放棄了指揮職的獎勵。爲了準備成爲艾克的參謀長，一九四二年的夏天，他把自己埋在有關參謀職務的書堆中，包含有關參謀長一職在理論上和歷史上的記述，及全世界數世紀以來的戰史。這種專業性的閱讀是史密斯軍人生涯的模式，也是他想把自己的責任表現的更好，所需準備工作的主要部分。

雖然這是美國將領的初步研究，但我想把溫斯頓·邱吉爾也包含進來。他讀的高中是一所聲譽卓著的「哈羅」預備學校（prep school Harrow），但他不是一個很卓越的學生，他從未被准許進入牛津大學，他進入英國陸軍軍官學校桑赫斯特（Sandhurst）。在英國，該校相當於美國的西點軍校，一所訓練職業軍人的學校。

邱吉爾在他的回憶錄《我的早年生活》（*My Early Life*）中描述了在桑赫斯特的經驗：「我有一個新的開始。紀律嚴格、學習和閱兵的時間很長……我深深地喜愛我的工作，特別是戰術和防禦工事。我的父親告訴他的書商班（Bain）先生，送一些我可能在學習上用得到的書，所以我訂購了哈姆雷（Hamley）的《戰爭的經營》（*Operation Of War*）、普林斯·卡拉福（Prince Kraft）的《步兵、騎兵和砲兵操典》（*Letters on Infantry, Cavalry and Artillery*）、馬林（Maine）的《步兵射擊戰術》（*Infantry Fire Tactics*），這些書和一些美國南北戰爭、法德和蘇土戰爭，都是我們有關戰爭的最新也是最好的範本。」

在離開桑赫斯特之後，他繼續表明自己的喜好：「在學校裡，我始終喜愛歷史，決心要讀歷史、哲學、經濟以及類似的書籍，我寫信給我的母親要求一些我曾聽到有關這些主題的書籍。她很快地回應我，每個月經由郵局送來一大包我所謂的標準工作。在歷史方面，我決定從吉朋（Gibbon）的著作開始。有人告訴我，我的父親已欣喜地讀過吉朋著作，他可以記住整本書的內容，並深深地影響他演說及寫作的風格。因此毫無猶豫地，我開始閱讀這八冊迪恩・密勒門（Dean Milman）版本的吉朋的《羅馬帝國興亡史》（*Decline and Fall of the Roman Empire*），我立即融入故事的情節和風格並勤讀之。我樂在其中地從這一段流覽到另一段，並享受全部的文章。我在書頁的空白處寫下我所有的見解，很快地我發現自己是作者的熱情盟友，我未曾被其不當的註解所疏遠，我在對抗傲慢、偽善編輯的輕視。另一方面，迪恩的抱歉與放棄激起了我的忿怒，而我是如此的喜歡《羅馬帝國興亡史》，因此，我又立刻開始閱讀吉朋的自傳。」

不久，邱吉爾以一位年輕軍官的身份駐防在印度的邦加婁（Bangalore），他繼續保有閱讀的熱情。「從十一月到五月，我每天閱讀歷史和哲學四至五小時。柏拉圖的《共和國》（*Republic*）——顯示在實際上他和蘇格拉底是一樣的；由衛樂當（Weldom）先生親編的《亞里斯多德的政治學》（*The Politics of Aristotle*）；叔本華（Schopenhauer，譯按：德國厭世哲學家）的《悲觀論》（*On Pessimism*）；馬爾薩斯（Malthus）的《人口論》（*On Population*）；達爾文（Darwin）的《物種源始》（*Origin of Species*），這些書和其他那些不是很精彩的書混雜在一起。那是一個很奇怪的教育，他終其一生喜愛歷史和自傳。」

第一任美國空軍參謀長卡爾・史帕茲將軍，是一位勤奮的閱讀者。一九二五年，他是維吉尼亞州浪格雷機場（Langley Field）「空中勤務戰術學校」（Air Service Tactical School）的軍官學生。這個陸軍學校系統的目的之一是解除這些軍官正常職務的負荷，給他們一個機會去學習、思考及反省。史帕茲的日記顯示他是一個廣泛的閱讀者，且不限於他狹隘的專業事務：「一九二五年五月十日：閱讀休奈可斯（Hunekes）的《爬到高處修護的二人》（*Steeplejack*）；一九二五年五月十八日：讀完當・馬奎斯（Don Marquis）的《黑暗時刻》（*The Dark Hour*）；一九二五年五月二十五日：亞瑟・史尼特勒（Arthur Schniteler）的《文學》（*Literature*）……喬治・安西（George Ancey）的《蘭布林先生》（*Monsieur Lamblin*）展現一個在現實難以想像的一個性格。」

最有意義的是這個註解，「閱讀《爬到高處修護的二人》直到中午——引文：『把我們在兩個永恆之間的休息，用於去追求黃金，對我而言是很荒謬的……，』今後，我要獲得足夠的黃金以停止任何有關老年的煩惱。對一位飛行員而言，煩惱老年這回事是很可笑的，但我是如此瞭解，我有一天可能離開我的陸軍生涯，無論是經由我自己的意志或是其他的方式。」

一九五七年，湯瑪士・懷特（Thomas D. White）將軍成爲空軍參謀長，他是一位卓越的軍人和政治家，正逢空軍的關鍵時刻，那時冷戰方興。他熟悉七種語文，包含中文和俄文。

我請教懷特將軍關於他的軍人生涯及爲更高責任所做的準備。他談到閱讀的重要性：「我在巴拿馬的最後一年當約翰・帕默爾（John M. Palmer）將軍的副官，他是老陸軍中偉大的學者之一。他寫了很多書，而且也是一九二〇年『國防法案』（National Defense Act Of 1920）的作者之一，這是第一次世界大戰後最大的國防重組法案。他是《華盛頓、林肯、威爾遜：三位軍事政治家》（*Washington, Lincoln, Wilson: Three War Statesmen*）的作者，另外還有寫有關翁・史特本（Won Steuben）將軍的《武裝的美國》（*America in Arms*）及《政治才幹或戰爭》（*Statesmanship or War*）。帕默爾將軍是一個了不起的歷史學者，對我的生活有很大的影響。」

懷特試了好多年想得到奉派中國的機會，最後他奉令前往中國學習中文，一九二七年六月十日，他離開舊金山前往北京。他保存了橫渡太平洋之旅及中國之行的日記，並且繼續他語文的學習。「船上有二名方濟派僧侶（Capuchin monk）將前往關島十六年。據聞他們來自西班牙……，我曾和他們練習西班牙文，我很驚訝地發現，我多麼快地已把西班牙文給忘記了。有一個時期，我幾乎可以不加思考說一切東西，我猜想我很懂語文。」稍後在一九二七年六月十五日，他的日記中記載：「到目前爲止，我花了大部分的時間去閱讀，也複習我的俄文，我的確知道這聽起來像似一件愚蠢的事，但俄文是有趣的語文。特別是，假如我們經由福山（Fusan）和馬可丁（Mukden）前往北京，在途中可閱讀很多俄文書。在喬治城（Georgetown）學習俄文的八個月時間，便能使我的發音很正確，所以只要不妨礙我學習中文，假如我要的話，繼續學習俄文也無妨。當我在西點軍校或別的地方，爲了消遣而學習中文，我可確定當時常有人嘲笑我，現在我很愉快地笑回去——我看到的每一個人都非常嫉妒我前往中國。」

懷特也花了很多時間去閱讀。一九二七年六月十八日，他記下：「我正在閱讀《中國歷史概論》（*An Outline of Chinese History*）這是本最新有關中國的書，而且眞的很有趣。我也有足夠的書籍維持我三至四次的旅行，像這一次包含《哲學的故事》（*The Story of Philosophy*）、愛米・路德威（Emil Ludwig）寫的《拿破崙》及《羅曼史的皇家道路》（*The Royal Road to Romance*）等等書籍。」

懷特對「國際關係」的知識，是他被選爲空軍參謀長的重要因素，而且最重要的是，他在該職務上的特殊表現。

懷特眞的很努力地工作。一九三〇年一月二十七日，他記下：「我埋首於書籍中，我用所有的時間努力工作，以趕上我腳受傷時所耽誤的工作進度。在馬格魯德（Magruder）少校不再任武官之前，我還要完成我的航空字典（用中文編的）；我必須在我離開之前完成這本字典之編撰。」他也在專業雜誌上發表，「《美國空軍》五月份那一期，有我〈理論上的特技〉（Acrobatics on Paper）及〈如何編一本中文字典〉（How To Write A Chinese Dictionary）的文章。」

在懷特訪問馬尼拉時，他和西點軍校的同學傑士佛・史密斯（Joseph Smith）一起待在該地，史密斯以中將的階級自空軍退休。史密斯記得懷特待在中國的最後一年，「允許他到處徜徉並且做他想做的事……他常告訴我，他想帶一位人力車男孩到鄉下去，一次去二個禮拜，只是到處走走，和當地人一起生活、說中國話、學習當地人的生活方式。他對當地人的藝術文化瞭解的很多，諸如此類的東西他十分有興趣，他的主要目標是去學習如何說不同的中國方言。」

美國陸軍退役中將路易士・貝爾（Louis E. Byers）告訴我有關懷特的事：「當他在北京擔任語文軍官一職時，他的勇氣、想像力和自動自發去承擔非尋常的事情，促使他去要求美國駐北京武官尼爾森・馬格路德（Nelson Magruder）准許他在日本入侵滿州的早期去前線訪問。懷特的報告清晰、精確又客觀，以致於在陸軍部到處可見。從那時起，他便很受注目。」

深入瞭解他對學習的渴望和對國際事務的興趣，可由他在一九二六年身爲一個年輕中尉，寫信回家時之情形一見端倪：「如果要選聖誕禮物給我，我想我寧願訂閱《外交事務》（*Foreign Affairs*）

期刊，而非任何所能想到的東西。」

在他學習語文方面，他說：「近來做了一大堆的研究和一些寫作。你將會很驚奇的知道，我能唸我的中文課本前面三十頁……現在我也會寫中國字……那是被認爲十分困難的。我眞的喜歡這些學習，對我而言，似乎是很容易的。我會讀西班牙文、葡萄牙文、一些法文、義大利文和一點中文，對一位二十一歲的年輕人而言，是不錯的成就。想想看，我大部分的時間尚得學習其他的東西。」

「當我在保林機場（Bolling Field）時，我去喬治城的夜間學校上課，除了語文課外，我想我不會被任何（課目）困住。我同時讀中文和俄文，但我把到國外服務的念頭放在一邊。事實上，那個時候的觀念，人必須要擁有一些私人的財富以達到事業的頂峰，然而我從未特別去意識到那一點。」

當美國承認蘇俄時，在一九三三年被派往莫斯科的第一任美國大使是威廉．布里特（William C. Bullitt）。羅斯福總統告訴布里特大使，他可以指定任何一個人做他的參謀。布里特堅持他必須要擁有一架自己的飛機，如此他可以飛往蘇俄境內任何他想去的地方。克里姆林宮答應了他的要求，報紙稱他爲莫斯科第一位「飛行大使」。他選了湯瑪士．懷特作爲他的參謀，因此懷特成爲第一個也是最後一個，唯一擁有蘇俄的飛行員執照的美國人。

懷特說：「我想你可以說，我爲了我們將承認蘇俄的那一天來準備我自己。因此我在喬治城學習俄文而且值回票價。事實上，當我被選爲空軍武官前往蘇俄，除了一些人知道我曾學過俄文外，我不能說我做了任何事來爭取去蘇俄任空軍武官。當我被提名時，對我而言是個大驚喜。當時麥克阿瑟將軍是陸軍參謀長，而我是一個駐紮在保林機場的中尉，我無法理解何以麥克阿瑟將軍告訴我將被派往莫斯科。關於此一派職，我沒有去請求過任何一個人，但是我曾經申請過國外的職務。」

對這位空軍未來的參謀長而言，蘇俄之旅是一個寬廣的經驗。當共產主義在蘇俄施行時，他瞭解共產主義，也瞭解蘇俄人民和政府官員的本性。

他持續閱讀的習慣，也常常進出當地的書店。他在日記中記載：「隨意記載——在書店內的百姓看起來板著面孔而且不友善，也許是他們讀了太多反資本主義的宣傳口號。我常被認爲是一個德國人，沒人和我打招呼，我瞭解是什麼原因！」他獲得一本蘇俄中學的地理課本，他形容那本書「十分有用」。

馬修・里吉威將軍在華登・華克（Walter H. Walker）將軍於一九五〇年底韓戰中於一次意外事件死亡後，接任第八軍軍長，他在一連串敗北之後贏得勝利。他是一個認眞的閱讀者，在一訪談中，他說在西點軍校當學生時：「我閱讀的數量十分驚人，可能因而影響到我在班上的排名，但從長遠來看，卻給了我不少的好處。在一年級的時候我讀了一大批的書——幾乎讀完了所有的傳記和戰史，一些書籍如：漢彌頓（Hamilton）的《一位軍官的剪貼簿》（*A Scrap Book of an Officer*）。他是日本人在滿州時的英國陸軍武官，順便一提——當然，那是很偶然的機會，我無法預見這些——但是在四十年之後成爲在韓國的指揮官，一些那時他曾記載的事情，回想起來好似就才發生一樣。我並沒注意到，可能是間接地，他們是有幫助的：例如，他敘述禁慾、身體的耐力和日本軍人在那酷寒的冬天行軍時損失的承受。我試著告訴我們的人員，你們在韓國所忍受的惡劣天氣不會超過以往其他國家其他軍隊所遇到的，你們也可以忍受。」

「關懷」在成功領導中的角色將在以後的章節討論，但是里吉威提出了其重要的基礎，他從閱讀所學到的一些東西：「我想去說明這些，在這不久以前我已經對一些人說過了。對你們的人員談些有關『關懷』的事情。我也提到我在西點當學生時，在正課以外大量閱讀一系列由德國人寫的書。那些書是於十八世紀末所寫的，有《砲兵操典》、《步兵操典》、《騎兵操典》……，《步兵操典》的原則尚牢牢的記在我的腦中，我想作者的名字是霍亨絡（Hohenlohe）。不管怎樣，毫無疑問，你可在戰院圖書館找到《步兵操典》。在當時，這個來自高貴德國家族的人對屬下的關心，已得到各個連長的最高信任，他勸告單位指揮官要熟知新兵的家庭背景（富裕的、鞋匠、屠夫，不管他可能是什麼來著……），要以極好的洞察力熟知這些人在家的任何問題。這種關懷可能跟你認為高階普魯士型軍官的一般行為剛好相反。」

里吉威被問及這是否是因為大家對普魯士軍官風格的刻板印象，「是的，」他回答說：「但這確實是他的所作所為。像這樣的書給了我很深的印象，從我到第三步兵師報到開始，就對我自己的生涯有重大影響，它是一本偉大的書。」

他指出他的重點在於閱讀自傳與戰史。「我的父親讓我接觸到許多戰史。當我還是小孩時，他為了培養我對閱讀的強烈愛好，他叫我大聲唸書給他聽，這些書籍包含《歐洲知識的發展》（*Intellectual Development of Europe*）及《科學與宗教的衝突》（*The Conflicts Between Science and*

Religion）。我為他大聲地朗讀那些書籍和所有維克特・雨果（Victor Hugo）所寫的書，當然，那時沒有電視、收音機，所以你只好閱讀。當時那些小小的陸軍營區沒有多少事情可做，因此有很多空閒的時間去閱讀。」

里吉威強調閱讀對一個專業成長的重要性。說到他被派在西點軍校任教官一職時：「我讀所有我能從圖書館獲得的書籍，同時這些書籍對我言也是十分重要的。你從那些軍官在個人作戰經驗中指揮人員上學習到很多東西，你從那些曾失敗過的人們那學習到失敗的陷阱，這些與你的閱讀結合，提供你以後有效領導的主要源泉。人們靠自己擁有的個人經驗十分有限，所以你必須依靠別人的經驗，同時藉著閱讀和與那些在戰鬥中有名望或已展現了他們卓越領導的人談話。我只要邀請他們晚上來閱讀和交談，不是發表演說，而是坐在你自己的房子裡輕鬆自在的漫談而已。那實在是一個十分有價值的機會。」

一九九七年五月十六日，在倫敦的美國大使館，我訪談了前參謀首長聯席會議主席威廉・克勞海軍上將有關閱讀的重要性，當時克勞係美國駐倫敦的大使。我提及道格拉斯・麥克阿瑟的父親，在他去世時擁有超過四千本的藏書，克勞回答說：「在我的書房也有那麼多的書。」我請教他何時開始對閱讀產生興趣的。

他回答說：「很明顯是從我父親開始的。我的家庭是一個奇怪的組合，我是家中的獨子，我的母親發展我的人格，而我的父親發展我對知識的興趣。他是一位律師和一位求知慾強烈的閱讀者——也是一位十分親英國人士（Anglophile）。當我一九六四和一九六五年訪問英國時，他來到這裡，那是他來看我唯一的一次。我帶他去臘像館，他走到陳列成排君王的地方，不需看附在臘像上的人名標籤，就可以叫出每一位人像的名字，好個奧克拉荷馬州的律師！他生活在英國的歷史中，他擁有豐富的藏書，特別偏重小說——瓦特．史考特爵士、沙畢堤尼（Sabitini）所寫的小說，這些比較老的故事。在我大約九歲或十歲時，他在晚餐後唸書給我聽，我記得他唸給我聽的第一本書是《艾凡赫》，我們一起完成這件事，他唸我聽。他每晚睡覺前有閱讀的習慣，這習慣我也養成了，當然，睡眠專家會告訴你這種習慣對你不好。他每天晚上閱讀，而我也開始這麼做。」

我請教克勞，目前他喜歡那一類的書籍。

「自從我來英國〔擔任大使〕以來，我已經讀了大約一百本書。我已經讀完所有帕翠克．歐布林（Patrick O'Brien）、泰勒．佛拉瑟（Taylor Frazier）的書及所有種類的歷史書籍，我正在讀《庫克船長》（*Captain Cook*）新的傳記。那本書我認為是棒極了。最近我讀了三或四本有關納爾遜上將（Admiral Nelson）的書。我現在正在讀一本有關卡爾奧恩．克雷（Calhoun Clay）和衛伯斯特（Webster）的書，這本書眞厚，但該死的是，這本書讀來十分有趣，我也剛讀完《不屈服的勇氣》（*Undaunted Courage*）。

我的父親也喜歡修辭學（rhetoric），我繼承了所有在修辭學方面的書籍。他是一位知識導向的人，我之所以進研究所就讀也是因為他的緣故。他特別的強調教育的重要。

我請教他，什麼樣的閱讀對他的軍人生涯和成就有最大的影響。

「在回答你先前所提到的問題之前，我必須說明一些事情：普林斯頓大學研究所教育的經驗是一個分水嶺，我沒想到它是那麼的有影響力，但我非指在專業上，而是在我個人的層面上。這個世界不是絕對的，不像海軍教導其軍官，這個世界並不是非黑即白，政治是無所不在的。那是一個很好的忠告。如你所知，學位論文的價值不在於你懂了多少，而是你不懂的有多少。」

我請教他，在他的書房有些什麼樣的書籍。

「我真的喜歡傳記，那是我主要的閱讀書籍。我喜歡歷史，但我所讀的書以傳記佔大多數。我花費我生命中很長一段的時間關懷南北戰爭。我有一尊李將軍（被譽為南北戰爭中最偉大的將軍）的雕像放在書桌上。但在讀了更多有關南北戰爭的書籍之後，我改變了心意，我想南北戰爭最偉大的將軍是薛爾曼。我喜愛閱讀有關李將軍的書，但是我必須承認薛爾曼將軍具有南北戰爭中最好的想法，當時他為南方人所痛恨。他的想法是不去射殺人民而是去摧毀敵方所擁有的資產，從喬治亞州行軍北上至維吉尼亞州，他只殺了少數的人民，但他摧毀了很多農場、建築和穀物。薛爾曼曾在經過汐羅（Shiloh）一地時說：『我不喜歡那種戰爭。』」

「傳記是終身的投資，但我擔憂海軍軍官們不喜歡閱讀。此外，我也讀了很多有關第二次世界大戰的報導。」

克勞繼續提及：「在二次世界大戰前的日子，除了軍種學校和軍官團外，大概只有個人獨立的閱讀機會。戰後的年代，才給予有潛力的軍官到我們最好的大學去讀全時的研究所。」

「普林斯頓大學迫使我變得比以前更具有理性分析能力且更有耐性。它挑戰我去對一些比較傳統和根深柢固的海軍觀點重新評估，那是使我和許多同學有點差別的原因之一，這種差別有時使我的軍人生涯遭受打擊，但也使其向上提升。我變得更樂意去發問、再審查和辯論一些其他方案。」

大衛・瓊斯上將爲四位總統：尼克森、福特、卡特和雷根服務過。他大學僅唸了二年：一年在米諾（Minot）州立大學，而另一年在北達科塔大學（North Dakota University）。閱讀在他的軍人生涯中又扮演了什麼角色呢？

「我對知識永不滿足，生命是永恆的學習。我讀過許多專業的書籍——戰史、領導統御——但我也閱讀目前在世界上正發生的事。每天僅僅在晚上聽三十分鐘新聞是不夠的，你必須深入的閱讀才能來擴展自己。當我意識到種族關係在我們空軍中成爲問題時，我閱讀了各種能掌握這方面的書籍。空軍擁有龐大物質資源，讓我每星期繼續花更多的時間來繼續閱讀有關領導統御的書籍。」

「對我而言，藉著閱讀你可以得到二樣東西。第一，在閱讀中你可以從裡面學到很多東西。第二，同樣的重要，閱讀可以使你的思考更廣泛，特別是在領導統御方面。我將極力鼓勵大家閱讀我們最高軍事領導人的傳記和回憶錄，但我要強調，我曾遇見一些人，他們閱讀了很多這類的書籍，但卻沒學到什麼。以閱讀爲基礎，你必須站在指揮官的立場去思考，並與其他人討論你所閱讀的書籍是有用的，這是一個學習的過程。閱讀和討論能幫助價值觀的形成。」

謝・梅耶將軍於一九七九至一九八三年任陸軍參謀長。在和他的一次訪談中，我請教他是否爲一位戰史學者。

他回答說：「每年我都閱讀一套書籍。我在軍中有一套書是我每年必讀的，那就是《李將軍的跟隨者》。我每年都讀完這三冊書，這三冊書是我唯一帶去越南的書籍——的確，這是我每一次調職所攜帶的三冊書籍。」我請教他爲什麼。「因爲假如你把三冊書讀完，你就開始瞭解領導的要素。如果你去分析人與人之間的關係，也就是領導統御，你可以領會一個領導者如何去說服一個人去做一件事情。李將軍和他的『跟隨者』互動的方式，對我而言，正是領導者成功的典型方法。」

「《李將軍的跟隨者》提醒我的人際關係——不論是在戰場作戰、五角大廈或是任何地方——對我的成功而言將是重要的，正如那是李將軍和南方聯邦多年來成功的秘訣。當這些跟隨者消失後，這同樣的人際關係和曾經存在的凝聚力就不見了。」

「我閱讀過那些曾位居領導階層者的傳記和自傳，特別是軍方的人員，如艾森豪的《歐洲的聖戰》（*Crusade in Europe*）或麥克阿瑟的《回憶錄》、布萊德雷的《一個軍人的故事》（*A Soldier s Story*）和福瑞斯特．波葛所著四冊談馬歇爾將軍的書。以上這些書籍一直在我的書房中，和其他許多軍人及那些成功的民間領導者的傳記與自傳擺在一起。」

「當我在陸軍時，我起得很早，每天早上三點半或四點起床，爲我自己的知識而讀，那是我自己最珍貴的時間，可以讀任何我想讀的書籍，若非如此，我沒有別的時間可以來閱讀，我非常珍惜我寶貴早晨閱讀的時光，而不去想陸軍正在發生些什麼事情。我發現如果我沒有刻意撥出一點時間來閱讀，我就不會閱讀。今天，作爲一個閱讀者，你必須下功夫去閱讀。工作在各方面而言都是很費力的，你必須安排時間去閱讀。當第二次世界大戰的領導人物在發展時還沒有電視，你除了閱讀外，沒有任何東西如馬球、高爾夫會讓你來分心。」

我提出對那些聲稱因電視而分心，或工作時間漫長的，沒時間閱讀的人，只是在找理由逃避的人。

梅耶回應說：「花時間去閱讀和思考，對於瞭解他人在過去面對你今天所面對類似的挑戰是如何反應的，這是件相當重要的事。我挑選了波葛所著的馬歇爾將軍傳記中有關動員部分，給陸軍參謀部主管閱讀。然後我們坐下來討論他們在一九三九年所面對的動員問題，結果那些問題和我們今天『空洞的陸軍』（hollow army）所面對的問題非常相似。」

如今很多軍官沒有時間去閱讀的藉口是他們的工作負荷過重。二次世界大戰期間，馬歇爾將軍身為陸軍參謀長，一個星期工作七天。從一九三九年至一九四五年他自參謀長卸任為止，在六年的任期中他只休過十九天的假，然而他仍然可以找到時間來閱讀。

在馬歇爾夫人的《同在一起》（*Together*）一書中，她回憶為了規劃卡薩布蘭加會議（Casablanca Conference）：「那個秋天，喬治為了曾在會議中討論過的計畫更為忙碌。那些計畫如同一支手錶的運作般複雜、精巧，過程需要瞭解、願景和無比的耐心。當他晚上回到家時，時常累的說不出話來。我常把一大堆書送進書房，放在他躺椅的旁邊。我的先生一直是位不停的閱讀者，我很難維持他對書籍的需求。他簡直像一群蝗蟲吃光一片綠色草地般的貪婪，讀完一大堆的書。」

美國空軍克里奇將軍（已退休）也提供了一個閱讀需求紀律與架構的例子。我將在第六章討論克里奇將軍快速升至四星上將和他在空軍管理風格與作戰能力方面的持續影響力。如同我提到過的大多數最高領導者，比爾．克里奇從小時候起就是一位求知欲強烈的閱讀者。儘管工作負荷極重，身為一個有顯著戰績的戰鬥機飛行員，當他還是中尉時，曾在北韓上空飛行了一百零三次的作戰任務。之後六年中，他從事雷鳥和燃燒天空（Skyblazer）（美國駐防歐洲的特技小組）這兩組非常具挑戰性的特技飛行工作，並擔任了四年的領隊任務。在這期間，他在世界各國實施了五百五十七次正式的空中表演。能身爲這兩支精英飛行隊伍的一分子，是戰鬥飛行員在同事中所能獲得的最大稱讚。

在派往享有盛名的「美國空軍戰機武器學校」（U.S. Air Force Fighter Weapons School）擔任教務長三年後，他成爲「戰術空軍司令部」（Tactical Air Command）司令的行政助理。從國家戰爭學院畢業後，他擔任了國防部長的助理參謀二年，然後晉升爲上校。在東南亞飛行了一百七十七次的戰機作戰任務（係在戰鬥機聯隊擔任作戰助理〔deputy for operations, DO〕時，於一百五十六天內執行的）——在回到位於西貢的空軍第七軍（Seventh Air Force）總部報到前，曾擔任喬治·布朗將軍的作戰副署長（assistant deputy for operations）六個月。儘管一連串的工作有顯著的挑戰及對時間迫切需求，克里奇仍然安排時間進行專業領域外的廣泛閱讀。

我請教他在發展成爲一個領導者時，閱讀到底扮演了什麼角色。

「在我自己的生命中，我嘗試著去做的及我從那些成功地成爲最高領導人身上看到的，就是他們從來不曾停止增長他們的知識。我最喜歡引用的一句話是，來自加州大學洛杉磯分校的著名教練約翰·伍頓（John Wooden），他的球隊在十二年間贏得十次美國大學體育協會（NCAA）的冠軍。他說：『重要的是，在你認爲你學到了全部後，你還能學到什麼。』沒能做到這一點的人，就是那些沒能把大學教育當作追求更高深知識的一條主要道路，而不是終點。在空軍人員的生涯中，探求知識成長之路有二：一是經由書籍和書面紀錄（written word），二是去學習目前的空軍作戰、目前的挑戰，去思考並掌握可拓展視野的資訊，關於這一點，正式的學校教育會對你有所幫助。」

「最好的知識成長是來自於一個完全且對所有種類書籍有求知慾強烈的閱讀者。當然，長時間的工作和長時間的臨時交辦任務，這不是一件容易的事。你必須養成一個習慣，讓你自己一星期閱讀一本書，或至少二個星期一本書。對於閱讀書籍的選擇，我不想給予建議，但以我自己為例，我認為最有價值的書籍是人類心理學。事實上，這個領域佔去我閱讀書籍的七十五%。我集中在動機的問題上——是什麼激勵人們去超越現狀，是什麼激勵人們想要去工作，是什麼激勵人們想在早上要回去工作。」

「我也研究歷史。當我閱讀傳記時，使我有興趣的是，他們如何閱讀及如何想去發展知識的成長。他們是求知慾強烈的閱讀者嗎？他們是歷史的閱讀者嗎？艾森豪和巴頓是有名望的偉大閱讀者。我們必須把閱讀當作一個終身的承諾，甚至於著迷，你必須不停地追求知識的成長。在我的經驗中，這些人變成了其他人的最佳領導者。然而，藉著與年輕空軍人員的談話，四處摸索去瞭解他們內心的恐懼、希望、挫折和需求等來研究也是必需的。」

「我瞭解擁有很好智商且已經閱讀了比我還多三百多本書籍的人，他們沒法處理簡單如只有三輛車的出殯行列。他們不瞭解是什麼激發人們工作的意願，假如他們不瞭解何以致此，那麼他們就不會瞭解什麼才能激發組織起作用。在最後的分析中，使得組織成功或不成功的因素是它的規模和承諾，以及組織成員的天賦、訓練和能力。那就是為什麼我要研究心理學的緣故。」

目前有過量的書籍和文章可用，吾人如何從中挑選最有意義的資料？一九八七年，卡爾．弗諾將軍在被任命爲美國陸軍參謀長時（任期一九八七至一九九一）找到一個解決的方法。他集合一個由陸軍軍官和文人組成的小組，來幫他思考陸軍所面對的重要問題。他稱之爲「評估與開創」，並認定這個小組的主要任務爲：評估關鍵議題並提供他創新的選擇，俾以利陸軍與國家。至於該小組名字，考慮過其他陸軍首長使用過的但也被排除的有，包括「陸軍研究小組」（Army Studies Group）和「參謀小組」（Staff Group），此乃因進行學術性的研究很明顯地不是這個小組活動的主要目標，而這個小組既非部份亦非全部用來取代正式的陸軍參謀部門或陸軍秘書處。最後，這個小組命名爲「陸軍參謀長的評估和開創小組」（The Chief of Staff of the Army's Assessments And Initiatives Group，縮寫爲CAIG）簡稱「凱格小組」，它單獨地直接向弗諾報告，且命令在他們的工作上須維持最嚴格的保密性。「凱格小組」的主要工作範圍，包含國家安全策略、軍民關係、公關、大眾媒體、國會、白宮和國內陸軍、陸軍訓練、領導者的發展、現代化、研究發展、準則、部隊設計和部隊結構，並維持陸軍從選兵入伍到他們返回平民生活的品質。「凱格小組」的產出包含在不受組織壓力或偏見的影響下重新評估一些敏感問題，及提出一些可考慮的行動方案。這些行動方案，不管是爲了制度上或其它的理由，通常不會被正式陸軍程序所產生。簡言之，「凱格小組」是忠實的經紀人，他們唯一的顧客就是參謀長和國家。

弗諾將「凱格小組」視爲一個政策開創和檢驗的來源。他也使用「凱格小組」去協助他因工作緊迫壓力，而無法進行達到超越陸軍進入研究和深思的境界。「凱格小組」的成員除了履行他們責任向陸軍提出議題外，還研究產生一般不會引起弗諾注意有關時事問題的議題、書籍與刊物，並製做成摘報，每星期編輯這些想法成「議題書」供弗諾在周末或旅行時審閱。這個冊子平均包含十五至二十個提案，長度各爲一至五頁，通常這些資料包含有發展性的題目或書籍，有時是由「凱格小組」會員自己寫的刊物。

弗諾向我說明，「凱格小組」的價值在於它協助我完成多面向的責任。「議題書對我而言有很大的激勵作用，能讓我產生很多的構想。每個星期五晚上，我固定拿到這本議題書，我可以在周末或旅行時審閱。我們有多種領域的人投入在此書中，所以各種構想從來不曾匱乏。這書對我提供了很寬廣的經驗，它給了我主意——這些想法延伸了人生經驗的寬度。很難說是任何一個特別題目或書或論文眞正地引導我進入任一議題的特殊決策，但那種研究和背景提供決策環境中的重要成分。我從來沒有機會去獲得那種資訊——我的時刻表實在不允許我那樣做，而且每年出版的書籍實在太多了。有時議題書會使我注意到一本特別的書或一篇文章，這時我會要求凱格小組提供給我原始的資料。如果沒有議題書提醒我，可能我就不會去讀一些有價值的書或接觸到一些新構想。對我的決策而言，議題書是一非常有價值的工具。」

我請教弗諾閱讀在他的生涯發展中扮演什麼角色。他回答說：「閱讀對我在軍中服務期間有很大的影響力。戰史、傳記、領導統御的故事，全部有助於我的思考和我對軍事專業的瞭解。其中一本這樣的書是威廉·史利姆（Field Marshal William Slim）元帥所著的《歷史上的敗北》（*Defeat in History*），這是一本研究在細句的戰爭。」

我請教弗諾從這本書中獲得了什麼。他只用一個字回答：「不屈不撓……史利姆先生堅持這點——儘管周遭的情況與環境本身艱難，成功的機會渺茫，他永不會接受敗北。」他堅持這一點，對我而言有很大的共鳴。

「另一本書〈對弗諾重要〉是布萊德雷的自傳，在該書中我看到了他自己的人性及他對屬下衷心的關懷。福瑞斯特・波葛對馬歇爾將軍的傳記對我也有相同地重大影響，經由他的文字描述，我開始瞭解這個最複雜和有天賦的廿世紀領導人。菲倫巴哈（T.R. Fehrenbach）關於韓國的書對我而言變成了一個警世標語……他尖銳地指出第二次世界大戰之後，因爲短視及由財政限制所支配的訓練和戰備計畫，造成訓練不足的美國軍人付出慘痛代價的悲劇。的確如此，是菲倫巴哈爲我琢磨出一個句子，該句子成爲我在擔任參謀長時的座右銘：『再也不要史密斯特遣部隊』（No more Task Force Smiths）」。這是關於一支準備不足的營，被投入戰場以阻擋共黨的入侵南韓，在俯瞰歐杉（Osan）的山丘上被共黨全部殲滅。美國政府永遠不要再派遣訓練不足與裝備不足的青年男女去冒險作戰，還要求他們贏得戰爭並且安全的回家。

當史瓦茲科夫將軍成功地領導聯軍將伊拉克軍隊驅離科威特之後，被提名擔任陸軍參謀長，然而他拒絕了這個機會。他告訴我：「這個職務應給戈登・蘇利文（Gordon Sullivan）將軍，他擁有堅強與正大光明的正確組合。」

蘇利文提供了他對閱讀重要性的見解：「書籍對任何一個美國陸軍領導者的專業發展是很重要的一部分。永遠沒有足夠的時間去閱讀所有我們想閱讀的書籍，但是在我軍人生涯的早期，我學習到我可以安排一點時間來閱讀。從閱讀中，我能夠在具有挑戰的任務中獲得放鬆，將讓自己準備好去掌握每一天的挑戰，自我充實以面對隱藏在未來的重大問題。」

「專業的雜誌和期刊……幫助我跟得上我們的世界、我們社會和我們陸軍的變化與觀點。雜誌上短的文章常給我所需的及時資訊，而那些短篇文章是我發現符合我有興趣的長篇著作作者的重要方法。」

「我經常津津有味地閱讀戰史。我告訴人們歷史使我強大，我希望歷史幫助我和其他的人體認到，透過好的決策並堅定的運用意志力，一般人可克服在人生道路上的障礙……。」

「我的觀點是：閱讀是為了放鬆，為了學習以及擴展你的視野。假若你要在個人與專業方面有所成長，你最好去閱讀。」

我請教史瓦茲科夫他是否像麥克阿瑟、艾森豪、布萊德雷一樣是個勤奮的閱讀者。「是的，但可能未及你剛才所提及那些人的程度，是因為我時間上的限制。我剛把我的藏書清光了（他剛退休），我把那些書籍送給了本地的學校，但其中很多書上面題了字。那是一件令人難為情的事，因為我把書中有題字的頁次切掉了，因為有人可能會去竊取那些題了字的書。我送出幾千本的書，每一次搬運那些書都是一件可怕的事，因為我們經常要付超重的運費。而我有多達四十五箱的書。」

我請教他，在他的領導歷程中閱讀所扮演的角色。「你可以從歷史中學習或你是註定要去重蹈歷史的覆轍。我在西點軍校時，變得對戰史非常有興趣，他們把這門課命名為『軍事藝術史』，我十分喜歡那門課。我收藏了我的軍事藝術史書籍好多年。當我離開越南時，我把這些書送給西點軍校，獲得一套西點軍校的地圖，我把這套地圖當作告別禮物送給了剛晉升爲將軍的吳廣壯上校。」

「我曾著迷於像李將軍、格蘭特、薛爾曼、巴頓——當然還有布萊德雷等人一樣的領導統御，我擁有所有與他們相關的書籍，當我還是中尉、上尉時，我便開始閱讀和蒐集這些書籍。我的父親有一整套哈佛的古典文學，那是二十年代的版本。當他去世時，我表示我想要那些書，然後那些書就成了我藏書的一部分。」

我請教他是否閱讀過哈佛古典文學系列。「是的，我有另一套名爲《現代修辭學》的系列書籍，發行至一九二〇年爲止，內容是歷史上著名人物的演講。我並不只是閱讀歷史，我承認我也非常喜愛詩。在西點軍校時，我花了很多時間去讀詩。」

我請教他最喜愛的詩人是誰。「年輕時，我是個浪漫主義，所以卡菲莉雅（Cavalier）的詩是我最愛的——像拉弗雷斯（Lovelace）以及此類性質詩的作者。我喜歡布魯溫（Browning），也喜歡莎士比亞，一些莎士比亞的詩眞是好極了。此外，濟慈（Keats）、莎莉（Shelly）和渥滋華斯（Wordsworth）的詩也是不錯的。」

「人的成功部分是來自於善於體會別人或感受和關懷別人。我是一個毫無希望的浪漫主義者，我會看一些劇情片並坐在那淚流滿面，雖然我完全瞭解那只是一個動人心弦的故事。我對事物、對熱情都有感覺，我能感覺到別人的痛苦，這可回溯到我的直覺及我可以感受到其他人的情緒。」

柯林・鮑威爾將軍對閱讀的興趣則較晚才開始。他告訴我：「只有從離開李文沃斯（位於堪薩斯州李文沃斯堡的指揮參謀學院）和國家戰爭學院之後，我才眞正開始瞭解到閱讀的重要性。我閱讀有關馬歇爾和艾森豪的書籍，埋首於這些書籍之中影響了我的一生。我閱讀的第一本書是嘉諾斯基（Janowski）的《職業軍人》（*The Professional Solider*），然後是四冊波葛著的喬治・馬歇爾上將自傳，特別是「全勝」馬歇爾（S.L.A. "Slam" Marshall）所著的《三軍部隊軍官》（*The Armed Forces Officer*）。」

約翰・夏利卡希維里將軍，一九九三至一九九七年擔任參謀首長聯席會議主席，他自波蘭移民至美國時才十六歲。當他告訴我，是從看約翰・韋恩（John Wayne）的西部片來學英文時讓我覺得很有意思，後來，他便成爲一位認眞的軍校學生。他說：「我記得，當我開始對軍隊事務有興趣時，我試著去閱讀我所能擁有的有關拿破崙的書籍。在我到達美國之後，我們正準備慶祝南北戰爭一百周年紀念，我閱讀所有關於南北戰爭的書籍，然後我研究有關第二次世界大戰的書籍。我閱讀艾森豪的《歐洲的聖戰》好幾遍。我著迷於道格拉斯・麥克阿瑟的《回憶錄》，拿這本書和曼徹斯特（Manchester）所著有關麥克阿瑟的書籍《美國的凱撒》來相比較，是很有趣的事。」

夏利卡希維里將軍鼓勵年輕軍官們閱讀。「我回想當我擔任營長時曾受很大的挫折，我擔憂那些尉級軍官們——要求他們去閱讀有關戰史的書籍是多麼的困難。你是可以一直命令他們去閱讀，但我希望他們對戰史有狂熱的興趣。記得有一天我很高興，我偶然地要求一名中尉閱讀《天使殺手》（*Killer Angels*），然後給我一份閱讀報告。他閱讀完後，對那本書便愛不釋手。從那時候起，我用該書來要求年輕軍官開始閱讀的習慣，因此將有助於他們喜愛上閱讀戰史。」

顯然，是艾森豪的閱讀歷史使他發展成爲一個典範，如同我們在這一章所論及的將軍們所做的一樣。特別的是，艾克的性格具有如此多的風格：在逆境中的活力和耐性、不屈不撓的勇氣、大膽和自我犧牲的精神。身為負責戰史上最龐大一支艦隊的領導者，他所承擔足以讓人崩潰的責任下，只有的這些風格促成他的成功。

對那些渴望未來的職務具有挑戰性和重責大任的人們而言，閱讀傳記是不可或缺的。生命是短暫的，在生命中我們學習並從個人的經驗中成長。然而因為生命是短暫的，人們受限於他們自己的經驗，經由傳記，藉助於那些成功者的人生經驗，我們學習並快速成長。

在過去的三十五年，我觀察到那些熱愛閱讀的將軍們的思緒有較高的深度和理解力，閱讀幫助他們發展個人的性格和領導風格。他們主要的興趣是傳記和歷史，但是許多人對蘇格拉底、柏拉圖、亞里斯多德和莎士比亞的著作也有興趣。在年輕時，他們全都閱讀過如瓦特・史考特爵士、魯迪・吉卜林（Rudyard Kipling）、詹姆士・費米摩爾・庫伯（James Fenimore Cooper）等人的冒險小說，這些作者激發了他們軍人生涯中冒險的興趣。一些愛好詩詞的「戰士們」常展現特別的心理敏銳度。他們具有的第六感、他們的直覺，是經由其他領導者的想法和性格給予磨練和加強。

在我們的民主社會中，我們常把讀書視為理所當然的機會。一九九七年，一位從前共產國家保加利亞的學生來美國求學。在一篇獲獎的論文中，克拉西米拉・曉可發（Krassimira J. Zourkova）寫道：「至今我仍不解，在保加利亞的共產主義下成長，究竟是一件我該遺憾或是我應該感謝的事。我告訴我的美國朋友為何在我二年級的證書上，記載我曾加入共黨兒童組織，至於我的祖父從醫學院被開除的原因是他認為他是『政治上不可靠的』。然而，我始終無法超越的便是正面的意義：這種特別對生命的由衷感激——一般人視爲理所當然的——卻是共產主義帶給我的幼年的正面意義。」

「我記得我室友臉上的驚訝表情，當她看到我的手在我的一本教科書的封面上下滑動，好像在撫摸它，她笑著問我，我是否在幻想。事實上，那時我在緬懷這本教科書，因爲我是第一次打開它。這是初次接觸到一本書，從第一次接觸到光滑的封面到膠水簡潔的裂縫，那裂縫是在打開扉頁，然後將書頁壓下時產生的，這時刻幾乎變成了一種儀式——在很久以前，當我從學校回家時，我會發現一本我父親花了好多天時間才找到的書，放在桌子上以讓我感到非常的驚訝與興奮，這是我所謂的『幸運』之夜。在那個時候，想找到所要買的書幾乎是一件不可能的事，通常我必須排好幾小時的隊，當商店的大門打開時，排隊的群眾衝進店裡，而我必須在數分鐘之內——書架被一掃而空之前，儘可能的去搶奪最多的書，當然更希望我所尋找的書正好在搶到的書堆中。」

「對我而言，一直在學習感受任何特定書對個人的特殊意義。成長於那個年代，書本是稀有的必需品，是難以獲得的奢侈品和一個小小的羅曼蒂克，是每天的夢想。所以，當我的朋友們問我，若回到當年將會是什麼樣子，我告訴他們，進到我們大學的圖書館，在幾千個書架中的某個架子，找到內有折頁的、在紙上有污痕及因某人的不小心，用紅色墨水註記在本文上的書，我告訴他們，假如看到了上述的那些東西，他們會感到一股無名的怒氣沖天——他們就可體會我的感受了。」

我們引用前述領導者談論閱讀對他們的影響力，是想對年輕軍官傳達閱讀及建立一個專業藏書重要性的價值訊息。威廉・菲勒普（William Lyon Phelps）係一位在耶魯大學任教超過四十年而且擁有藏書超過六千冊的教授，在一九三三年四月六日，參與了一次廣播的訪談，談及閱讀和建立一個自己藏書的重要性。他演講內容的一部分值得在此引述，因爲它集中在閱讀的價值：「閱讀的習慣是人類偉大的資源之一。如果書籍是我們自己的而不是借來的，我們就更可以享受閱讀的興趣。一本借來的書就好像是屋子內的一位客人；因此對待這本書的時候會受到拘束，須以一些相當的禮節來對待它。你必須使它不受到損傷，當書待在你家時不能受損，你不能草率地對待它，你不能在書上做記號，你不能折疊書頁，而且你也不能熟悉地使用它。然後有一天，雖然現在已很少這樣做，你眞的必須將它歸還。」

「但是擁有屬於自己的書，你就可以隨心所欲的使用。書是用來閱讀的，不是用來裝飾炫耀的。你擁有的書，儘可以在上面做記號，放在桌子上把書本打開且埋首其中。在書本中看見自己喜愛的內容的頁次上註記，可使你容易記憶並且很快的找到喜歡的句子或段落以利參考，然後經過數年後，當你再次翻閱時，就像是探訪一座熟悉的森林，那兒有你曾標示過的路標。你會很愉快地重遊舊地，回想知識的背景和早期的自己。」

「每一個人應在年輕時開始建立一個私人的藏書館，這是人類私有的智慧與資產，從其中能獲取知識得到正當的利益。吾人應該擁有自己的書架，不應有門、玻璃或是鑰匙的隔閡，應是可自由進入的，且是垂手可得。牆壁最好的裝飾就是書籍，它們顏色和外表上的變化勝過任何壁紙，它們在設計上更具吸引力，主要的優勢在於有各自的特色，因此假如你獨處於屋中，周圍環繞著書香氣息，你毋須要全部閱讀，即可感受到知識所帶來的新鮮與刺激。」

「當然，書房裡沒有具有生命、會呼吸、有肉體的男女朋友，我專心從事閱讀並不會使我成爲不食人間煙火者。怎麼會呢？書籍是原於人們的，是爲人們所用的，是爲人們所享受的。文學是歷史不朽的一部分，是人格最好與最持久的部分。但是『書朋友』具有的優勢勝於『活生生的朋友』，你可以享受在這世界上任何時候你想要的、最眞實氣派的高雅社會。過世的偉大是在我們肉體無法接觸到的，而偉大的活人我們通常也沒辦法有所接觸。至於我們個人的朋友和熟識的人，我們無法時時看到他們，有時他們睡了，或是旅行去了。但在個人的圖書館裡，任何時候你都可以和蘇格拉底、莎士比亞、卡萊爾（Carlyle），或大仲馬（Dumas）、狄更斯、蕭伯納（Shaw）、巴利（Barrie）或高爾斯華迪（Galsworthy）交談。毫無疑問的，在這些書中你可以看到這些人最好的一面。他們爲你而寫，他們用盡力氣表現出他們最好的來娛樂你，造成一個良好的印象。你對他們而言，就像是觀眾對演員的角色，只是你不是看他的的表演，而是看見他們內心的最深處。」

【第六章】

明哲導師：指導、諮商、忠告、教導和開門

吾人應如何發展成為一個決策者？在決策者的身邊學習。

——陸軍上將杜威・艾森豪

領導者的首要責任是創造出更多的領導者。

——美國空軍退休上將克里奇

艾森豪將軍回答我「吾人應如何發展成爲一個決策者」的問題時說：「在決策者的身邊學習。已經達到最高職務領導人都是圍繞在決策者旁邊的，這些人是他們的明哲導師。」

幾年以前，我在阿拉巴馬州麥克斯威爾（Maxwell）空軍基地裡的「空軍中隊軍官學校」（Air Force Squadron Officers' School, SOS）擔任定期演講者。中隊軍官學校係爲中尉和上尉而設立，其乃空軍所有部門中唯一設有連級課程的學校。相對地，陸軍擁有在不同兵科學校設立的「軍官連級學校」，如步兵和裝甲兵科學校。

在我之前的演講者是一位空軍將領，他建議班上同學：要出人頭地，每一個人必須有一位「教父」並「依附有實力的人」。這種說法使我憂心，因爲他給了班上大約五百名年輕軍官一個深刻印象，就是成功在於你認識了誰，而不是你工作上的表現和你懂些什麼。這個說法使學生們十分錯愕，在下課休息的時候，學生們表達了他們理想的幻滅。

對目前的年輕一代回答「如何在軍中出人頭地和成功」是很重要的。爲了回答這個問題，我們將在這一章詳述二十世紀最成功的一些陸軍和空軍將領們，他們軍人生涯中的明哲導師。在我和一百多位四星上將的訪談中，我請教每一個人，是否認爲他的成功是因爲他有一位「教父」的結果。這些四星上將中沒有任何一個人認爲他的晉升或派職是因爲他認識了某一個人、他剪髮或頭髮分邊的方式、他所唸的學校、他的家庭背景或是他的高爾夫球技。他們全都相信他們的成功是基於爲國奉獻服務。反過來說，由於渠等在較高職務上的表現令人印象深刻，以致其軍人生涯可以作爲年輕軍官的典範。

已退休的「靦腆」艾德華・梅耶將軍，提供我一個最能看透「教父關係」（sponsorship）的方法。他比較喜歡用「良師」（Mentor）這個名詞甚於「教父」。「明哲導師」（mentorship）擁有靠自己實力成功的認知而不是依靠政治影響力，政治影響力經常和「教父關係」有所關連。梅耶將軍說：「首先你必須定義『明哲導師』的要素是什麼。一個要素是屬於『指導』（guidance）、『諮商』（counseling）、『忠告』（advice）和『教導』（teaching）的範疇。你如何從那個人身上學習？爲何那個人要花時間去教導你？你接受到什麼樣的指導、諮商和忠告？那是『明哲導師』的一部分。第二部分是『開門』（door opening），那是對某人提供機會。我愈思考『明哲導師』的實際意義，就愈能體認到我相信它包含『教導』和『開門』的含意。這和你與你的上司或你的指揮官間的『正常關係』是不同的。你的上司或你的指揮官能運用你成爲稱職的、有能力的人，並且會告訴你去做什麼，但是他不會花時間教導、諮商或忠告。也許他能這樣做，卻不會感覺到要有爲你『開門』的責任。」

梅耶將軍的「開門」意指「提供派職的機會，俾有助於專業上的成長」，通常導致獲得最艱苦和最吃力的工作，比大部份與你同一時期的人們工作更長的時間。「良師」是這麼樣的一個人，他花時間去指導、諮商、忠告和教導，而且培養某人承擔更重的責任和更高的階級。

馬歇爾將軍的軍人生涯提供了一個「明哲導師」最好的例子，他曾做三位將軍的副官和參謀，那就是在一九〇六至一九一〇年時的陸軍參謀長富蘭克林・貝爾（J. Franklin Bell）將軍、第一次世界大戰（一九一七至一九一八）的韓特・李吉德（Hunter Liggett）和美國遠征軍（American Expeditionary Force, AEF）及陸軍參謀長（一九二〇至一九二四）的潘興將軍。以上的每一位將軍都提供了馬歇爾廣泛的指導、諮商、忠告和教導，他們擔任特殊的作戰領導者並獲得快速晉升，也是傑出的模範角色。貝爾將軍在菲律賓、潘興將軍在古巴的西班牙對美國戰爭中均有傑出的戰功。

第一位深具意義的馬歇爾良師是貝爾將軍。貝爾將軍的早期軍旅生涯看起來是沒有前途的，他於一八七八年自西點軍校畢業，其軍人生涯的前二十年均是尉官，二十年中有十二年是少尉軍官，他的前途看來沒有光明。一八九八年的戰爭使他獲得了機會，那時他奉派為「菲律賓遠征軍」（Philippines Expedition Force）的少校工程官。他在菲律賓的表現，在美國歷史中是最佳勇氣表現人員之一，為此他獲頒「榮譽勛章」。

一九〇六年，貝爾成為陸軍參謀長，任期一直到一九一〇年。他晉升到此一職務時還不到五十歲，離開尉官階級正好八年，雖然貝爾將軍做為一個戰鬥指揮官創下了輝煌的記錄，他所做的長久貢獻卻是在擔任李文沃斯堡指揮官期間（一九〇三至一九〇六）。貝爾和馬歇爾在該地開始有了第一次的接觸，貝爾的目標是設立一所訓練「有足夠能力的專業軍人」的學校，並成為陸軍的智庫。

當貝爾成爲李文沃斯堡的校長時，他堅持各團團長只能挑選最好的軍官參加該校自一九〇六年開始的初次課程。馬歇爾被選中入學，雖然那時他只是一位資淺的中尉軍官，班上共有五十四位學生，大部份學生比馬歇爾年紀大且經驗豐富。

馬歇爾描述這段求學的經驗：「在我生命中，這是我曾做過最艱辛的工作……。我徹底的學習，在經過所有的這些吵雜、奮發、興奮和缺乏時間……的學習過程對我很有幫助。」他也提到求學的這一年，「我終於養成了讀書的習慣，在這之前我眞的沒這習慣……。」馬歇爾以班上第一名畢業，這是一個重大的成就，這個在李文沃斯堡學校第一名的聲譽，在他爾後的軍旅生涯中一直伴隨著他。

身爲陸軍參謀長，貝爾從華盛頓到李文斯沃斯堡來做畢業致詞。馬歇爾以第一名的成績畢業，明顯地受到貝爾特別的注意。貝爾是一位有輝煌戰功紀錄的軍人，有智慧、有願景，這對於年輕的軍官如馬歇爾非常有號召力。

一九一三年，馬歇爾奉派至菲律賓擔任韓特・李吉德將軍的副官，爲期三年。馬歇爾第一次和李吉德的接觸是在李文沃斯，那時李吉德是步兵第十三軍的營長，而馬歇爾則是一位教官。下課後，李吉德經常和馬歇爾聚在一起討論馬歇爾所教的功課，在這些聚會中，李吉德對馬歇爾印象深刻。在菲律賓時，李吉德花了很多的時間在馬歇爾身上，帶他去視察，要他記錄什麼地方須要改進，他時常派馬歇爾代表他出去考核野外演習。

貝爾將軍在參謀長任期之後，被奉派指揮菲律賓。馬歇爾很幸運地，他早在菲律賓期間就讓貝爾的一位參謀，強森·哈古（Johnson Hagood）少校有很好的印象。哈古耳聞馬歇爾和他的同事之間有一個與「軍事原理」有關的賭注。哈古問馬歇爾是否有這回事，馬歇爾承認了。哈古說：「這件事教了我一些東西。我學到的教訓就是，在訓練軍人時，最重要的事情是去抓住重點，在你視察時要看重點。這個教訓在我軍人生涯中一直被我運用著。」

一九一三年，馬歇爾成為猶他州道格拉斯基地（Fort Douglas）強森·哈古中校的助理。哈古在馬歇爾的考績表上，一個考核項目「你是否願意此人在你的指揮下？」上，寫道：「是的，但是我寧願在他的指揮之下。」哈古稱馬歇爾是一位「軍事天才」並且「推薦他成為正規陸軍中的准將，同時認為每耽誤一天馬歇爾的晉升，對陸軍、對國家而言就是一個損失……（他）已經具備足夠的訓練與經驗，擁有在戰場上指揮大規模部隊的能力。」這份考績表上的日期是一九一六年十二月三十一日，由韓特·李吉德准將簽名認可，並由貝爾少將審核。哈古繼續在軍中往上攀升，成為在第一次世界大戰期間駐法的美國後勤部隊參謀長。一九三四年，那時馬歇爾為上校，哈古為軍長，哈古力促陸軍部長喬治·德恩將馬歇爾晉升為准將。

馬歇爾的成就，多年來一直在貝爾將軍的注意中，當貝爾將軍成為美國西部省（Western Department）的司令官時，貝爾挑選馬歇爾擔任他的新副官。在貝爾如此有才幹的主官身邊當副官的職務，既是挑戰也是學習。

身為美國西部的陸軍指揮官，貝爾關心一九一六年在美國和墨西哥之間爆發的邊界衝突。在墨西哥邊界的美國部隊戰場指揮官是約翰·潘興准將，他註定要在馬歇爾生命中扮演一個良師的重要角色。

馬歇爾第一次遇到潘興是他擔任貝爾副官的時候，不久，他變成潘興在第一次世界大戰中最有價值的參謀軍官。起初，他在法國擔任各種不同的職務，一九一七年十月的一次演習表現很差，受到潘興嚴苛的指責。使潘興大爲吃驚的是，馬歇爾指出這次困難的演習乃因僅在一天前才接獲通知，而這種演習通常須要兩個星期的計畫準備。（此一事件在第四章〈憎惡唯唯諾諾的人〉中有詳細的描述。）潘興不習慣年輕軍官如此對他說話，據稱在他大步離開時，只說了一句：「是的，您完全的正確」。從此不久之後，馬歇爾晉升爲潘興第一軍的作戰計畫參謀，在韓特・李吉德的指揮下。

馬歇爾能有效地掌握每一次的挑戰，很快地就成爲潘興將軍最信任的作戰軍官。一九一九年五月，馬歇爾成爲潘興的副官，隨後在潘興任陸軍參謀長時（一九二一年九月至一九二四年九月）繼續爲他服務。

潘興自己在他的軍人生涯中也曾受過良師的教導。一八九七年一月，紐約警察局長西爾多・羅斯福（Theodore Roosevelt）和當時的潘興上尉之間的會議確實是個重要因素，那是他們的第一次會面，也是他們長久友誼的開始，當他們兩人一同在古巴服務時，他們的友誼更加增強。潘興領著他的「非正規騎兵」（Rough Riders），隨羅斯福從戰場奮鬥到白宮。毫無疑問地，這種和潘興緊密的結合關係幫助了馬歇爾，馬歇爾曾對潘興說：「跟隨您工作五年，將永遠是我生命中獨特的經驗。」

當麥克阿瑟自一九三〇年至一九三五年任陸軍參謀長時，馬歇爾的軍人生涯遇到了瓶頸，他未被晉升爲准將。麥克阿瑟甚至把馬歇爾從部隊指揮官重新指派到伊利諾州國民兵擔任資深教官，馬歇爾請求重新考慮這次的派職，但未被接受。

雖然如此，潘興一直像護衛天使一樣照顧著馬歇爾，他甚至把晉升的事向總統報告，結果是不言而喻。羅斯福的回信中這樣寫著。

白宮

一九三五年五月二十四日

致陸軍部長備忘錄：

潘興將軍強烈的要求將喬治・馬歇爾上校（步兵）晉升為准將。我們是否可以將他列入下一批晉升的名單中？他已經五十四歲了。

富蘭克林・羅斯福（F. D. R.）

馬歇爾於一九三六年晉升爲准將。

當馬林・柯瑞葛將軍即將從陸軍參謀長退休之際，潘興去找羅斯福總統說：「總統先生，你有一個人（馬歇爾）在此地的戰爭計畫處，他剛到。爲什麼你不派人去請他過來讓你看看他呢？我相信他將是一位極有幫助的人。」

馬歇爾，一位將軍優先排名清單很下面的准將，於一九三九年被羅斯福選爲美國陸軍參謀長。

麥克阿瑟將軍在這本書所研究的將領中，具有最不尋常的「明哲導師」。他出生在一個陸軍家庭，父親亞瑟・麥克阿瑟是他最重要的良師。老麥克阿瑟對所有的年輕人而言，都是精神上的典範，對道格拉斯而言，一點也不驚訝陸軍將也是他的生命。在他父親逝世三十年後，他說：「無論我何時執行任務，我想我都必須把它做好。我感覺到我可以筆直的〔站著〕面對我的父親說：『總督先生，你覺得如何。』」他西點軍校的一位同學說麥克阿瑟「經常懷疑他是否能夠成爲像他父親一樣成爲偉大的軍人」。這位同學也說麥克阿瑟談到他父親時，總是充滿感情與驕傲，並且感覺有責任成爲他父親有價值的繼承者。

肯尼思・楊在他寫的亞瑟・麥克阿瑟傳記《將軍中的將軍》（*The General's General*）中描述：「道格拉斯在陸軍的成功，部分可歸功於他父親的影響。克雷登・詹姆士（D. Clayton James）認爲老麥克阿瑟『留給他兒子最重要的遺產是，他在菲律賓時聚集了一批在他手下服務很有能力的年輕軍官……這些軍官們不會忘記老麥克阿瑟對他們的提攜與照顧……當老麥克阿瑟將軍的兒子於未來的歲月將在他們手下服務時。道格拉斯和他父親一樣有才能，他能快速晉升，在相當程度上是受到他父親當年手下軍官們的照顧。』麥克阿瑟這個姓對他們而言具有特別意義，當道格拉斯的名字出現在晉升的名單中，他總是有很多良師幫助他，因爲他們覺得對他的父親有一份責任。」

潘興也是道格拉斯・麥克阿瑟的一位良師。小麥克阿瑟是少數在第一次大戰中晉級且在戰後未被降級的軍官。就在潘興陸軍參謀長任期快結束之前，小麥克阿瑟的母親寫信給他，要求考慮她兒子的晉升，就在潘興任期結束前十天，小麥克阿瑟升爲少將。這次的晉升是徇私或是靠自己的實力？《紐約時報》對他的晉升如此說：「他將是陸軍現役軍官中最年輕的少將。他被認爲是正規陸軍中最有才能和最閃亮的年輕軍官之一，身體健康，他處於將來成爲陸軍參謀長的最佳機會。」這是一篇極佳的預言，一九三〇年，小麥克阿瑟被胡佛總統選爲陸軍參謀長。

杜威・艾森豪在西點軍校畢業時，成績是班上一百六十四名同學中的第六十一名。這一班於一九一五年畢業，後來被人稱爲「將星雲集班」，因該班一百六十四名同學中，在第二次世界大戰後有五十八人晉升至一星或四星將軍。爲什麼艾森豪會成爲他班上最成功的人？爲什麼他在第二次世界大戰期間被選爲盟軍最高統帥？「明哲導師」如何影響到他的軍人生涯？

要回答這些問題不是那麼簡單，但無疑地，最奇妙地重要因素是在一九四一年十二月，他被選爲陸軍參謀總部戰爭計畫處處長。

艾森豪從西點軍校畢業後，第一次派職是去德州聖安東尼奧（San Antonio）的聖胡斯頓堡（Fort Sam Houston）。在那他遇見了一位苗條迷人的年輕女孩，她的頭髮是棕黑色的，眼睛是紫色的，她的名字是瑪米・潔內瓦・杜德（Mamie Geneva Doud），後來他和她結婚。他透過三位年輕的中尉認識這位年輕的女孩，這三位是：雷歐納德・吉樂（Leonard T. Gerow）、衛德・海斯立普及華登・華克（Walton H. Walker），這幾位後來成了終生的朋友，其中有兩位在艾森豪輝煌的軍人生涯中扮演了重要角色。

這兩位中最重要的是吉樂，一九一一年畢業於維吉尼亞軍校。吉樂和艾森豪一起被派至德州堪薩斯李文沃斯堡的指揮參謀學院受訓，艾森豪以第一名畢業於一九二六班。

一九四〇年，吉樂已經是一名准將，在美國陸軍參謀總部最重要的部門「戰爭計畫處」任處長一職。一九四〇年十一月十八日，吉樂發了一封簡短的電報給艾森豪，告訴他有一個尚未決定的派職，並問他是否反對這個工作，當時艾森豪在華盛頓李維士堡（Fort Lewis）第九軍任參謀。

艾森豪很認眞的拒絕了，他在一封給吉樂的長信中詳述他不去的理由，說他缺少部隊和指揮職的歷練，假如他全部的潛力要被發揮出來，那麼他需要更多部隊與指揮的經驗，並且請求吉樂再考慮一下他所提到的派職。艾森豪的懇求獲得吉樂的同意，遂延緩艾克至華府的調職。艾森豪希望獲得一個戰場指揮職勝於世界上任何其他工作，他的回信可說是他一生中最重大的決定，對於他未來的事業有關鍵性的影響。如果他接受了吉樂的提議，那可能意味著任何獲得指揮職機會的結束，當發生另一次世界大戰時，他只能留在美國本土。第二天，他寫信給吉樂，而吉樂也同意艾克的要求，讓他繼續留在部隊。

艾森豪上校留在李維士堡，直到一九四一年六月二十四日他接獲另一個命令，奉派至德州聖安東尼奧第三軍總部，當時的軍長是瓦特．克魯格將軍。對艾森豪而言，那是一個短暫的任期，他再度被要求去擔任計畫的工作，第二次是由馬歇爾將軍本人提出的要求。這一次沒有給他機會拒絕，珍珠港事變後一星期，艾森豪抵達華盛頓擔任吉樂的助理，吉樂在艾森豪獲選擔任此項工作中扮演了一個重要角色，但其他的人也功不可沒。

另一個對艾森豪獲選至戰爭計畫處工作有影響力的人是馬克．克拉克將軍，他親密的朋友。在一九四一年的路易士安那作戰演習（編裝調整之兵棋推演）後不久，馬歇爾將軍告訴克拉克說他想把位於華府的陸軍參謀總部作一些改變。馬歇爾問克拉克：「我希望你能給我一份你認爲是相當優秀的十個軍官的名單，而其中一位你將會推薦擔任陸軍參謀總部作戰處處長」。克拉克回答說：「我很樂意提供你名單，但是只有一個人的名字會在名單上。如果你一定要十個名字，我只會在後面加上九個相同的名字。」

馬歇爾將軍問：「這位你如此看重的軍官是誰？」

克拉克回答：「艾克・艾森豪」。

馬歇爾說：「我從未見過他。」但他很快地又說他知道艾克的輝煌紀錄。克拉克將軍說：「不久之後，艾森豪就被令調至華府……。」

另一個幫助艾克獲選的軍官是瓦特・克魯格。「在路易士安那演習快結束時，馬歇爾將軍問我誰是我認爲最佳的戰爭計畫處處長人選，幾年前我擔任過該職，雖然我不願意失去艾森豪，但我還是提名艾森豪。」

艾克的獲選與其說是單一因素造成，不如說是各種因素結合。只不過當他到達該職位時，是他的工作表現幫助他責任的提升，雖然不可否認，他的成功仍有一些幸運的成分在內。

當我訪問艾森豪時，我請教他，他認爲是什麼原因在一九四一年被選爲戰爭計畫處處長。「我想是吉樂和克拉克，也有可能是衛德・海斯立普推薦我時，指出我在競爭激烈的李文沃斯指揮參謀學校以第一名畢業。我想馬歇爾十分重視李文沃斯的訓練。」對艾克在李文沃斯的成就，有一個人的貢獻遠超過其他的人，這個人就是福克斯．柯納，他是一位堅定卓絕、犧牲奉獻、赫赫有名的軍人。他們的關係在第五章已經詳細說明過。

艾森豪說：「柯納將軍在巴拿馬時，決心讓我從事奠立制訂戰術決策的基礎工作。與其使用一般命令或特別命令來處理我們的指揮，他要我每天撰擬野戰命令，我為我們每天所做的各種事情撰擬野戰命令長達三年之久。在做了這件事之後，撰擬野戰命令成為我與生俱來的本能。」

撰擬野戰命令是李文沃斯的要求之一，另一個重點領域是作戰問題之研究。一九一九年，艾森豪在米德堡（Fort Meade）和巴頓合作，這是他第一次接觸到這類的問題。「喬治．巴頓和我是好朋友。他為準備上李文沃斯，申請以前做過的考古題。然後他告訴我：『讓我們一起解決這些問題。』他比我資深八年，而且李文沃斯的訓練在我軍旅生涯還早，但我還是和他一起解題。當我們開始解題，我發現只要你沒有任何壓力，問題看起來就十分容易，我喜歡它們並且從中獲得許多樂趣。無論在他家或在我家，我們坐下來一起研究解決問題，我們兩人的太太就在一旁聊天時。然後我會打開另一本小冊子找出答案，我們給自己打分數。後來，我在教書時也常使用這些教材與方法。」

若非福克斯．柯納的話，艾森豪可能永遠沒有機會進入李文沃斯指揮參謀學校，因為他和步兵司令對坦克的用法發生了爭吵，當時艾森豪少校顯然已失去進入李文沃斯就讀的機會。柯納肯定這所學校的價值，決定插手這件事，他把艾森豪調到軍務局。軍務局局長每年可核定兩個名額到李文沃斯就讀，他給柯納一個人情，把一九二四年的一個入學名額給了艾森豪。

在艾森豪擔任陸軍參謀總部作戰處副處長之後不久，他取代了他的上司也是他的好朋友雷歐納德・吉樂的位子。馬歇爾將軍解釋說：「珍珠港事變後，我調艾森豪爲作戰處處長，我把他放在一個好軍官〈吉樂〉已工作了二年的位置。我覺得吉樂已因工作過度而逐漸疲乏，我不喜歡讓任何一個人在某個位子上待太久，使得他的想法和籌劃能力無法超過我。當我發現一位軍官不再有活力時，他對我知識的累積及其他方面就不再大有幫助，也無法再貢獻出打勝仗所需的想法和計畫。艾森豪對問題有令人耳目一新的解決方法，他幫助很大。」

任何行業之上位者都希望他身邊的人點子多又富想像力，能夠補充、貢獻意見使自己的想法成熟。艾森豪具有上述的能力。

艾森豪之崛起的重要一步是，負責擬定歐洲盟軍聯合作戰計畫，他四月份受命，六月份就完成了該計畫的參謀作業。這份報告命名爲〈歐洲戰場指揮官之指導〉。他把報告呈給馬歇爾將軍，並建議他仔細閱讀。馬歇爾回答說：「我的確想去閱讀這份報告。你可能是執行這個計畫的人，假如事實是如此，你何時可以動身？」

不到一個星期，艾克接到命令前往倫敦，擔負指揮歐洲戰場的責任。據歷史記載，艾森豪從歐洲戰場指揮官職務轉爲指揮盟軍進攻北非與西西里，並成爲反攻法國的盟軍最高統帥。

艾森豪的軍人生涯說明了僅具領導能力是不夠的，還要有機會對有影響力的上級長官展示此一領導能力。一個結合明哲導師、幸運、多年的準備和努力工作，給了艾森豪重要的領導機會，而他能夠確實執行。

喬治・巴頓在通往成功的路上，起步時和任何美國年輕的陸軍軍官一樣的快，他的「明哲導師」是一個關鍵。一九〇九年，他自西點軍校畢業，不久便成爲雷歐納德・伍德（Leonard Wood）將軍的副官，伍德將軍自一九一〇至一九一四年任陸軍參謀長，就伍德的個性而言，巴頓此次的派職是十分重要的。

擔任伍德的副官對巴頓而言有明確的影響，但伍德對巴頓的影響是間接的，因爲透過副官的職務，巴頓建立了他生命中最重要的友誼和接觸交往。那時的總統是霍華・塔虎脫（Howard Taft），陸軍部長是亨利・史汀生。巴頓被選爲史汀生的隨護軍官，在梅耶堡從事許多官方任務。巴頓成爲史汀生的副官之一，並非偶然，巴頓知道史汀生是一位熱愛騎馬的人，他們經常一起騎馬。史汀生很快就喜歡上巴頓，巴頓知道必要的社交禮儀，豐富的專業知識，爲國家服務獻身的精神。他們二人的友誼開始建立並逐漸增長，多年後對巴頓的事業有很大影響。

巴頓很幸運與獨特的參與一位陸軍軍官在和平時期能接觸到的每一個重要事件。第一次事件是，美國和墨西哥間邊界之小規模戰鬥，強盜班丘・維拉（Pancho Villa）越過了邊界，突擊新墨西哥州的哥倫布市。威爾遜總統決定採取行動，命令潘興將軍帶領一支特遣隊進入墨西哥追擊維拉，抓住他並終止他的惡行。

當時，巴頓駐防在德州布里斯堡（Fort Bliss）第八騎兵團，靠近邊界艾爾帕索要塞（tower of El Paso），住在潘興將軍隔壁。駐防在布里斯基地的部隊急於參加戰鬥，以報復維拉的罪行，但是只有一小隊人被選中。當巴頓知道第八騎兵團沒被選爲遠征軍時，他十分沮喪，與其接受這不可改變的事實，巴頓決定對此事採取一些行動。他在潘興辦公室外，坐在一張椅子上連續四十小時。最後冷淡的潘興注意到並問他在那做什麼？

巴頓回答：「我一直在等一個和你說話的機會。」

「你已經得到了，你想要什麼？」

「我想和你去墨西哥，做你的副官。」

「我已經選了我自己的二個副官。」

「你可以使用第三個，如果你帶我去，我保證你不會後悔。」

「不用在此多逗留。回去你的宿舍，你會接到通知的。」

* * * *

幾天後，巴頓果然接到潘興的消息。巴頓的同行軍官描述他「最謙虛的堅持自己的優秀」，他的戰鬥決心深深打動了潘興將軍的心，決定帶巴頓一同前往。潘興沒有後悔他的決定，巴頓爲將軍表現卓越的服務，自己也做了一些勇敢的事。

一九一七年，美國參加了第一次世界大戰。潘興將軍獲選指揮「美國遠征軍」，他記起了巴頓在墨西哥的傑出表現，潘興要求他擔任指揮部本部連連長，巴頓欣然接受這個機會前往法國，並晉升爲上尉，一年之內他晉升到上校。

巴頓參加了位於法國香留（Champs Lieu）的「法國坦克學校」（French Tank School），不久便自行設立一個坦克學校來訓練美國的軍人。他也設法進入位於龍格（Langres）的「法國參謀學院」，在那他很高興可以重溫他和亨利・史汀生的友誼，史汀生係以備役陸軍中校的身份入學的。

當巴頓作戰時，他再度證明自己是一位最勇敢的軍人，並曾因作戰英勇贏得「傑出服務十字勳章」，也因在組織與指導坦克中心時，以特殊的、有功的及傑出的服務，榮獲「傑出服務勳章」。

巴頓永遠不會忘記潘興在墨西哥衝突和在法國時給予他機會。一九四二年，在他自美國出發前往北非作戰之前，他去見潘興，說：「我不能告訴你我將去那，但沒來請求你的祝福，我是不能出發的。」這位老將軍回答：「你將獲得我的祝福，跪下。」在祝福之後，巴頓立正站好，快速地向他的良師行了一個軍禮。據聞潘興從椅子上起來，當他挺直站立回禮時，那神情好似年輕了二十歲。

當美國準備派部隊到海外參加第二次世界大戰時，巴頓是我們少數有經驗的戰場坦克指揮官，第一批被考慮派往北非作戰的軍官中的一員。艾森豪和巴頓有長期且親密友誼，在巴頓獲選上扮演了重要的角色，而亨利・史汀生也發揮了他的影響力。稍後當巴頓做出遺憾的行為，例如在西西里掌摑一名士兵事件，引起各界的責難時，艾森豪和史汀生都支持他，他們覺得國家與陸軍需要巴頓繼續做為指揮官。

接著，我將討論所有第二次世界大戰後，晉升為參謀長或參謀首長聯席會議主席們的「明哲導師」。首先，有一些空軍的將軍們值得一提，例如：柯蒂斯・李梅，他對空權和國家的防衛做了很大的貢獻。李梅從一九四八至一九五七年任「戰略空軍司令部」司令，一九五七至一九六一年任空軍副參謀長，一九六一至一九六五空軍參謀長。

李梅有一位良師。在一次深入的訪談中，我請教他，是否有任何人深深影響了他軍人生涯。他回答說：「在我服役的三十五年中，我有幸實際接觸了該時期所有空軍領導者，而我們有很多極優秀的領導者。當然，所有的那些人，不只是對我有影響，也影響當時空軍的其他人員。假如我必須挑選出一個人，我願意說是羅賓・奧爾茲（Robin Olds）對我影響最大，或至少他對我做了最初的影響使我起步向前。」

「一九三七年，當我奉派至第二轟炸大隊時，我第一次和羅賓・奧爾茲接觸。一直到那個時候，我還不是個負任何重大責任的中隊軍官，〔僅〕如中隊飛行軍官所負的一般責任。第一次為他工作，我開始瞭解『領導』的意義是什麼，為建立一個當時我們所有的偉大領導者已經預見，且嘗試去建立的第一流空軍，我們有大量的工作必須去做。這是第一次我獲得的全部景象，這個我們全體試著去做的眞實景象，而我們應該如何去做，以及完成這項任務所需完成的大量工作。」

「我記得我暫時被選派去大隊作戰室代替一個生病的常備作戰官。我在那裡工作的兩週期間，我想我所學到的東西超過我在空軍，一直到那個時候所學的一切，我想這可能是一連串狀況所帶來的。作戰官的桌子靠近辦公大樓的主要入口，因此第一件事我學到的是，每天早上我最好在奧爾茲上校上班之前在我桌子前坐好。通常他會在我桌子邊停住，每天早上他給我的工作大約是兩個星期的工作量。因此，我感覺到在代理作戰官期間，我的工作進度快速地落後。但我不僅從作戰官辦公室學到了很多，最主要是我在第二轟炸大隊，在奧維茲上校手下服務的期間，那眞是一個十分難得的經驗。」

李梅觀察英國皇家空軍時學習到「明哲導師」的重要角色，這是他在第二次世界大戰期間在歐洲的經驗。他說：「戰爭初期，我在英國遇見一位老人，唐查爵士（Lord Trenchard）。他在一次世界大戰期間，負責指揮在歐洲的英國遠征軍部隊的空軍（British Expeditionary Air Corps）。他所負責的皇家空軍是世界上第一個獲得獨立的空軍。我猜那時他已快八十歲了，但他仍然是一個出色的老人。他穿上制服，用他所有的時間，在美國空軍基地和英國空軍基地到處逛逛，去瞭解部隊正在做什麼，並與他們談一會，告訴他們一些故事。在和這位老人談過幾次話之後，我漸漸明白波陶（Portal）、泰德（Tedder）和那些眞正在經營皇家空軍的人員，都曾受過他的幫助。因此，我注意到這種巧合，它是如何發生的。」

「他說：『那不是一個巧合。沒有人願意長時間去做一位空軍元帥的勤務兵。我所做的是，從我所能找到的聰明幹練小伙子當中，挑選出一些人，讓他們跟著我一段短的期間，讓他們瞭解我處理了些什麼事情，和我如何去解決這些事情。這些聰明幹練的小伙子開始跟著我歷練，他們學到了一些東西。他們保持所學到的，繼續在空軍中前進，當他們獲得更重要的工作時，就會做得很好……。』」

「我想那是一個很好的想法，因此，我試著照他方法實施，可惜我無法像唐查爵士一樣有挑選人和決定他們派職的自由。在某種程度上我做得十分好，兩位我的朋友成了四星將軍……其他三位則是二星將軍，其中一位特別優秀的在越南作戰中殉職，否則他也會晉升到二至四星將軍。當然，我做得很好，我挑選了一些機靈的小伙子跟著我開始學習，我試著去給他們一些訓練——你遇到了這種問題，而你如何去解決這些問題。得到答案後，希望這個答案是正確的。」

* * * *

李梅的「明哲導師」例子是大衛．瓊斯將軍。我和瓊斯討論這「明哲導師」，他告訴我：「我被派到奧馬哈（Omaha）空軍基地的作戰計畫處工作。我被告知已被提名成爲李梅將軍副官的候選人之一，主要的面談是，我們全體四位被提名的軍官到李梅的宿舍一起晚餐，那時我剛升中校。晚餐後，我們有一個討論，幾天後我接獲通知，我成爲李梅的新副官。」

「當我向他報到時，他向我說的唯一一件事，且爲關鍵的字是『你首要的事是學習，其次是服務，不要把這兩件事弄混了。』這就是我接下副官這個職務所得到的全部指導。他不要一個副官在他身邊繞來繞去弄杯飲料給他，以及做那典型的『隨時候令』工作，他期望一個副官能接觸到一些重大的事情。回顧以往，他是爲我準備晉升至更高的工作，而不僅僅是典型的交際型副官。」

「李梅告訴我副官的任期是一年。大概在三年後，我問到：『我的一年任期已經到了嗎？』他笑了笑沒說一句話。一九五七年，當他任空軍副參謀長時我才離開了他。我回去後將以飛行軍官派職，但李梅說：『到維修單位去，你需要一些後勤的經驗。』我出任卡斯特空軍基地（Castle Air Force Base）維修單位主官，該基地擁有B-52和C-135。那是一個很好的派任，使我更瞭解後勤和維修，而且有數千名官兵爲我工作。通常，在中央化的制度下，指揮官們只有少數義務役士兵爲他們工作。因此，學習的工作在我離開李梅將軍之後仍持續著。在後勤單位任職是一個冒險，因爲在作戰飛行單位任職我可能更快地晉升至聯隊長，但是我體認到，如同李梅將軍建議的，在維修單位我可學更多的東西。」

「一九五九年，我進入戰爭學院，一九六〇年畢業，成爲……B-70轟炸機的擁護者。這架飛機引起巨大的爭議，在正常情況下，都由少將和中將們前往國會簡報，但李梅派我與一位資淺的上校領軍爲B-70轟炸機向國會爭取同意，對我來說那是一個很好的經驗。我面對國防部長麥納瑪拉和哈洛德·布朗（他在卡特總統時代成爲國防部長）並面對國會，那是李梅要我擁有廣泛經驗的一部分。我也開始瞭解作爲一個執行軍官如何在五角大廈運作，當我成爲空軍參謀長之後，這些經驗對我幫助很大。」

「我從未覺得我是一個受人寵愛的孩子，但一些人卻一直這樣看待我。我不認爲〔李梅〕以任何方式顯示他對我的偏袒，而是使我有能力去執行我的任務。我不希望任何人認爲我有一位守護天使。」

瓊斯的另一位良師是華特·史威尼將軍（Walter Sweeney）。瓊斯說：「當史威尼是戰術空軍司令部司令時，他交付一個戰鬥機聯隊給我指揮。我從來沒在戰鬥機部隊服務過，我可能成爲B-52轟炸機聯隊聯隊長，而且保證獲得晉升。對我而言，那是一個冒險，特別是因爲那是去提昇一個戰鬥機聯隊作戰能力的任務，比起只是去經營一個聯隊的任務困難多了。涉入戰鬥機的事務是一件冒險的事。」

「李梅也告訴我：『當任何人在我辦公室時，你必須在那；我去任何地方，你就和我一起去。』有一次場合，當我和李梅一起進去麥納瑪拉的辦公室時，我被攆出來了。在另一次的場合中，當我是李梅的副官時，國務卿約翰・佛斯特・杜勒斯（John Foster Dulles）訪問奧瑪哈，當時僅有我們三人在房間內，我沒有參與討論——我只是在那學習。」

最後一位對瓊斯有影響的是國防部長詹姆斯・斯勒辛格（James Schlesinger），那時瓊斯是美國駐歐部隊司令。斯勒辛格被安排了幾個小時的簡短訪問，但這個訪問延長到好幾天，在部長訪問期間，瓊斯個人向部長簡報整個空軍情況。斯勒辛格後來告訴我，這是他第一次對瓊斯的印象：傑出的領導能力和願景，也是斯勒辛格支持瓊斯接替喬治・布朗成為空軍參謀長的開始。

梅耶將軍對「明哲導師」的定義——包含指導、諮商、忠告、教導，從個人學習、花時間去教、提供具挑戰性的派職，俾專業得以成長——有一個最好的例子是喬治・布朗的軍人生涯。喬治・布朗將軍一九七三至一九七四任空軍參謀長，一九七四至一九七五任參謀首長聯席會議主席。

布朗在第二次世界大戰期間的晉升速度十分驚人，他從少尉晉升到上校時間不到二年。也許有人認為他以如此快速的起步，一定可以晉升至四星上將的階級。然而，有另外兩個同一時期的人，在第二次世界大戰中快速的晉升，很年輕時就升至上校，但這兩個人都沒有像布朗一樣升至四星上將。

傑庫・史馬特（Jacob Smart）將軍在一次的訪談中描述布朗的成功。「部分空軍高層人士有計畫的努力，幫助他的發展和晉升。其中之一是伊尼斯‧懷特黑德（Ennis Whitehead），無論在積極與消極兩方面，他都是一位具有領導統御多方面特質的傑出人士。懷特黑德有一次告訴我，他承認喬治‧布朗是一位具有不尋常能力的人，鼓勵他的成長，並推薦喬治至一個能進一步開拓他視野的職務。」

懷特黑德他自己說，一九五〇年六月九日，他在布朗的考績表上簽名，「在所有服務年資十五年或不到十五年的上校中，我認爲布朗排名第一。依我看來，他是我所知道服務年資相同，最具有能力的軍官。」

一九五七年，布朗上校完成戰爭學院的學習，被空軍參謀長湯瑪斯‧懷特將軍選爲他的參謀主任。我請教布朗將軍爲什麼他會被選上這個位置。他回答：「我想不起來我曾經見過他，但是我曾經和他的副參謀長助理傑庫‧史馬特將軍共事過，且有密切的交往，雖然他從未對我提過這件事，但我想是他安排了這次的甄選。在我去爲他工作之前，唯一一次看到懷特將軍是在他到國家戰爭學院來演講，而我只是班上的一員。當我們即將接獲人事命令時，我向史馬特將軍問到他認爲我的未來出路爲何的想法，他說：『爲什麼？』我說：『我已經在這裡置產，一間我擁有的房子必須處理。假如我不能繼續留在這裡，我必須儘快脫產。』他說：『別擔心，你將會留下這裡。』我想是懷特和史馬特二人促成了這件事。」

「懷特把我帶到他身邊展現他的風格，因爲我對五角大廈什麼也不懂或如何在那裡把事情做好。通常一個高階軍官對於誰來做他的參謀是非常自我的，他要參謀幫助他。但挑一個他能幫助的參謀不是一件正常的事。我想——而我不要自負的四處去宣揚這件事——他們相信他們介紹我做參謀長的參謀主任，可幫助我成長，好讓我將來擔負有益於空軍的其他事情。」

一位為布朗工作的親近朋友，羅伯・狄森（Robert J. Dixon）將軍，我請教他：「你會說懷特將軍在布朗的發展上有影響嗎？」狄森回答：「那是毫無疑問的。你不可能在懷特的身邊而不受他影響並學習到很多事情。在那個階段，像我們這樣的上校，得像海綿一樣——比海綿更厲害，像眞空吸塵器一樣。無論在那裡，我們得全部吸收所能學習到的，一天之中的每一分鐘都有百萬個印象進入我們的腦海裡，不僅是和懷特將軍在一起獲得的印象，也是和其他的高層人員在一起獲得的。在那些日子我所獲得對人的印象是最強烈的，因為那是我成長的日子。我的心胸大大的敞開，華盛頓是一個令人興奮的城市，而我們有令人興奮的工作。」

「懷特將軍能確實掌握他要做與不做的，及什麼是想要與不想要的。他有紳士風範，但處理事情的方式卻很外柔內剛，我只看到他圓滑柔順的一面。懷特將軍確信，布朗也確信那種讓事情表面化、尖銳化，然後再來處理事情的公開戰鬥不是解決事情的方法。在某個程度上，懷特將軍為此而被那些做事更直來直往的人批評。無論如何，他相信說服，布朗也學著那樣，那是他的天性和處理方法。布朗和懷特將軍兩人都是有脾氣的，布朗的脾氣有時眞的會發作，但如果可以選擇的話，布朗比較喜歡以紳士平緩的方法處理事情。布朗也認為懷特將軍是個有眼光可令人大開眼界的人，因為他可以看到長期的議題，願意失去短程的利益，而讓長程的事務獲勝。懷特將軍的眼光放在外太空對國家、對空軍的重要性，這是一個長程眼光的例子。現在人人都知道太空的重要性，外太空這件事就變很普通，但在那個時候，沒有人認識此一重要性。我想懷特的這種眼光已經教導了布朗，如同他教導我一樣，這是觀察事情的一個新方法。」

在布朗軍人生涯發展中，一個最具挑戰性的派職是，擔任國防部長的軍事助理（一九五九年六月至一九六三年八月），特別是最後二年在國防部長麥納瑪拉手下服務。話說麥納瑪拉在當時是引起爭議的，不為許多軍官所喜歡是淡化了當時的對立，但布朗說麥納瑪拉深深感謝他的卓越服務。

布朗完成他空軍第七軍司令和越南軍事空運司令部空中作戰副司令的任期後，於一九七〇年九月成為美空軍系統司令部司令（Air Force System Command）。

我請教布朗，為什麼他想他會成為空軍參謀長。他回答：「噢，我從未想到過這件事，我沒有一點概念，也許在我的同儕中我是最佳的選擇。我出身於轟炸機部隊……包括後勤司令部和系統司令部，我進過空軍的每一個部門。我曾在越南待一年，當時傑克．里恩（Jack Ryan）是空軍副參謀長且已被提名為空軍參謀長。他告訴過我，我將接替他成為空軍參謀長。」

「他在成為空軍參謀長之前（就告訴我那件事），而我說：『傑克，小心點，別那麼說，因為你不須要現在做決定。保持你選擇的彈性。』他說：『不，你的入選是很明顯的，假如你不攪豁而且健康良好。但是我要你現在知道，因為我要你開始思考這件事，並以這種方式思考來讓你做好心理上的準備。』」

「考慮我所曾經歷過的職務和我所獲得的表現機會，顯然，十分清楚地，我一直在被培養，雖然我從未想到這點，直到他提到這件事，過去我從未這樣想過。但是我曾是參謀長的參謀主任，又擔任國防部長的參謀主任四年。然後我去軍事空運司令部（Military Airlift Command, MAC）、物資空運司令部（Material Air Transport Command, MATS）、聯合特遣部隊和參謀首長聯席會議主席的助理二年，最後去了越南。根據我在此地和聯席會議主席工作所獲之經驗，我十分瞭解在華府、在國會山莊、在五角大廈、在國務院和國家安全會議的遊戲。我曾和在政府高層的一些人士，如國家安全顧問布里斯辛基（Brzezinski），投身於國務院政策計畫委員會。」

「但我眞的不知道是什麼引起傑克・里恩做這件事。不管如何，我說：『別那麼說，那是愚蠢的。』然後，當我越南的任期結束後，我想到歐洲，因爲我猜那時大衛・布奇那（David Burchinal）任期將到，而他離職後該職位將有空缺。我們那時在華府有一個會議，傑克・里恩把我叫到一個角落，告訴我：『你快要回來了，而且你將去系統司令部。』我回答：『我一點也不瞭解系統司令部。』他說：『那正是爲什麼你要去那的原因。』」

我和里恩將軍討論布朗指揮系統司令部這件事。他解釋說：「當喬治・布朗任空軍第七軍司令時，我常去拜訪他，他在那裡所做的一切，令我印象十分深刻。他是一個無微不至的人，他對情況有完全的掌握，他能夠影響陸軍的上層長官。他對使用武力的評估非常的好，他能從硯港（Danang）和金蘭灣（Cam Ranh Bay）將F-4戰機裝備撤出並運離越南，而未在越南軍事空運司令部引起大的騷動。他捍衛他的堅信而不致引起人們的反對。」

「所以，當他在越南的任期結束，我們就把他拉回來，並派他去負責系統司令部，因爲我認爲系統司令部需要一個作戰型態的指揮官。我想注入一些新血和安排一位第一流的人才到系統司令部是明智之舉，當然，我也想到我的接班人。布朗是當然的人選，同時我覺得讓他去獲得一些系統司令部的經驗對他有幫助，因爲武器獲得是參謀長重要的業務之一。這個派職可使他學習對武器獲得的看法，而還能一直待在華盛頓這個區域。所以我告訴布朗，我會建議他成爲我的接班人，時間大約在一九七二年秋天。」

挑選布朗任職系統司令部司令時的空軍副部長是約翰·麥克卡斯（John Mclucas）。他告訴我：「我們同意布朗是下一任空軍參謀長的適當人選，而系統司令部會提供給他這個工作的最佳背景。約翰·里恩將軍在他被提名爲空軍參謀長之後，立即通知喬治·布朗他已被他選擇爲接任人選，雖然這是布朗被選爲空軍參謀長之前四年，在這之前，布朗一直在被培養著。」

一個比較近期的「明哲導師」例子是艾德華·梅耶將軍。他的明哲導師是特別的有趣，因爲從五十七名其他比他資深的將軍躍昇爲一九七九年陸軍參謀長時，他只是一名中將。他一九五一年畢業於西點軍校。

當梅耶是少校時，他被派至歐洲盟軍最高司令部（SHAPE）工作，任期自一九六一至一九六三。他告訴我這次的經驗。

> 我要說對我影響最大的人是吉姆·摩爾（Jim Moore）將軍，那時他是歐洲盟軍最高司令部的參謀長，我是他的副官和參謀主任助理。你如何到達此地的故事變得重要，也與我如何得到這個做為他副官的工作有關，這也回到對人們如何出人頭地有很大影響力的親友關係。我的一

位同學，魯・麥克（Lou Michael），已做了他幾年的副官。然後我去到法國，我住在奧爾良（Orleans）而且有一個很好的工作——一個我喜歡的工作——是在通信區人事部門（G-1）。當我在家時，我有機會去打高爾夫球，我們喜歡那裡，在那我們也有好朋友。

大約在那個時候，我接到一個電話說：「摩爾將軍正在找一位副官，你想去嗎？」我回答：「讓我和卡洛（Carol）談一談，我再回電話。」我當時正在澳伯藍伯格（Oberammergau）的一間學校，而我說：「放棄吧，我不想去歐洲盟軍最高司令部工作，我想留在這裡並享受我正在做的事情。」我和我工作的上司、同事都處得很好。

我接到魯麥克的電話：「你的決定如何？」我說：「我決定不去了。」就在我說這句話時，他說：「等一等。」然後昆（Quinn）將軍，他曾經是我在101空降師戰鬥群指揮官，現在直接為摩爾將軍工作，接過電話說：「你趕快過來，你需要來此，對你而言這是一個重要的工作。」我勉強地回答：「是的，長官。」

此乃強調生命一點也不簡單的事實。永遠有人牽涉其中，一些你曾經在其麾下工作的的人，因此，他們對你有所評價——好或壞——並要你去另一個職務。

梅耶爲摩爾將軍工作，擔任他的副官和參謀主任助理，爲期二年。在該時期，他學習到在陸軍從沒接觸過的——參謀工作和國際運作。二年來，他直接涉入每一件參謀工作，因爲他們答應他去做挑戰性的工作，而該工作通常不會由一個年輕的少校去做。他隨著摩爾將軍旅行，因此他獲得機會在討論會時參與討論，在會中，他的老板與國家元首和其他軍隊首長討論。此外，基於個人身份他可以和歐洲盟軍最高司令部的指揮官諾斯達·羅瑞（Norstad Lauris）交涉。梅耶告訴我：「摩爾將軍的主要功用在提供給我一個機會，當我把事弄糟時給我指導——因爲我也會犯錯把事情搞砸——以身做則的教導我。我們以一對一的方式，就他和我意見不一致的問題廣泛討論。他知道，他獲得了一些沒參加過第二次世界大戰的人的觀念，向年輕的生手談論國際問題是有趣的事。」

經由他在歐洲盟軍最高司令部的工作，梅耶和另外兩個軍官有來往，在退休前他們兩人也都升到中將階級。梅耶說：「查理·柯可蘭（Charlie Corcoran）與伍迪·伍德沃（Woodie Woodward）兩人皆在歐洲盟軍最高司令部服務。柯可蘭從事核子武器事務，伍德沃則從事部隊發展事務，二位皆是卓越的執行官，但當我回到美國時，他們已經在陸軍參謀長哈洛德·強森將軍的辦公室工作。」

梅耶回想這個機會：「我想當你提到良師教導，你必須想到這些人。他們花時間提供指導，花時間去教導，當你需要諮詢時，花時間讓你諮詢——不只會鼓勵也會訓斥一番。他們扮演了「開門」的重要角色。例如，我去三軍參謀學院受訓，當我畢業後，兩位在歐洲盟軍最高司令部爲摩爾將軍工作的軍官，帶我到『協調參謀和分析組』（Coordination Staff And Analysis Group）組長辦公室去工作。」

這些關係提供了梅耶一個機會，於少校和中校階段在陸軍參謀長辦公室工作，並且和亞伯拉罕（Abrams）、強森、惠勒（Wheeler）將軍交往，梅耶也和所有將軍的副手直接往來。梅耶在「協調參謀和分析組」的責任是在這個組織中調查，以確定參謀長的指示眞正的被瞭解，俾參謀總部的執行者不會浪費時間去撰擬錯誤的文件。梅耶曾注意到在陸軍參謀總部內，有人爲了更大的權力而有勾心鬥角的現象。所有的這些教育來自摩爾將軍的良師教導。

梅耶有機會爲一群人工作，這群人已在某個參謀環境中成長，而這環境是梅耶從未待過的。第一次梅耶必須和國會議員打交道，幫助高層人士準備聽證會的資料，也幫助陸軍退休的將軍布萊德雷到國會聽證的簡報作準備，所以梅耶有一個很好的機會，去看和觀察參謀長辦公室的工作情形及其主要功能。

梅耶的下一個工作是在作戰部隊，一九六五至一九六六年在亨利・金納德（Henry Kinnard）將軍麾下服務。金納德將軍是第一空中騎兵師師長，此一空中機動師正要前往越南。

梅耶告訴我：「金納德將軍把人員集合起來，並給每一個人機會去想出方法來解決問題。他的偉大在於他自動自發把工作交給大家去做。我記得有一次，在我們到達越南之後，我對他說：『我們在這個師，可是我們從來沒有接到師的作戰命令。』他回答我：『梅耶，假如你有我下面這些指揮官，你會花多少時間在一個師作戰命令上？』每一個人都知道他（金納德）要什麼，他給予廣泛的指導，每一個人都能正確的知道去做什麼，這就是他運作的方法，對我來說，那是一個不可思議的經驗。他教導我，確定你所有的部下正確地知道正在進行什麼的重要性，然後你要授權給他們去做那些他們必須去做的事。他交給你一個工作，然後讓你不受干擾的去完成，整個師都是這樣。」

梅耶以准將的階級被派往第八十二空降師。他班上很多同學仍然是上校時，他曾入選晉升爲准將，但尚未晉升。他說：「我接到喬治・布蘭查（George Blanchard）將軍的電話，他對我說：『你願不願意做我的副師長？』」

梅耶剛從越南回來並且進了布魯斯金智庫（Brookings Institute）。他必須在那裡待上一年，但為了去接副師長的職務，他們讓他提前離開，所以他大約只待了六個月。

梅耶進一步解釋說：「當喬治・布蘭查在歐洲任第七軍軍長時，我在他麾下第三步兵師服務。我為某人工作過，所以我知道他認識我，他做的正是在第八十二空降師裡做得很好的同樣事情。」

第八十二空降師是一個全美國人典範的師，是每一個人的驕傲和快樂。就在梅耶抵達之前，該師正好奉派去約旦。以色列和其他的國家與民族間有很多問題存在，但是第八十二師只能產生一個旅，為了使該師成形，所以有很多事要做。布蘭查是一個好的激勵者，每天他都有很多點子來鼓舞人員的士氣，他利用高層的領導統御促使營長們一起協力工作，他把所做的每一件事都鼓舞得熱情沸騰。布蘭查教導梅耶和人員一起密切工作的重要性，同時要考慮所做的任何事情對士兵的影響，他們開始領導統御的計畫，此一計畫擴展到士官。他們開始陸軍第一堂探討種族問題的課，也是第一個正視毒品問題的師。

在越南時，梅耶在麥克・戴維森（Mike Davison）將軍麾下服務，他是戰場部隊指揮官，實際上相當於軍長。前任指揮官花了很多時間在處理圖表和資料上，戴維森則搭飛機飛往每一個「火力基地」處理有關作戰之事宜，瞭解每一天正在發生的事情。梅耶的職務是第一騎兵師的參謀長，知道在入侵高棉期間發生了什麼事。

然後他回到了五角大廈。他說：「我當時是三星中將作戰署長，而杜奇・柯文（Dutch Kervin）將軍是副參謀長。任何時候，我和陸軍參謀總部及參謀首長聯席會議之間有很嚴重的問題時，他是我尋找協助和指導的人之一，而他總是在那。」

「你始終需要一個人做爲你的明哲導師。我相信良師教導是重要的，摩爾將軍和其他人對我所做的教導，對我的一生有很大的影響，杜奇・柯文也是其中之一。一些高層人員希望你到他們那裡然後給他們所有的答案。杜奇・柯文在我有問題時眞正的幫助我，我可以坐下來告訴他有關的這些問題，他就幫助解決這些問題。很多上司只想要最後完成的結果，但有時候最好是坐下來，把所有的細節和一位有經驗的及有智慧的人來詳細探討，杜奇・柯文總是幫我把挑戰中的困難排除。」

爲什麼梅耶會成爲陸軍參謀長？爲什麼他會超越五十七名比他資深的將軍而雀屏中選？他解釋說：

一九七九年，我奉令去海德堡（Heidelberg）擔任我們駐歐陸軍部隊總司令。我的命令已經發佈，我們已經用船寄出全家的東西，包裝人員在那處理一些剩下的東西。我已經知道誰將是下一任的陸軍參謀長。

星期五下午，我接到國防部長哈洛德・布朗的電話，他說：「明天早上總統想和你談話。」當時是星期六早上。我說：「哈洛德，很抱歉，我要去參加我父親八十大壽。」在我離開前往歐洲之前，我們要去賓州聖瑪麗（St. Marys）慶祝他的生日，我所有的兄弟姊妹為了祝壽都將前來。他說：「我想去見總統是很重要的。」我說：「我承認你是對的。」他沒告訴我是怎麼一回事。

因此，我就去見總統。我想他要和我談他派我去海德堡是一件重大的抉擇。我將強化該點，並告訴他我到歐洲準備要做的所有重大工作。他開始談到遠東、韓國和一些其他的區域，然後他對我說：「你的雄心是什麼？」我想，我是個五十歲的年輕人而且已經被選為四星上將，馬上就要去歐洲指揮美國駐歐部隊。我說：「好，我告訴您，總統先生」——這是一個真實的故事——「當我是一個年輕中尉時，在本寧堡我常沿著巴爾查爾大道（Baltzel Avenue）走，通過高爾夫球場，我決定我會喜歡住在巴爾查爾的大房子來訓練在步兵學校的年輕人。」他說：「那不是心裡所想的，將軍，你的雄心是什麼？當你從海德堡回來你希望做什麼？」我說：「我真的還沒有想到那件事。」總統說：「當陸軍參謀長如何？」我告訴他我從來沒想要去當陸軍參謀長。總統又說到，「那麼，假如你現在就當陸軍參謀長如何？」然後，我就給他一大堆理由說明為什麼現在我不能當陸軍參謀長——你知道，我的年齡和一大堆像這樣的理由。然後他說：「好吧，下禮拜我會打電話給你。」

因此，我回到我的汽車上，開車前往聖瑪麗去參加我父親的生日慶祝會。事後我直接回到卡里斯勒營區（Carlisle Barracks）。我星期天晚上抵達的，我的腦海裡一直都是總統說的那句話「會是如何？」身為作戰署長我必須到這裡以我的角色去檢查一下新的課程和一些其他的事情，然後在禮拜天晚上開車回到華盛頓。就還在這裡的時候，我接到哈洛德．布朗的電話，他說：「總統說你將接任陸軍參謀長。」聽到這句話就像是，一個巨大的斗篷突然丟在一個瘦子的肩膀上，不勝負荷，我懷疑我能做些什麼。幸運地，在卡里斯勒和華盛頓之間有伊米茲堡（Emmitsburg）和聖瑪麗山（Mount St. Mary's），因此我在山崗的旁邊停車，我爬上去進到洞穴裡在那走了一會，並且思考有關就任參謀長一事。假如他們將告訴我去做，我會往前走去做它，但是我不是單獨一個人去做它，我將會把工作分配給大家一起做。只要每一個人把自己那一份工作做好，甚至我也可以做得很好。因此，我試著以這種基本哲學應用在我領導統御的所有範圍。

我必須回去了，然而我並不能告訴我太太。第二天包裝人員繼續工作著，當我告訴她我不去歐洲了，她必須停止包裝的工作。這種事在家庭裡仍然有點敏感性。

當宣佈梅耶將出任陸軍參謀長時，一位他的將軍同事說：「他註定總有一天要成爲陸軍參謀長。比起大部分軍人而言，他在陸軍中的派職是完美的組合，他歷練過指揮職與參謀職，他待過歐洲、韓國和越南，也在五角大廈工作過，他瞭解國會山莊。他有一個完美的均衡經歷。」

至於艾森豪將軍，當他被問到「如何發展成爲一個決策者」時，他回答說：「在決策者的身邊學習。」梅耶將軍的經歷則提供了一個在決策者身邊學習比較現代的例子。當我們再回顧梅耶的軍人生涯，從他服務過的人的身上，我們可看到他所謂之「明哲導師」的重要性。

甚至身爲陸軍參謀長，梅耶繼續擁有一位良師大衛・瓊斯。他說：「當我是陸軍參謀長和我任作戰署長時，大衛．瓊斯是參謀首長聯席會議主席，所以我和他一起工作了七年。」

大衛．瓊斯擁有什麼影響力？梅耶說：「大衛．瓊斯是一位無人能比的消息靈通人士，他瞭解五角大廈的工作方式，他在五角大廈和國會之間所做的『介面工作』，比我看到的任何一個人都好。看他處理事情，我學習到很多。當參謀本部無法提供聯席會議主席的短期需求，我也感受到他所承受的相同挫折。一些他的技巧性激發了我稱之爲「特別組合」（ad hocracy），他設立了『特別團隊』（ad hoc groups）的臨時編組來處理一些事情。我沿襲他的技術，發展一個高技術的師和其他特別的革命性想法。在五角大廈內，我發現參謀系統結構是十分完整的，不容易輕易打破。那是我自大衛．瓊斯所學到的第一課。在五角大廈內，他知道如何把事情做好。」

梅耶將軍的陸軍參謀長職務是由約翰．威克曼（John A. Wickham Jr.）接替，他的任期是自一九八三至一九八七年，梅耶是威克曼的良師。威克曼在越南時是一位中校，他當時受傷嚴重，在華盛頓的華特瑞德醫院休養復原。那時，梅耶在聯席會議工作，他使他的上司注意到威克曼，並要求在威克曼康復後被派職到聯席會議工作，在威克曼的軍人生涯中這是一個轉捩點。

威克曼將軍對於他軍人生涯中的「明哲導師」做了如下的說明：「回顧以往，我很少有良師教導。我希望能多一點良師教導，我希望能有高階的軍官叫我進去，並說這些是你正做的一些好事，〔或〕這些是你正做的一些不好的事，而這是你可以學習成長的。」

「在過去的十年左右，陸軍有什麼變化，我想，在強調發展領導者去領導、要有道德責任、要做人良師，和要去諮詢那些後起之秀等方面有一點發展。正確地說，在我參謀長的任期中，我和上萬名軍官和士兵談過話，我也製作了很多錄影帶，可以供陸軍所有的人、現役的或備役的觀看。許多這些錄影帶重點在良師教導和諮商年輕的領導者，這也是一個義務，去傳授你的經驗和那種我們尋求的正面的（積極的）領導統御，而不是負面的教條式領導，那是過去我們使用的方法。（狂飲、口出惡言、褻瀆的領導者，粗暴地對待他們的部屬，還有像要求部屬零缺點的心理。）我想從陸軍中淨化他們，培養積極的、啓發式的、樹立榜樣的領導，這樣將和『明哲導師』密切的相連在一起。」

「另一個例子：在我擔任陸軍參謀長時，我的責任中——我想所有軍種的參謀長都有同樣的責任——在他們所負的責任中，管理『將軍軍官團』責無旁貸。基本上，你有一個營的將軍，四百一十二人，陸軍參謀長負責其所有的派職，他要給予比較有能力的人一個穩定向上發展的機動機會。我想我平均花費二十％至二十五％的時間來管理將軍的結構，要做好這件事我需要所有的幫助，因此，我徵詢各種觀點、同儕的評分、准將和少將們的同儕觀點，以決定低階軍官們如何看待這問題，這對我很有啓發性。那是決定派職的另一個因素，因爲我想找出是否一些人對他們的部屬是殘忍的、無情的。在那樣的情況下，很明顯地，我不願給像這樣的人一個負責領導士兵和青年的職務。」

「在所有我對晉升委員會的口頭指導——晉升委員會是去甄選准將，從一顆星中去甄選二顆星——我的重點之一，是我們選擇領導者時須要關切他們樹立領導的積極榜樣，傳授知識並能做好良師教導。」

「因此我給予所有這些小的片斷引述讓你有個瞭解，那就是這些年來軍中文化如何的改變，我們發展了堅強的領導統御特質，遍及全軍徹底的領導統御訓練，因為我們全都承認，缺乏戰爭我們將失去作戰的經驗。在我去越南指揮一個步兵營之前，我沒有作戰經驗。」

我所提到的大部分領導者，他們都是從一個或更多他們的上司那裡獲得大量良師教導的受益者，反過來，他們對自己的屬下能採取類似的良師教導方式。因此，這就是良師教導所能提供的影響。

也許，落實該原則的一個最其教育性例子是克里奇將軍的案例。他從一九七八年五月一日至一九八四年十一月一日，一共六年半的時間，擔任戰術空軍司令部司令。在第五章中，我們曾討論過克里奇「快速晉升至四星上將」，事實上，當他一九七八年晉升為四星上將，他到達那個階級比任何在一九三八年後進入美國陸軍航空隊——美國空軍的人都要快。那些在一九三〇年代進入空軍，隨後晉升為四星上將的人，當然要歸功於二次大戰的獨特需求，使得他們的晉升大大地加速。快速的晉升是由於成功的良師，比爾．克里奇從良師那裡受益良多，也因他在一長串重要職務中的傑出表現，如同你將看見，他在戰術空軍司令部司令任內的表現，充份證明了他快速晉升至四星上將的能力。

在提到由克里奇發展的卓越的「良師教導系統」之前，首先我要略述一些它的高利益和持久的影響。例如，恰克．何能（Chuck Horner）將軍，在沙漠風暴作戰中全程擔任空中指揮官，談及克里奇將軍的「良師教導」對空軍在沙漠風暴作戰中傑出表現的影響力：「我要每一個人都知道，我們在波灣戰爭中空戰的成功，是克里奇將軍的不朽貢獻。克里奇在七〇年代末和八〇年代初，帶給我們如何去組織和領導的全新想法，在這之前與之後，我都在戰術空軍司令部，我可以告訴你他的想法所造成的不同——對我們的精神和我們的能力——如同黑夜和白天。他不辭辛勞地教導我們全體，一遍又一遍，對我而言有三個要點。第一：在你組織上關鍵重要的『分權化』，以確保最大的彈性、反應和歸屬感。第二：從每一個人獲得領導和承諾的絕對需要性。第三：每一個人執行工作品質的重要性。」

「在戰爭結束後幾天，我訪問我們的一個基地。聯隊長和我訪問那些表現亮麗、沐浴在成功的光輝之中和追憶那些有所貢獻的事情與人們。當我談了很多很多關於所有的這些如何湊在一起的事情，聯隊長轉向我說：『何能將軍，您知道的，在克里奇將軍爲我們做了所有的一切，我們是不會失敗的。』我深有同感。美國人民給了我們充份和堅定的支持，而克里奇將軍給了我們組織和訓練，使得我們的聖戰成功變爲可能。對這些事情我對他的感謝永遠是不夠的。」

請記下這個句子「他不辭辛勞地教導我們全體……」的確，這是克里奇在擔任戰術空軍司令部司令時，所推動的「良師教導系統」的核心。

在我和他訪談中，關於「良師教導系統」，他把特殊的功勞給了教導過他的人中的一個：「在發展我自己的教導概念裡，我想把功勞給予應得者。做爲一個在空軍服務了三十五年的軍官，我在大約二十五個不同的上司麾下服務過。一些上司是傑出的，一些是平凡的，一些是差勁的領導者。當然，你也可以從差勁的領導者那裡學習，基本上你學習什麼不要去做。這些上司中僅有四位超出正常範圍的去提供一些特別的『良師教導』——或許你比較喜歡用『領導統御訓練』這個名詞——給我們之中那些爲他們工作的人。他們四位當中最好的是大衛・瓊斯將軍，我第一次爲他工作時，他是駐歐洲美國空軍總司令。」

「在他的指揮官們的討論會上，他不辭辛勞地對聯隊長們教導領導統御技術，提出自己這些年來的經驗，他願意花幾天的時間來做這件事。我對他所提供給我們有關有效管理飛機維修的洞察力，留下特別的印象。飛機維修一直是我們最大的挑戰，他在那一方面有特別的瞭解，這要感謝他主要良師李梅將軍當年的遠見，在大衛・瓊斯擔任他的幾年副官後，李梅派他去擔任一個維修領導的工作，他極爲有效地把他辛苦獲得的知識傳給我們。後來，當我在駐歐美國空軍總部擔任他的作戰情報署長時，他提供了許多一對一的良師教導，對我幫助很大。在當時及以後的數年中，我在戰術空軍司令部，使用那些例子做爲基準以建立良師教導系統。」

「在戰術空軍司令部的良師教導系統有三個部分：甄選（selection）、良師教導（mentoring）及培育（grooming）。三者相輔相成，如有一環較弱將使整個制度無法發揮應有的功效。」

爲什麼恰克・何能稱讚「良師教導系統」有如此高的效率？實務上證明它是有效的。的確，此一系統已產生了大約二十一位四星上將，包含幾位參謀長及一位參謀首長聯席會議副主席。這些「戰術空軍司令部的畢業生」，一些人如此稱呼他們，在同時或別的時間，任職美國空軍所有主要的司令部，也就是說四星司令，包含戰略空軍司令（SAC）、空軍教育與訓練司令（AETC）和空軍物質司令（AFMC）及空軍機動司令（AFMC），三個戰術空軍部隊（TAF）也是一樣——那就是戰術空軍司令部，駐歐美國空軍（USAFE）和太平洋空軍（PACAF〔Pacific Air Force〕），沒錯的話，這些司令官幾乎是整個美國空軍人力之廿二%，但也不要誤解，的確戰術空軍司令部是一個龐大而且遍及各地的組織，包含一〇五個工作站、十八萬名人員、四千五百架飛機（是美國民航機總數的二倍多）。

根據何能將軍一再談及之比爾・克里奇的教導，「在你組織的方法上，分權化的重要性可確保最大的彈性、回應和歸屬感。」這正是克里奇在戰術空軍司令部擔任司令時所做的。他大規模的組織再造不只是大大的成功，且在生產力方面產生了八〇%的改進，從再回營率到作戰能力都有大幅的改進，但這與空軍曾一直採用麥納瑪拉多年來所強調中央集權化的管理方式相抵觸。再一次，大衛・瓊斯將軍扮演了一個重要角色。

比爾・克里奇這樣解釋：「雖然瓊斯將軍升到戰略空軍司令部，如同我一樣，他被高度中央集權的管理方式所困擾。在一九七八年五月一日，當我被選去指揮戰術空軍司令部時，我告訴他，我將放棄以往的中央集權方式並且重新開始。他的回答只是：『去做吧！』之後，他擔任空軍參謀長和聯席會議主席共八年的時光中，當華盛頓的官僚看到我正在做的事情嚇呆了，想要大力的干涉我時，瓊斯爲我提供一個高層保護罩。但瓊斯的典型方式是，他讓我單獨地去和大多數的挑戰作戰，實在有太多的戰鬥了。他以前的良師教導提供了我所需要的所有的武器，和所有的防護。」

同理，在這轉換的過程，教育性的片段可從瓦特・玻依內（Walter J. Boyne）所著的《在狂熱的天空之外：美國空軍一九四七至一九九七的歷史》（*Beyond the Wild Blue:A History of the U. S. Air*

Force 1947~1997）一見端倪。其出版的日期正巧遇上空軍獨立五十周年紀念（稍後以這本書爲基礎，在電視上的歷史頻道有個四小時的迷你影集）。玻依內在華盛頓服務多年，於「國家航太空博物館」（National Air And Space Museum）任館長一職，也寫了十五本有關航空的書籍。

玻依內說明了他的研究透露了些什麼：「吾人只看到這龐大冷冰冰的官僚制度充斥世界，就會瞭解要去逆轉這個呆板的行爲和中央集權官僚制度的控制是多麼的難。很不尋常的某個轉向發生了……通常我們可以指出某一個人主導了這個方向改變。空軍的改變也是這樣子。經由深度訪談出現在這些過程中的四星將軍們的確認……渠等都能坦承直接的談論他們在空軍中的生涯及評估其他人的貢獻。每一個人相當自主的且通常在不同背景下指出，空軍管理方式的轉變，讓空軍效能、效率和生活品質提升應歸功於一人：那就是比爾・克里奇。瓊斯和李梅將軍的貢獻是屬於同一級的，是在他長期空軍經驗中最具影響力的人。」

有名的管理導師湯姆・彼特（Tom Peters），在他深入的研究「戰術空軍司令部的脫變」後，說：「比爾・克里奇的領導恐怕是我們在這個世紀所目睹，最令人印象深刻的『企業』大革命。」

這種新的風格終於推廣至整個空軍，新的管理方法不可避免地顯著成功，和「戰術空軍司令部畢業生」將此新的管理方法應用至別的地方一樣地成功——進一步證明新管理方法的效率勝於舊的方法。但這並不是恰克・何能對於這個改變時期導致空軍在波灣戰爭的成功並給予高度肯定評估的全部。在同一時期，戰術空軍司令部也發展了許多新的作戰戰術；把大規模的攻擊轉變成精準式彈藥的攻擊；部署了一系列新的作戰系統，包含A-10、F-15s、F-16s、F-117隱形戰機和F-15E夜戰戰機；加上新的改良型彈藥用來攻擊地對空飛彈薩姆陣地和停放在掩體的飛機，還有精確雷達的載具，如空中預警管制系統（AWACS）用於空中戰鬥，聯合偵察暨目標攻擊系統（Joint Stars）用於地面戰鬥。這些系統對於戰場管理人員提供了大量改進過的戰場情況覺知。

下面是克里奇所領導在作戰戰術再造改變的例子：「戰術空軍司令部大幅的轉變並不侷限在管理方式上。克里奇是一位戰士，他發現戰術空軍司令的戰術為他所謂的『低空飛行病』（go-low disease）所困住——認爲要避免面對敵人對空飛彈的攻擊，必須保持最低高度的飛行。克里奇的主張是，敵人防空砲火的建立，已經使得『低空飛行攻擊』的方法變得危險，因此需要新的攻擊方法。他通告大家摧毀敵人的地對空的薩姆飛彈是最優先的任務——如此敵人的防禦就會失去其效果，因此後續的攻擊機在敵人領空將擁有彈性的運用，可根據敵人防衛的性質去實施高空或低空攻擊。」

「克里奇的新戰術在戰術空軍司令部內被反覆的教導，並在內里斯（Nellis）空軍基地嚴格的空軍紅旗訓練中，和一些克里奇發明的輔助訓練計畫反覆演練。這種近乎實戰的訓練，在波灣戰爭中獲得了輝煌的成果。在這次戰爭中，美國空軍的傷亡是出奇的低，而那些仍停留在『低空飛行攻擊』思想的盟國伙伴，由於他們不願意去改變舊的作戰戰術，因此受到較嚴重的傷亡。」

這就是恰克·何能在波灣戰爭中精準作戰的選擇。美國空軍戰鬥機部隊在四十三天密集的日夜戰鬥中，僅損失了十三架戰機，以及三名飛行員的殉職。克里奇指出，英國在作戰初期使用「低空飛行攻擊」戰術，損失了十%的龍捲風戰機。假如美國空軍的戰損率和英國一樣的話，空軍將損失一百六十架戰機，而不是十三架。

克里奇總結何能的成功說：「在歷史上，從來沒有那麼大規模的衝突，一方遭受重大的損失，而另一方的損失卻十分輕微。很清楚地，我們已經爲下一場戰爭而不是上一場戰爭做好準備，上一場戰爭在過去數年使我們飽受批評者的大聲責備與謾罵。也是同樣的一群人批評我們部署的武器系統太複雜，以致於在戰鬥中無法發揮作用。恰克・何能和那些勇敢的男女軍人在『沙漠風暴作戰』中證明了他們完全錯誤。」

但假如克里奇沒有發展一套「良師教導系統」，去協助確保這些新的戰術思想會被許多追隨他的人衷心接受並使之擴散，所有的這些會有重大的影響嗎？這實在令人大大的懷疑會有這樣的效果。因此，克里奇發明的「良師教導系統」的主要特色是什麼呢？

以下是克里奇對我描述的：「良師教導系統有三部分：甄選、良師教導及培育。在『選擇』的過程中我花了很多時間——我想無數的空軍指揮官們亦是如此——分析那些渴望領導我們聯隊和我們空軍師的人員紀錄，並進行面談。我發現我在那上面花的時間愈多，我花在處理戰場上的錯誤的時間就更少。」

「關於『良師教導』，我們對於獲得良師教導的人採取一個較廣泛的視野。我們的良師教導包含所有理所當然或熱衷於聯隊長或較高工作職務的人。我們每年召開四次，由我親自主持一個每次三天的互動式特別會議。在那些會議中，我們不談論最近發生的事，我們談論領導統御及在不同的領域需求上，如何進行上層的領導介入和教導是最好的。當然，永遠記得我經常說的一句話是『一個領導者首要的任務是創造更多的領導者』，我如此說的目的，是我們不希望他們成爲『一人幫』。相反地，我們強調他們必須對他們的部屬使用同樣的良師教導技術。我學到這一點，是因爲我過去與其共同工作的上司每一次出去參加指揮官會議，回來後，對於會議中發生什麼一句話也不說。他們視獨佔知識爲力量，事實上，知識只有在與其他人分享時才能發揮力量。這點在部隊中顯得特別眞實，我們非常注意這件事。」

「在相關事務上，我們有單獨的一週訓練時間，來教導同一性質的人，教導他們所不知道的事情，而他們不知道的事情很多。一個中央集權的制度，在空軍中行之有年，在空軍的封閉系統內提供非常有限的教育。例如，在飛行和戰鬥單位服務的那些對高層職務具有非常大潛力的人員中，大部分對於作戰他們懂得一點，但是對於其他十分重要的工作，如基地設施的維護、警衛、餐廳、預算等基礎支援的問題卻懂的很少。我自己負責教導一些這類的訓練課程。這彰顯了在過去的數年中，我主動採取在這些不同的事務上自我教育，這同時也傳達一個我也期望這些參訓者做同樣的事情的訊息。在建立我們空軍新的文化上及我們的成功上，這個訓練貢獻很大。有人說高層領導者太忙了而無法顧及這些事務。這話是不成立的。這是所有事情的起源，如果你不精通此道，這也是你的終點。」

在我們的討論中，我請教克里奇將軍爲什麼他要將「培育」和「良師教導」分開，因爲我自己使用這個名詞時，良師教導包含訓練。他回答：「我將這兩個名詞在我的思考和我的行動中分開，因爲我視這兩個名詞是組織上的不同，他們雖然有關連卻是不同的活動。在某種意義上，也可以辯說我們廣泛的、普及的良師教導也是『培育』指揮官晉升到更高的階級。但對那些對於更高的階級特別有天賦和特別適合的人員，有進一步培育的需求——那些人需從負責重大責任的行動中鍛鍊出來的。」

「以另一種方式來說，在一個大的部隊——戰術空軍司令部有一百零五個工作地點、三十三個聯隊、十個空軍師，『良師教導』是針對很多人而不是少數人，但是特殊的培育所針對的是少數人而不是多數人。那些上校階層或以上的人員，我們看他具有往空軍更高階發展潛力的人，便藉著從一個職務到一個職務的磨練，並儘可能的使那些不同職務來培育他們。大部分我們所做的有關領導統御方面的工作，不是高深科技，雖然有人要你相信那是高深的科技，但那眞的是一個人性科學，有些人善於此道，有些人則否。善於此道的人，他可以獲得不同的不熟悉職務，然而很快就可以做出正面（積極）的貢獻。」

「因此，我在戰術空軍司令部掌舵的六年半中，那些我們所挑選出來爲了晉升三顆或四顆星而訓練的人，至少已歷練過四種不同的工作，有些人甚至高達六種。我們看這件事的思維是：當你教導時，你靠著你的經驗來幫助教導，假如你藉著從一個職務到另一個職務來訓練領導者，你是在充實他們自己的經驗，因此，他們自不同的職務，面對領導統御的挑戰而獲益成長。」

「此外，有一個主要的附加利益。這種訓練方式的結果，當戰術空軍司令部人員開始位居空軍最高階層的領導位置時並不使我驚訝。他們的廣泛基礎訓練給了他們可以感覺到的利益，並顯示在晉升名單之中。」

另外，克里奇將軍自空軍退休後，他加入了商界，並應各方前所未有的迫切需求，擔任一些美國最有名公司的顧問。他寫了一本暢銷書，書名爲《全面品質管制的五大支柱：如何爲你實施一個全面的品質管理工作》（*The Five Pillars of TQM: How To Make Total Quality Management Work For You*）。當沙暴風暴在一九九一年早期尚未展開時他就決定寫一本書，他對照在商界所看到的（不同的領導與不當的組織）與爲何空軍在波灣戰爭空戰中表現得那麼好。他的書目前十分暢銷，已經以七種外文發行第十一版了。在其他商界的喝采聲中，《企業》（*INC.*）（譯按：係以美國中小企業經營者爲對象的月刊）從一長串美國成功的商業領導者中精挑細選出來的一個六人小組成爲「十年來的夢幻隊伍」，而克里奇也是被選中的一員。這本雜誌稱呼他們六個獲選的領導者是最能夠「迎接九〇年代或九〇年代以後的挑戰」。

這個討論開始係以有效的良師教導能產生有利的擴散影響爲前提，如同那些被代代相傳的技術。爲了測試克里奇教導方式的持續力量，我們可以轉到一個最近的例子。哈爾．何能布（Hal Hornburg）中將是空軍作戰司令部（Air Combat Command，前戰術空軍司令部）第九軍軍長和美國中央司令部空軍部隊指揮官。波灣戰爭中，何能布在恰克．何能將軍的麾下擔任聯隊長。最近，何能布指揮部隊參加「沙漠狐作戰」（Operation Desert Fox）對伊拉克實施連續四天的攻擊。

在作戰結束後，何能布寫了一封信給比爾．克里奇，日期爲一九九八年十二月二十四日：

親愛的克里奇將軍，

在「沙漠狐作戰」之後，我發了一封電子郵件給何能將軍說：「謝謝你告訴我們如何從事這次戰爭。」他的回答是：「不必驚訝，我們都是克里奇將軍訓練出來的。」如您所知，所有的任務都是在夜間飛行——沒有損失，十分完美的成績——再次深深地感謝您。只是希望更多的人知道。很多太太們歡迎他們的先生們平安回家，孩子們歡迎他們的爸爸回家，這全都是你的功勞。我謹代表他們全體謝謝你。

最誠摯的

哈爾・何能布敬上

克里奇將軍稍早收到一封來自當時的空軍參謀長梅瑞爾・麥皮克（Merrill A. McPeak）將軍的信：

一九九一年一月十六日

親愛的克里奇將軍：

我剛從中東回來，我有機會去視導當地的戰區空軍，在那裏，我們從一無所有開始建設，您會為我們的年輕男女軍人感到驕傲。我們正在享受您及一群偉大的空軍人員多年來的辛勤工作與領導的豐碩成果。我們將做的更好，但是我們必須承認我們受您的照顧良多。因為您真正的建立了我們今天所擁有的傑出空軍。

熱誠的問候

梅瑞爾・麥皮克
美國空軍參謀長

就克里奇將軍獨到的教導方式的持續影響力而言，這封信的確是一封不錯的感謝之辭。但是這封信也幫助證明了這個前提，藉由這些信件所展示的是，有效的良師教導長期以來，未來也將持續成爲創造第一流軍事領導者最關鍵重要的部分。選擇這條路的人要花很多額外的努力與密切的注意，但是會有很豐碩的成果，這個成果可以持續很多很多年。比爾・克里奇總結「良師教導」這件事相當好，並提出他的忠告，即我在本章篇首所寫的：「領導者的首要責任就是創造出更多的領導者。」

當我和海軍上將克勞訪談時，我請教他，「在您的軍人生涯中，你覺得是那一位人物在你的成功中扮演了一些角色？」他回答說：「一個奇特的事發生在良師中，他們使我繼續我的教育，是我軍人生涯中的一個強烈因素。當我從普林斯頓大學回到海軍，當然，那時海軍有一種很強的反知識份子的偏見，我不認爲我從普林斯頓大學獲得學位能對我的晉升將官有很大幫助，因爲反對教育的偏見是十分強烈的，但在我升了將軍之後，海軍時時都在誇耀（克勞上將具有博士學位）。它爲我展現了原來不可能的願景。」

「『博士』當然重要，但主要的是教育。當我成爲將軍時，我的教育開始眞正的幫助我，我在普林斯頓所學到的對我要做的事是合適的，在成爲將軍之後更彰顯它的適當性。」

「我學到些什麼特別的？乃政治制度的運作方式，在華府的運作方式。對第一次到華府工作的軍官而言，許多事嚇壞了他們，但這些事一點也嚇不到我，因爲我在普林斯頓大學已經學習過了。普林斯頓大學畢業後，我當時是上校，第一個職務是在海軍軍令部長辦公室東亞部門上班，係一個政治軍事的工作。我負責遣送普埃布羅族（Pueblo）回國的計畫，那是我第一次受到摩爾（Moore）上將的注意；他是海軍軍令部長。經過一年的時間，頻繁地進出他的辦公室，做了許多事情，從那時候起我開始受到器重。（我不知道在他的心目中我的份量有多少。）在該同一個職務，一位名叫布拉奇・威那（Blackie Wenel）的海軍少將，他後來晉升至三星將軍，並在摩爾成爲聯席會議主席時擔任他的特別助理。後來，布拉奇・威那升到四星上將，出任美國在北約軍事委員會的代表，並在北約任內完成了他的軍人生涯……。」

「威那係我的有力輔導人，他十分支持我。在普埃布羅族計畫中，我和副軍令部長貝爾納・克拉瑞（Bernard Clarey）成了好友，後來他成爲「晉升委員會」的主席，委員會選了我晉升將軍。」

「在那裡有一個十分有趣的故事。我有一個相當奇怪的生涯型態，很多人不會懷疑我可能成爲將軍。我被艾爾默・桑華德派去密克羅尼西亞（Micronesia）談判。當我回來，我不知道我曾被提名爲巡洋艦艦長，桑華德把提名取消，然後派我去密克羅尼西亞談判法律地位。威那不悅，他要確定桑華德知道他做了些什麼，爲此，桑華德寫了一篇適任性報告，報告中說任何一人都可以去指揮一艘巡洋艦，但克勞這小子是萬人之選，唯一能執行密克羅尼西亞法律地位的談判工作者。」

「克拉瑞變成我的一個強力支持者，後來變得特別的重要。當到了考慮我晉升爲將軍的時候，克拉瑞是晉升委員會主席。在初評時我沒被選上，就是沒擠上名額內。因此，克拉瑞把委員們召回，把我的名字提出來並爲我發表了一篇演說。『我希望你們再考慮一下克勞上校，他沒有你們大多數人所希望擁有的海上經驗，但請看他做了些什麼。』克拉瑞很有潛力成爲聯席會議主席。不管怎樣，克拉瑞是委員會的主席，委員會重新審查，結果我擠進了晉升名單。」

「那年，桑華德寫了一封信給晉升委員會，敘述我們必須有若干打破舊習慣的人在海軍內，他強力地建議晉升委員會試著去擺脫他們一般的選拔模式，這對委員會來說不是一件容易的事。若此，他們應檢視那些擁有不尋常紀錄和不尋常能力的人員，我想克拉瑞以此爲依據，那是晉升委員會主席的特權，而且他使用了他的特權使我回到晉升名單內。一旦晉升委員會同意新的選拔方式，他們給主席相當大的自由並有一至二個名額的同意權，我被選中了。不管怎麼樣，克拉瑞是我的一個好朋友。」

「威那對我的生涯非常有幫助。我被認爲是政治軍人型，在試著獲得指揮職方面，我有一些困難。水面艦的人既不會要我加入艦隊，海軍航空隊或潛艇部隊的人也不會。波斯灣不大，但卻是一個不同的指揮部，我推測那是一個比較政治性的指揮所。我去看一位在海軍艦隊混編戰隊（VC）的同班同學沃斯．貝格拜（Worth Bagby），我說我想要擁有中東部隊的指揮職，當時並沒有多少人曾提到中東部隊（我想我是唯一提到中東部隊的人）。他說：『爲何你要去做那件事？』我說那是外國，世界的另一部份，且正是我熟悉的事情。他說：『你的意思是什麼？』我說那裡有很多的政治性事務，而那正是我目前所在做的。我又說假如你願意告訴我你將送我去那，我就去學阿拉伯文。他對我所提吸引住了，所以他去見海軍軍令部部長（哈洛威），部長說那是一個妙主意，但我不能保證那件事。因此我沒去學阿拉伯文，但我去了那裡了。當他們最後考慮到這件事時，他們已經看到這個指揮部即將消失並不重要，所以才派我去，不管怎樣，我到了中東並獲得一個指揮職。」

「當時有四到五個其他軍官，比我資深一、兩年，他們在政治軍事事務方面是傑出的人物。他們全都志在爭取負責計畫和政策的海軍署長。我卻身在遙遠的中東巴林（Bahrain）。當我還在巴林時，我的競爭者之一去世了，其中一個冒犯了副海軍軍令部長，因爲副軍令部長不喜歡他，因此也被排除了。另外一個在聯席會議主席參謀群工作，於一次醜聞中被捕。在這件事情之中，幸運是一個很重要的因素，突然之間，當掌管海軍計畫和政策的署長職務要補人的時候，我在巴林有了良好的績效。我們挽救了這個指揮部，我們改變了政府的決定，讓這個指揮所繼續存在下去，時間證明了，保留這個指揮所是十分重要的。當他們準備挑選一個掌管計畫和政策的署長時，所有我的主要競爭者都消失了。至少，這件事對我而言是如此的。」

我請教鮑威爾將軍，他認爲他被選爲參謀首長聯席會議主席的原因爲何。他立即回答：「你把我考倒了。我工作很努力，我對任命我的人、在我手下工作的人和我的夥伴都非常忠實，我逐漸發展出你可以信任的人的名聲，我會把我最好的給你。我始終在嘗試做我認爲對的事情，而且我對事情的判斷很準。我告訴許多人，人們不相信我所告訴他們的。我說：『我是否能升將軍無所謂，與我的自尊心、自重無關，我就是喜歡待在陸軍。』我有雄心，但雄心不是我的動力來源。」

一九七一年，鮑威爾是個步兵少校，獲得「白宮研究員獎學金」（White House Fellowship）。該研究員計畫的目的是把年輕人放在聯邦政府的最高單位，讓未來的美國領導者對公共政策之制定有更佳的瞭解。共有一千五百名申請者，名單縮減到一百三十人去面試，鮑威爾獲選並被派至預算管理局（Office of Management and Budget, OMB），那時凱斯伯·溫伯格是預算局局長，但沒多久，溫伯格成了衛生、教育與福利部部長。法蘭克·卡路奇（Frank Carlucci）是他的助理，這兩個人在鮑威爾的生涯中都變得很重要，而且都當過國防部長。在鮑威爾任白宮研究員期間，他們全體白宮研究員曾前往蘇俄與中國大陸旅行。

鮑威爾回到部隊服務，被派在肯塔基州坎貝爾堡（Fort Campbell）的一〇一空降師，師長是約翰·威克曼。「這是威克曼將軍認識我的地方，我們變得十分親近而且他成爲我的明哲導師。威克曼將軍從坎貝爾基地調至聯席會議當參謀主任，他想他的軍人生涯將會在聯席會議結束。威克曼將軍在我升任將軍的那幾年是我主要的明哲導師，一直到他退休。當卡爾·弗諾一九八七成爲陸軍參謀長時，亦成爲我的明哲導師。」

一九七七年，鮑威爾在國防部長辦公室服務，三年後成爲副國防部長的資深軍事助理。一九八三年，鮑威爾被派爲國防部長凱伯·溫伯格的資深軍事助理，隨後鮑威爾又成爲副國家安全顧問，他的辦公室在副總統布希的隔壁，「在那我們（鮑威爾和布希）共用一間浴室，」在雷根政府時期，鮑威爾是國家安全顧問。

從來沒有一位聯席會議主席在國際關係上如此廣泛的接觸。鮑威爾身為將軍和副總統布希、兩位國防部長——溫伯格與卡路奇——並和總統雷根密切的工作。「我以一種政治的角度認識他們全體，而他們知道他們有一位將軍、一位聯席會議主席，他懂得他們所處的政治世界。我曾經被定位爲一個政治將軍。我對此的回答是，我承認他們所言，但是我也有一個很好的二十年步兵紀錄。」

但明哲導師不一定總是高階軍官。在夏利卡希維里將軍的例子中，就是一位中士。他告訴我：「在我起步時，我只要成爲最好的少尉，哪時，我不會擔心成爲上尉或少校，或是什麼。事實上，在我整個的生命中，我非常努力地試著不去想將來我會成爲什麼。的確，我試著集中精神在任何時候成爲我階級中最好的。我初次任官時，被派至阿拉斯加，葛瑞斯（Grice）是我排裡的中士，葛瑞斯竭盡所能使我成爲最佳的排長。我們的單位是步兵第五軍第一戰鬥群榴彈砲連，葛瑞斯中士在早上會進到辦公室告訴我，『長官，我已經依照你的命令準備好了雨衣的檢查。』我的表情一定很驚訝，但葛瑞斯中士會找時間向我說明如何進行一個檢查及檢查些什麼。第二天，他可能又以另一件事情讓我驚奇，但每一件事都是設計來使我成爲一位最佳的排長，他是如此一個精彩的人物。我希望每一個少尉都能夠擁有一位葛瑞斯中士。就是他教導我應對屬下關心些什麼，從他身上，我學習到瞭解所有我工作上問題詳情的重要性。我學習到當我走入砲行列中，詢問士兵一些問題時，如果我所知道的答案不比士兵好，士兵們會看穿我，不管我是否眞的知道我在說些什麼。順便一提，我體認到這個道理對一個排長或排裡的中士或對一位四星上將而言都是眞實適用的。」

夏利卡希維里向年輕的軍官們忠告說：「假如有一件事我期望你們每一個人，那就是找一位葛瑞斯中士去教導你們有關士兵、有關領導者、有關責任和一起當軍人的喜悅。不是每一個人都像我一樣有福氣，不是每一個人都能找到他的葛瑞斯中士。許多人找不到，不是因爲他不在那裡，只是因爲他們不知不覺地以及愚蠢地把他推開了。別那樣做，去尋找你的葛瑞斯中士，士官有很多事情可教導我們。」

我請教夏利卡希維里將軍，爲什麼他認爲他會被選爲聯席會議主席。「我心裡很明白地說我不知道，而且有那麼多條件比我更好的人選。我想部分是由於時間點的意外，或許是『雪中送炭行動』（Operation Provide Comfort）時，我湊巧爲大眾和華盛頓的領導人注意到，這個行動正好在沙漠風暴作戰結束後進行。它的目的是去幫助在伊拉克北部庫德族人的人道救援努力。因爲這個行動是一個善良人類所關心的故事，它抓住了報紙的想像力，因此我的名字成了頭條新聞。就在那件事之後，我被派至華盛頓做柯林．鮑威爾將軍的助理，因此我得以進出國防部，認識在華盛頓的決策者。因而在開始尋找一位新的美國將軍接任歐洲北約盟軍最高總部指揮官時，我的名字出現在名單上，出乎我意料之外我被選中了。很快地我就去歐洲上任了，就那麼巧，我才抵達歐洲，波士尼亞變成了熱門的事件。因此我的名字經常出現在華府正在進行的行動上。在我到達歐洲不久後，正好鮑威爾將軍卸任的時間到了，我的名字再一次出現在名單中。因此，我想我入選參謀首長聯席會議主席，部分歸因於時間點上的巧合，部分歸因於正好在適當的位置，在正確的時間及在某種程度上是曾在若干做此決定的人身邊工作過。」

艾森豪將軍回答「吾人應如何發展成爲一個決策者」的問題時說：「在決策者的身邊學習。」

那是很明確的，上述被選的軍官他們完成了最高責任的職務，他們是在決策者的身邊學習。這些人提供他們指導，諮詢、忠告和教導，再給他一個機會去出色的執行，導致如此的印象深刻和成功。顯然，「明哲導師」不是偶然的，必須去爭取贏得，所得的是最艱苦的工作，最長的時間和個人的犧牲奉獻。

【第七章】

關懷

在每一個指揮的職務中，你的部下會想知道你關心他們有多少，遠超過他們關心你懂的有多少。

——約翰・卡農（John K. Cannon）將軍，美國空軍（退）

我問過一百多位四星將軍這個問題：「你是以何種方式去領導你的部屬，以致於在作戰時願意爲你犧牲，而且一天工作二十四小時，在平時持續好幾個星期，甚至是好幾個月的時間，去解決一些危機或是問題。」答案是一致的：領導者首先必須以身作則，並且展示在服役期間把自己奉獻給上帝和國家；其次，他必須展現對那些爲他服務的人們的關懷。

我請教威利斯・克里登柏格（Willis D. Critenberger）中將，請他說明陸軍喬治・馬歇爾上將領導統御的特質。克里登柏格提到馬歇爾對其他人的關懷：「第二次世界大戰時，我是第五軍軍長，馬歇爾將軍來視導駐歐的美軍部隊。在他回到華府後，在二十四小時內，他的一位參謀打電話給我太太，她住在聖安東尼奧（Stantonio）。電話接通後，他拿起電話說：『我是馬歇爾將軍，克里登柏格夫人。我要你知道我昨晚在義大利看見了你先生，他很好，我想你願意知道這件事情。』」

「他爲許多他的指揮官的家庭做這件事，這是他領導統御的一個要素，這和他有點威嚴及嚴肅的舉止是大爲不同的。對一個軍人的家庭而言，接獲高層領導者打電話來說『我只是想你會想知道他很好』這樣的電話是多麼的令人心安。對於軍人的士氣和他的家庭來說，這個舉動產生極重要的影響。」

二次大戰期間，馬歇爾連絡在海外視導旅行時所遇到的每一個資深軍官的太太、母親或是最親的親屬。由馬歇爾的信件中可以看出那些深深的感謝，那些信件是來自於其部屬的太太、女兒和父母親，對他問候的電話表示感謝之意。他定期的和長期同僚家的太太們通信，如貝德爾・史密斯、巴頓、馬克・克拉克和艾森豪。他相信這樣可使得分離的悲傷較容易承受。

亙二次大戰期間，馬歇爾持續優先關心軍人的福利。他派遣軍事大使到世界各地去，唯一的任務是聽取官兵的訴苦和建議如何去改善他們的狀況。他強調確保在前線的軍人擁有飲料、香煙和糖果如同他們所需的彈藥和武器一般。

當馬歇爾到作戰區時，他堅持僅有駕駛陪同，不須指揮官在旁，當他開著車到處巡視時會查詢部隊的福利。他的電話問候及寫信並不限於他所訪問的資深軍官。我訪談了一位士兵，在諾曼第登陸後，一九四四年六月十二日，馬歇爾第一次視導時這位士兵幫馬歇爾駕駛。馬歇爾回到國內後，他打電話給這位士兵駕駛的雙親，告訴他們，「我剛看見過你們的兒子。在歐洲他是我的駕駛，我希望你知道他開車開的很好。」

一九四三年，在一次去北非的旅行時，馬歇爾很驚訝地看見魯仙・杜斯考特少將，他擔任軍長時曾駐防在義大利安濟歐（Anzio）。他們兩人有番長談，馬歇爾問杜斯考特是否知道艾森豪要求他參加反攻歐洲的行動，杜斯考特回答他尚未聽過這個要求。這意味著要升他爲軍團司令，但是他還不能離開義大利戰場。杜斯考特說：「他感覺我應該知道艾森豪爲我爭取過，而且我也該知道我在安濟歐的表現是有目共睹的，也深受好評。」杜斯考特有「軍人中的軍人」的美譽，但是像他這樣倔強的人，他居然記下他對馬歇爾讚美他的反應：「我深深地感動，因為馬歇爾沒有理由要告訴這些。那是他慷慨體貼部屬，與眾不同的地方。」

一位二次大戰經歷「巴丹死亡行軍」的退伍軍人寫說：「我只見過馬歇爾一次，那時我從關了很久的日本監獄出來。他派他的私人飛機到舊金山去接我，並送我到我想去的地方，只為了讓我儘快和分散四處的家人見面。與家人團聚後，我到五角大廈向馬歇爾報到，同時感謝他的美意，馬歇爾把所有的事放在一邊，延後所有重要的會議，很親切的接待我。他撥出很長的時間，以最人道的方式表達對我個人情況的關懷。」

陸軍上將亨利·阿諾德二次大戰期間，也十分關心他在華府下屬參謀軍官的福利，他關心他的部屬包含個人的和專業上的滿足。假如國家在面臨戰爭時，任何一個職業軍官都會急於奔赴戰場參加戰鬥，但是在一次大戰時，阿諾德錯過這個機會。他說：「我的雄心壯志是帶一個空中部隊去法國，但從未實現過。在某種意義上，一直到今天仍存有一點遺憾。二次大戰期間，在華府我刻意放棄了團隊中優秀的參謀長及有價值的第一流顧問們對我的幫助，使他們不會錯失我一直想擁有的戰時經驗。」

阿諾德繼續說：「一九四一年初期，為了得到有關在歐洲的戰爭較好的資訊，我們從空軍組織所有的部門軍官派到海外——包含作戰單位、參謀、訓練中心和物資司令部。不管他們是否能和他們繁忙的工作分開一陣子。在戰爭期間我依循了這個相同程序，因為我想給這些人能嘗試接觸作戰行動的機會遠比把他們留在華府當班重要。我永遠記住我在一次世界大戰時沒能去海外的挫折感。」

「一些軍官，如史帕茲、伊克、哈門、史崔特梅耶（Stratemyer）、迪羅．伊孟斯（Delos Emmons）及顧問喬治．肯尼和過世的法蘭克．安德魯（Frank M. Andrews）都被派至海外去指揮他們的單位。陸軍航空隊代理的首長和副首長經常被換，不論他們是多好，不幸的是，許多好人從來沒有一個機會去顯示他們作戰的能力。」

有一次，阿諾德駐防在萊特機場的舊友，他需要一個好的年輕軍官來取代他的部門主管。阿諾德告訴這位朋友，「我將會推薦一個能符合你所需條件的人。你獲得一個人才就是我失去一個人才……但是這些年輕人太優秀而不應侷限在某個中隊。他能使整個陸軍航空隊獲益，但是首先你必須向我保證，你將給他一個機會，他並不是一個很有魅力或討人喜歡的人。」這個人獲得了機會而且表現得十分卓越。

在二次大戰期間，阿諾德經常突然地出現在士兵餐廳，作爲訪問軍事設施的一部分，即使只是落地加油。一位和他一起旅行的記者敘述這樣的一件事，阿諾德走到吃飯時排隊打菜的行列，和正在打菜桌後面的人員說：「讓我嚐嚐這個菜。」他品嚐了那些菜，然後向在打菜桌後面的人說：「眞是的，我終於瞭解爲什麼這些人不吃。」然後他轉向基地指揮官，明顯地他想要指揮官改進這些差勁的伙食。

他關心人員的心情感覺和身體舒適。一次，阿諾德叫他一位上校參謀進來，告訴他：「準備好你的行李，我們要去某個地方。」上校回答說：「我可以知道我們去那裡嗎？」阿諾德說：「不可以。」

結果，他們的目的地是一個陸軍航空隊的高級飛行學校。他們及時趕上畢業典禮，典禮正在進行著。每一位獲得飛行胸章的年輕人，上前一步去接受他的飛行胸章並被授階任官。隊伍中的一位年輕人顯得特別的興奮，一直在注視著陪著阿諾德來訪的上校，當這位興奮的年輕人上前一步準備接受他的飛行胸章時，阿諾德轉身向上校說：「好了！湯瑪士，向前一步，替你兒子掛上飛行胸章吧！」

在兩次大戰之間，史帕茲將軍是驅逐機中隊中隊長。簡直難以置信，但是在二十年代這些戰鬥機飛行員沒有降落傘可用。在六月初，正好在飛離艾靈頓機場（Ellington Field）時，一位飛行員約翰・卡農中尉，因爲飛機空中相撞受傷。他的飛機從三百呎的空中掉下來，頭骨和許多其他骨頭都摔裂，造成嚴重的休克。假如他能夠跳傘逃生的話，這事情是可以避免的，可惜他沒有降落傘，因爲中隊沒有降落傘可用。史帕茲採取補救措施，他到達塞富利吉（Selfridge）機場時得知在俄亥俄州戴城（Dayton）的麥克庫克（McCook Field）機場有降落傘。他寫信給瑟曼・弁恩（Thurman h. Bane）少校：「我命令中隊所有的飛行員實施長途飛行，爲了使他們配備一具降落傘，此一飛行可以將他們帶至戴城附近的麥克庫克機場落地。我知道你手上有一批降落傘……。我非常希望我的每一位飛行員都能獲得一具降落傘。」

一九二二年七月十九日，史帕茲接獲工程處處長弁恩的答覆：「您的要求有點不合規定。您知道，我們不是一個補給倉庫。但無論如何，我們非常樂於幫助您解決降落傘缺乏的問題，只要您的飛行員一抵達此地，我們會儘快把降落傘替他們配戴好。除非我的上級下令停止此一行爲。」

史帕茲有一次提到他在一次世界大戰時的飛行：「一直到一次大戰後，我們才有降落傘，我們一點也沒被保險推銷員打擾。」對他自己的事他都以開玩笑的態度處之，但是一旦涉及他的部屬，他的看法就不一樣了。

卡農中尉事件也突顯了需要較好的醫療支援。伊克上尉有一次要求一輛救護車來載受傷的飛行員去醫院，對於救護車一事，陸軍回應說用馬拉的二輪貨車對於他們受傷的馬球球員已足夠了，應該也可滿足航空隊的需求。但是當史帕茲看到卡農中尉的傷勢，他下令要一輛民間的救護車載卡農中尉去醫院，搭乘用馬拉的救護車會要卡農的命。史帕茲爲使陸軍爲他未經授權而使用民間救護車的支出付款遇到很多困難。他寫辯護信給第八軍區聖胡斯頓堡（Fort Sam Houston）的指揮官，說明「卡農中尉頭蓋骨和上顎骨斷裂，因此在運送上必須小心處理。從愛靈頓機場到羅根營區（Camp Logan）那裡的醫院距離是二十五英里，恐怕從那麼遠的地方用營區的馬車載卡農，馬車所引起的震動可能使卡農死亡。」卡農不但活了下來，而且升至四星上將。

爲了未來的意外事件不至被延誤送醫救治。史帕茲於一九二二年六月三十日寫信給一位朋友：「我正在請求你的協助。這個工作的性質，需要高水準的醫生和訓練精良的護士。」這個提議涉及建立「航空醫官」制度以執行飛行人員的特殊需求。史帕茲受到他部屬的愛戴，因爲他的行爲反映出他關心他的每一位部屬。

他也不會輕易地放棄他的部屬。一九二二年八月二十二日，史帕茲寫信給他在聖胡斯頓基地的朋友法蘭克・賴克蘭（Frank D. Lackland）少校，「我一直在思考是否要經由管道提出一份有關艾斯普（Asp）的報告。就正常相關的例行工作而言，他能力不足以成爲軍官，要留他在這工作上是很困難的。在另一方面，他對工程和技術事務天賦異稟，他可以爲了學習有關新的馬達或新的飛機，日以繼夜的工作。假如他可以被放在某個適當職位上，他可以磨練他天賦的才能，我相信他會成爲一個十分優秀的軍官。困難在於決定是否一個具有這種才能的軍官，對陸軍航空隊有足夠的價值……，我希望在這件事情上給我一點你的建議……未到最後關頭也不應該放棄希望（也就是正式提出他的報告）。」

一九二〇年代是禁酒的日子——但大部分的人不理睬這禁酒令。「派崔克將軍收到一些有關於在塞富利吉機場酗酒的問題，」此事涉及艾爾・依克。「他叫史帕茲進他辦公室問他是否有這種情形，史帕茲回答：『長官，沒有。在塞富利吉機場我們沒有酗酒的問題。我所有的軍官當他們該值班時都會在崗位上，而且他們小心翼翼遵守規則和規定。』他繼續說在晚上他們的確有供應酒。『倘若我們有酒——您知道這是少有的事情——在機場我不禁酒，因爲是不切實際的，他們只會離開基地去惹事生非。爲了把他們留在基地，我把基地變成一個愉快的地方，使他們願意留在基地內的軍官俱樂部。』稍後，派崔克告訴我史帕茲的回答令他感動，史帕茲有勇氣不同意他的意見，史帕茲本人則沒有察覺到會議進行的如此順利。我也記得史帕茲走出去時說：『我猜我將會有一個新的派職。假如你讓我知道地點是什麼地方，我會謝謝你，然後我就會去報到。』」

艾森豪將軍相當重視他的指揮官們的福利。一九四二年十二月，馬克・克拉克將軍是入侵北非的副指揮官，與艾森豪在阿爾及利亞參加一個會議。艾森豪必須匆忙地離開飛往直布羅陀（Gibraltar）。在機場有許多新聞記者和攝影師希望能有一個記者會。時間是如此的短促，艾森豪無法回答任何一位記者的問題，克拉克將軍說：「然而，他做到了。他做了一個親切地、體貼的舉動。那是典型的艾森豪。當記者和攝影師擠在他的四周，他說他只有時間做一件事情。然後他從口袋摸出一顆星星釘在我的肩上。他說：『威尼，爲了替你釘上這第三個星我已經等了很久了，我希望能爲你釘上第四顆星。』」

艾森豪很少要求他的指揮官們在戰場上向他報告，他寧願走到他們那裡，省去他們離開指揮所的不便。當他來到前線時，他始終堅持將他的臨時總部安置在遠離戰場指揮官的總部，確保他不會成爲忙於實際作戰指揮官們的負擔。

在這些最高領導者中間，有很多體貼的關懷動作。「范德柏格（Vandenberg）將軍在韓戰期間去了一趟韓國，我和他一起前往。」那時我是他的副官，理查・格魯山德夫（Richard A. Grussendorf）少將回憶著說：「在麥克阿瑟將軍的總部，他的副官請柯林斯和范德柏格進去，我看到在麥克阿瑟將軍辦公室的外面有張椅子，我正要去坐下時，范德柏格說：『你跟我進來。』因此，我就跟著他進去了。我見到麥克阿瑟將軍，他非常的誠懇而且接受了我跟著進去這個事實，在房間裡只有我一位上校。但是范德柏格說：『我要你進來聽我們談些什麼。』范德柏格是那麼的體貼，但我想這也是我訓練的一部分——會使我更瞭解電文和聯席會議文件及諸如此類的事。那不僅僅是一句『跟我一起進來見大人物這回事，好讓你可以告訴你的子孫。』」，這個言行也代表他的細心考慮。而這也提供了一個「明哲導師」的例子。

納森・圖寧將軍在他的整個軍人生涯中，是一位對軍官和士兵細心和體貼的人。艾爾伍德・「皮特」・昆薩德（Elwood R. "Pete" Quesada）中將說了一個圖寧還是教官時的故事。昆薩德從馬里蘭大學被陸軍航空隊徵募參加飛行員訓練，但主要是去幫忙成立訓練學校的足球隊，昆薩德選擇利用這機會去學習飛行。他的足球隊隊友之一是圖寧教官。昆薩德說：「我記得圖寧比較多的地方是他當足球隊員而不是他當教官的時候。圖寧是一位有禮貌的、快樂的伙伴，那時他是中尉，曾經在陸軍待過五年。我們一起在足球隊時成爲好朋友，雖然他是一位軍官，說得更恰當一點，是一位資深軍官，而我只是一個士兵，他始終對我特別友善，那是我所感謝和喜歡的。軍官和士兵是不可以混在一起的，但是他使我的生活十分輕鬆。」

「我特別記得的事情是，我在玩足球時摔斷了腿，他們要我跟上班上的飛行訓練進度，因此他們提供我一個機會在聖誕節假期，當所有其他人回家或去別的地方過聖誕節時，我則接受飛行訓練。當然，他們必須建議一個飛行教官志願放棄他的聖誕假期來進行我的飛行訓練。納森・圖寧自願當我的教官，因此，在聖誕節的兩個星期假期中，我接受了特別的訓練。對他而言，做這一件事是很平常的，而我永遠也忘不了這件事。」

羅瑞斯・諾斯達（Lauris Norstad）將軍記得他到第一個任職單位報到時，還是一位剛出爐的少尉。「我的第一個航空站是在夏威夷的惠勒機場（Wheeler Field）。我住在史考菲德（Schofield）營區，納森・圖寧則是一位資深軍官住在單身軍官宿舍，我被分配到他的宿舍區，我記得很清楚他對我是多麼的好，他把我介紹給宿舍區的每一個人及營區的人員。他做人十分體貼、十分細心並且十分好。我一直都喜歡他，我永遠也忘不了我和他的第一次接觸。」

一九五〇年七月，圖寧在華盛頓成爲空軍參謀總部人事署長。在這個角色上，他展現了對士兵的特別興趣，因爲他體認到在高技術的空軍中爲他們花費的訓練成本多麼龐大，假如這些士兵在他們第一次入伍期滿後就離開空軍，訓練將只是浪費金錢，因此必須將「留營率」升高。爲了回應這個問題，他感覺應使空軍生涯更吸引人，配合特別福利、較高的薪水及較好的宿舍，他也想逐漸灌輸軍人感受到他們的職務是穩定的，及他們爲一般平民所尊敬，他的態度幾乎成了空軍的信條。隨著這句簡潔的註解「數目字只不過是一個球拍」，高階軍官開始摒棄有關空軍應該有多大的這個問題，而改爲討論如何使士兵們視服役爲其個人事業生涯的問題，一位將軍甚至堅持，「我願帶一百架飛機出征，如果我知道每一個都受過良好的訓練及有穩定的工作。」

圖寧在杜肯機場（Duncan Field）的責任之一包括和正在設立的新飛行學校一起工作。丹尼爾·霍克（Danniel E. Hooks）少將說：「當我是個中尉時，我被派到其中的一所學校。那個時候，納森·圖寧官階少校也是我們區裡的一位督察官。我們習於盼望他的到訪，因爲我們知道他不僅會告訴我們何處可能有錯誤，他也會告訴我們如何去改正我們的錯誤，他會告訴我們何處有其他的學校正陷入類似的麻煩之中，而我們如何可以避免那樣的麻煩。他有興趣幫助我們，不僅僅是批評。他是專家，開放、率直、友善又十分誠實。我們感謝他的幫助，而且我們永遠很高興的看見他。」

柯蒂斯·李梅將軍於一九四八年被選爲戰略空軍司令部司令。冷戰剛開始時，李梅已注意到了蘇俄的威脅。他對部屬的要求非常嚴格，特別是要求那麼多的轟炸機組員持續二十四小時的警戒。這些轟炸機組員長時期的和他們家人分開，經常是數個月之久，在空軍基地的組員警戒待命區或部屬於海外地區。但沒有人懷疑李梅將軍對他部屬的關心。

李梅告訴我：「你一定要關心你的部屬，如果你不去關心，沒有別人會去關心的。即使升到參謀長仍要照顧部屬，這是很花時間的一些事情。我無法指出任何比這個更具挑戰性的任務。另一方面，我試著去設立一個標準準則，保持國家利益最優先，空軍及其他軍種次之，最後是你的部屬，你必須花很多時間在你的部屬身上。的確，你無法完成空軍交付的複雜任務，除非你有個很好的專業團隊來解決這些問題，這意思是說，要注意到你所獲得部屬的類型、你擁有部屬的類型——那是一個需要花很多時間的領域。我感覺我已做了一些貢獻，但肯定是不夠的，在這個領域一定還有很多的工作要做，接任我參謀長職位的人也須花很多時間在這方面。」

當李梅擔任戰略空軍司令部司令時，一位將軍對我說：「我是總部的基地設施處長。李梅將軍是一個不知疲倦的工作者，致力於建設戰略空軍司令部使成爲今日最佳的嚇阻力量。他全力以赴親自指導改善戰略空軍司令部的許多軍官和士兵的待遇。他特別積極去改善營區、單身軍官宿舍和家庭宿舍。每一次他訪問空軍總部，他經常就這個改善的問題來看我，我們一直保持通信。他繼續無限地貢獻使我們獲得成功。空軍的官士兵們認同並讚美李梅將軍全力以赴的努力改善他們的福利。」

老B-36的領導組員代表著三百萬美元的投資，但金錢並不是關鍵的因素。「我們能補充金錢」

李梅說：「但非常令人懷疑的是，我們能否在一個危機時，能有充份的時間來補充組員。」

在李梅擔任戰略司令部司令時，一架飛機悲劇性的墜毀，倖存者稍後死亡。我們學到的教訓是按兵不動無法幫你打敗寒冷、飢餓、和孤立。這些勇敢的組員忍耐了很久，但他們的勇氣和頑強尚不夠，他們應該被教過爲了生存應該怎麼去做。李梅說：「領導者必須在心理上與肉體上去建設自己並採取必要的行動。」

李梅確實採取行動去改善這個情況。他從空軍的人員名單，包含現役和備役，及陸軍人員中去找滑雪人、探尋者、登山者、設陷阱者和樵夫等人來設立學校，教導被擊落的飛機組員在陸地上求生存的技能，不管那是遼原、叢林、沙漠或山區，靠著這絕對必要的訓練和經驗救了許多具有無法取代的訓練與經驗的人。

李梅繼續說：「也許迄今仍有一些現實主義者在周邊，他們將聳聳肩說，組員的損失只不過是正常空軍運作耗損的一部分。他們錯得太離譜了。對戰略空軍司令部而言，沒有飛行員、沒有轟炸員、沒有槍砲手、沒有組員是可以放棄的。」

「戰略空軍司令部的任務是藉著向敵人展示持續不斷二十四小時的待命而不是全面報復來確保和平。我們和平時期的嚇阻價值，和戰時毀滅性的能力，同樣端賴我們去投放毀滅性原子彈打擊的戰備——不是一年、一個月或一個星期後，而是現在。這些不是靠我們最後可以訓練的組員，而是靠我們今天能掌握的精確投射小組。」

傑克・里恩將軍，一九六九至一九七三年擔任空軍參謀長，我請教他爲什麼一些領導者在戰時能灌輸他們的人自動自發去執行複雜和危險的任務。他回答說：「正如你清楚的知道，人們多年來一直試著去找出這個答案。但是我想最重要的事情是，消除你擁有的自我。你的成功端賴你的人員工作的表現，你單獨一個人的確是無助的。我想我瞭解到我的成功是許多在我之下人員的努力，我試著去表示我對他們的尊敬及他們對小組、單位的貢獻，當然他們成就了我。」

「我問他們問題，我發現他們正在做什麼，我對他們正在做的有興趣，用這種方式你也就學到很多東西。你問的每一個問題，你要回答的比他好，我從未看過一個人，當別人對他正在做的事感到興趣時，他沒有善意的反應。例如很多晚上，在老B-50轟炸機的日子，當我們瘋狂的更換即將過時的發動機汽缸時，我晚上十點或十點半會出現在那兒，爬上梯子站在一個正在修發動機的人旁邊，我開始問他問題，『你正在做什麼？』當然，我學到了。我學了很多其他的事情，諸如或許他沒法獲得一杯咖啡，因爲餐廳已經關門了，所以我就在這方面照顧他，我甚至會爲他弄一杯咖啡來。如果通宵達旦工作，我還會照料他的咖啡及早餐。我對他的工作有興趣，而他會傾囊相授努力工作。」

我請教里恩將軍他如何從人們那激發出更多的努力。「靠著與他們溝通。我和他們對談而不是對他們說教，因爲我對他們正在做的事情感到興趣，我從問他們的問題中學到很多。」

「例如，當我是准將時，我從師長到歐馬哈總部的一個參謀軍官，在那我是物資處長。每一次我出去視導或是爲熟悉業務到某個基地的旅行時，我把時間都花在維修工作上，和士兵談話，和軍官談話，找出他們正在做什麼，找出他們的問題是什麼。」

喬治・布朗將軍的軍人生涯充滿了體貼、關懷和對其他人的體恤性。一位軍官記得：「布朗對他所領導的部屬有很大的體恤性，他的組員中有個來自蒙大拿州雀德威（Treadway）市的中士相當沮喪。布朗與他諮商，雀德威離開布朗回到自己的帳篷，一會之後，中士自帳篷中出來全身披掛齊全牛仔靴、寬邊帽，所有其他一切蒙大拿州傳統的西部牛仔配件，然後他開始繞著基地走了一個多小時。這當然違反所有制服的規定，但他在這一小時結束後，回到帳篷重新穿回他的制服，又是一個全新的人。布朗告訴他這樣去做，而這成爲一個十分有效的療法。」

布朗於一九五一年七月至一九五二年九月在麥克蔻德（McChord）空軍基地任指揮官，霍特（Faught）將軍回憶：「那時在麥克蔻德基地，我的家眷仍留在凱利空軍基地，這造成了我們所有人員嚴重的士氣問題。布朗召集維修人員並向他們解釋，就任務而言，我們需求的飛機數目要滿足每日的預畫表，將美軍部隊運往日本，然後將傷患運回。布朗決定，假如我們可以維持滿足任務需求的妥善飛機，也可以在麥克蔻德和凱利基地之間實施往返的定期班機，俾使我們的人員能偶而飛回去看看他們的家人。他安排了人員名冊，因此大約每二周半，從最低階級的士兵到最高階的軍官都可以從麥克蔻德基地回到凱利基地一次去看望家人。」

在麥克蔻德基地，布朗指揮一個臨時性聯隊，是在一個比他資深的上校下面。霍特說：「我一時想不起他的名字，但是我相信他嫉妒布朗。布朗在日復一日的例行工作中，執行上級指示的任務，而且做的比交付給他的更多。他不理會比他資深的上校干擾，最後這位資深上校自己認爲沒法對布朗做任何事情，所以這位上校試圖找布朗的下級指揮官來出氣。布朗把我們四個人列入晉升名單，但是這位上校不希望我們四個人中任何一個人晉升，他的說詞是我們僅僅是部隊運輸人員不值得晉升。布朗告訴他，他要去見他們兩人的頂頭上司，史都威（Stowell）將軍，就有關晉升一事親自面報，但在尚未成行之前，指揮官已同意布朗的晉升人員建議表。我們永遠也不會忘記布朗對此晉升一事所做的努力。」

這件事引起了對布朗的評審軍官理查・布羅米立（Richard F. Bromily）上校的注意，他說：「他忠於他的部屬及他的組織，但有點過度。」

另一件顯示布朗關懷的事情。法蘭克・羅傑斯（Frank Rogers）說：「在我們的案例，我們有一個中校名叫吉姆・強森（Jim Johnson），他是一個有能力的人，派在後勤部門（A-4）任聯隊後勤主管。吉姆有個實際上的問題，他必須建立我們區域內二個空軍師之間『飛機管制和預警』系統的後勤支援。我回憶和布朗討論一份有關吉姆的個人績效報告。在這次討論中，布朗告訴我：『我把過量的責任加在吉姆的身上去解決這些問題，他一直在努力的工作，但沒有多大的幫助。』那時，我體認到布朗承認每一個人都有一些內在的極限。」

「這個制度提供了我們那麼多的人員，但不是每一個人都能成爲博士或是戰場上的拿破崙。人必須有一種同情的感覺，或至少瞭解的體恤。有些人竭盡全力而且眞的付出工作，然而，結果不一定是很美好的，這種人在組織裡有一定的價值，我們應該體認到這一點。我認識吉姆很久了，雖然他是一個很有能力的人，我想這樣說比較公平，那就是在空軍中還有比他更有水準的後勤主管。無論如何，他是我們的人，他爲我們的指揮官盡他最大的能力去把事情做好。布朗感謝他的努力，也希望看到他的前途似錦。他把人性因素納入考量。」

布朗對他人的關懷不限於軍人。他與部隊的關係融洽，尤其是士官和士兵，當然來自他的軍事背景，他已具備了做爲領導者的廣泛知識。在塞富利吉空軍基地裡有一個九洞的高爾夫球場，已使用數年之久，文職雇員不可以去球場打球，是嚴格保留給軍職人員使用的，布朗接任指揮官不久後在基地的理髮廳知道了這回事。理髮師是一位熱愛高爾夫球人士，他說：「我很想偶而有機會在這球場打球。」布朗沒說什麼，但決定文職人員在星期的平常日（周一至周五）可以在球場打球，但是周六、周日不可以，因爲軍職人員不用上班。許多文職人員開始在早上上班前使用這個球場，晚上或在中午午餐時間打三至四洞，這個事件顯露了文職人員是這個團隊的一份子，這對文職人員而言是很重要的。布朗把決定告訴了懷特上校，懷特說：「你不能忽視你指揮部的部分人員，並視他們爲可憐的鄉下人，布朗對待每一個人都是同樣的——軍官、士兵、文職人員。」

偶而一些軍官傾向於忘記士兵的存在，但是喬治・布朗不會。二個戰機中隊有永久性用磚蓋的營房，每一個營房都有自己的餐廳，布朗說：「我無法理解，爲什麼這些人在星期天早晨必須爬起來走到福利站去拿他們的報紙，然後再回到餐廳用餐。」不幸的是，餐廳在星期天的開飯時間和平常一樣，雖然基地已在星期天關閉，人員也無須工作。這意思就是說在星期天，早餐用餐時間是六點至八點，布朗說：「住在宿舍裡的人沒人會在星期天早上六點到八點間去吃早餐。我們有一個悠閒的周日早餐和看報時間，爲什麼軍營中的部隊不能擁有同樣的事情？」因此他改變了餐廳周日早餐時間從八點到十一點。

懷特說：「部隊眞的喜歡這個改變。他們在八點到十一點之間任何時候去餐廳吃早飯，穿著浴袍趿著拖鞋，他們不須穿上軍服。而送報人員受到指示，將報紙送至餐廳而不是福利站，基地人員可在餐廳門口挑選報紙，然後排隊用餐。可以向廚子（師）說：『我要二個蛋兩面煎熟、一些培根和薄餅。』點完餐後，他們就可以找張桌子坐下，因爲東西都是現做的，他們有時間看報紙等早餐做好。」

前空軍參謀長大衛．瓊斯將軍，派羅伯．湯普森（Robert Thompson）爲總工程長（chief of engineering），一個兩顆星的職務。他開始運用「民間工程管理評估小組」去研究和基地服務有關的每一件事，瓊斯關心從營辦公室到福利站、倉庫、和不同種類的庫房，招待人員有禮貌嗎？空軍這方面有提供服務嗎？通常答案都是否定的。小組並沒有採取高壓的方法，瓊斯仔細地閱讀了他們厚厚的報告，他們的研究沒有完全記下缺點，但是有積極的、建設性的建議去改善對空軍人員的服務。他們提供了許多的相互學習法，如從不同的基地去學他們所看到的，瓊斯那時就想把資訊擴展到全空軍。

瓊斯的軍中牧師，亨利．米阿德少將說：「有一次，我和瓊斯旅行到日本，那時是一九七七年底至一九七八年初。他是一個慢跑愛好者，到現在一直都是，他很少漏掉一天不跑，不管怎樣，他已經穿好早上晨跑的服裝，我們是在日本的優科塔（Yokota）空軍基地，他穿過一個士兵居住叫美國村的地方，該村正好在基地外面。我從沒看過他如此的生氣過。我們所看到的是可嘆的、淒慘的，美國大兵所住的地方那麼破爛使他難過。他到每一站都提這件事，一直到太平洋空軍總部所在地希克曼（Hickham），我知道優科塔基地指揮官很難堪的離開了這個職務。但是瓊斯大力整頓此一情況，一個了不起的人。美國大兵即使他們的階級不合攜眷標準，也常把家眷帶去日本。不合攜眷標準的人員無法配發宿舍，只好住在外面，也無法享受到各種福利，使瓊斯非常憤怒。他確實改變了這些規定，他眞的是大兵的好朋友。」

瓊斯將軍是一個以部屬爲導向的人。有一些人批評這件事——若干是資深軍官——說這些都是精心設計的。牧師主任米阿德告訴我：「我從來沒有一刻覺得瓊斯是騙子。他從事與部屬有關的事情從來沒有一次是爲了自己的利益，他沒有理由去做那些爲自己謀利的事。他是空軍參謀長，他特別關心少數族群，他十分認眞確定少數民族在空軍中得到眞誠的對待，沒有花言巧言。他在國防部介紹這些人際關係計畫，提出種族問題，並向全軍發佈此一消息，要求大家參與此一計畫。每一位軍官強制性的參加人際關係會議，一年數次。在會議中也提出少數族群問題，這做法使得一些人瘋狂，他們討厭參加此種會議，他們認爲有點像在上主日學校，在那裡他們被人說教，那好似對他們智慧的一種侮辱。瓊斯希望這些對少數民族的障礙能早日消除，不可思議的是，這個計畫完成了。」

羅伯・巴斯特上校（已退休），告訴我：「另一個瓊斯對人的計畫是有關空軍退休人員更積極角色的計畫。他向所有的指揮官談話表示空軍是一個大家庭，鼓勵他們打電話給退休人員，並視當地的情況而定，請他們來參加基地的活動，也許半年或任何感覺適合的時機。他希望重新與退休人員接觸，繼續把他們當作團隊的一份子，向他們表示對他們的關心，並徵求他們的諮商。舉例來說，他經常和李梅將軍商量，傾聽李梅的意見，讓李梅瞭解自他退休以後的改變，他把這個方式當作是一個政策推薦給他的指揮官們，但要他們自己去體會退休人員的幫助有多大價值及他們應如何掌握。他的推力十分簡單：『我們想要更多次的邀請他們來參加基地的活動。』被邀的對象包括軍官及士兵。他也十分關心士兵們的寡婦家庭。他們由少量住在聖安東尼的軍官家庭率先開始，並獲得強烈地支持。」

湯普森將軍說：「〔瓊斯〕鼓勵基地指揮官、聯隊長及各級主官在各種活動要把退休人員納進來。假如你去玻林（Bolling）空軍基地或安德魯基地，你可以發現有問辦公室由退休人員輪班組成，還發行一份涵蓋這個地區五十哩半徑範圍的刊物。瓊斯創造了這個主意，退休人員有任何問題或要求都可以打電話來、談話、訪問甚至經濟上的支援，這是由指揮官們及一個基金去幫助有特別需要的退休人員。」

湯普森說瓊斯也對友軍展現了關懷之意。當前越南陸軍指揮官和陸軍參謀長克來登．亞伯拉罕（Creighton Abrams）將軍去世時，在他的葬禮後數週，瓊斯為他的遺孀亞伯拉罕夫人舉行了一個儀式。瓊斯和亞伯拉罕並沒有有很多直接的接觸，但是他很清楚地知道，在越南由於布朗將軍和亞伯拉罕建立的關係，促進空軍與陸軍的更進一步合作。他為去世後的亞伯拉罕將軍製作了一個指揮飛行員的胸章盒，我們裱裝了一套指揮飛行員飛行胸章，代表空軍一個最具象徵性的東西送給亞伯拉罕將軍。他為亞伯拉罕夫人舉行了一個小型的儀式，就在他的辦公室內，不到十個人參加這個儀式。在致贈指揮飛行員胸章時，瓊斯並致詞感謝亞伯拉罕將軍。

瓊斯將軍一個最具意義的關懷行動，是由牧師長米阿德提供的。在一次去日本的旅程中，瓊斯將軍顯現了一些偉大的人格。一九八一年的訪問中，簡報中向我們提出有關美國大兵和當地韓國婦女所生的孩子的問題，這個美亞情況（Amerasian situation）。有一位瑪莉柯諾爾（Maryknoll）的牧師叫做阿爾金勒神父（Al Keane），他在漢城和美國駐韓陸軍及空軍關係密切。他是少數幾個關懷美國大兵和韓國婦女所生下孩子的人士之一。在大多數情況下，身爲父親的美國大兵丟下沒有結婚的韓國太太和孩子回到美國，但韓國的社會拒絕接受被拋棄的韓國母親及孩子。金勒神父的目的是告知軍方和美國國會這個問題的罪孽行爲，他靠著自由捐獻的基金，成立了三到四個孤兒院去保護這些小孩。他創辦了一個範圍廣泛的領養計畫，在計畫中美國人可以領養這些被拋棄的兒童，但假如這些兒童在他們小的時候沒被領養，以後被領養的機會就很小了。瓊斯聽了簡報之後就一頭栽進了這個計畫，瓊斯夫人與美駐韓指揮官夫人一起和我參觀了這些美亞孤兒家庭，當我們去到那兒我們的心都碎了。瓊斯邀請金勒神父回到美國，告訴他他會儘全力支持，並向所有他能接觸到的任何一位國會議員介紹這個領養計畫，他的確做到了。金勒神父一九八二年五月到美國爲「美亞法案」（Amerasian Bill）去辯論，他經過了多方的努力才爭取到發言權。在聽證會後，金勒神父要求瓊斯作證，瓊斯也答應了。

一些批評瓊斯的聲音出現在空軍之內，說：「空軍在瓊斯的領導下正分崩離析，當他把時間與金錢花在人員計畫、人員需求與人員行爲時，空軍的基本任務逐漸受到腐蝕。而這些是我持續聽到的。有些會說假如他不把時間與精力用在他的人際關係計畫上，而用在工作上去推動國會議員贊成空軍採購更多的飛機和防衛系統，他在總統決定要砍去B-1轟炸機預算時他就更具說服力。」

但是這些批評並不能阻礙瓊斯的決心去關懷指揮部每一個階層的部隊。對國會山莊他是一個機敏的觀察者，但作為一個人道主義的領導者，他的主要角色始終是關懷部屬。

另一個單純的「人道慈悲」領導統御的例子，是由當時任上校的史瓦茲科夫觀察到的，他記得十分清楚在李維斯基地裡他的師長的關懷。

「當卡瓦柔（Cavazo）的執行官打電話來時，我從總部的演習回來才兩天：『將軍正在去看你的途中。他要和你談談你的維修計畫。』我覺得很奇怪，因為我的維修計畫沒有問題。我掛上電話，走到窗戶旁，看見兩輛吉普車停了下來，跟隨卡瓦柔的是他的助理師長和士官長。卡瓦柔衝進我的辦公室大聲說：『諾曼，陸軍這次眞的搞砸了。』

我說：「長官？」

『你會相信美國陸軍已經選你為准將了嗎？』他大聲笑著，抽出正式的晉升名單，那應該是第二天才公佈的。他熱烈的和我握手，同時兩位軍官端進來一個蛋糕，上面裝飾著一個巨大的紅星。我被這慶祝與道賀所感動——但是我所能想到的只是要回去告訴我的太太白蘭達（Brenda）。」

當晚卡瓦柔去史瓦茲科夫家去看他的新准將和白蘭達。史瓦茲科夫問他：「我有一個請求……我想讓我的旅休一天假。」卡瓦柔回答：「沒問題。」

史瓦茲科夫繼續說：「早上六點三十分全旅集合在閱兵場，我登上司令台，通常那是指揮官用來指揮作體操的。『今天下午十四時，陸軍部將宣佈我晉升准將的消息。』我告訴全旅官兵。全旅開始歡呼，我沒有想到會有這一種場面，令我激動的說不出話來。然後我說：『任何一位稱職的指揮官當一件好事降臨到他身上時都會知道，好事的發生是因爲在他指揮下官兵的奉獻。我以本旅爲榮。』」

在今天這個時代，大量的書籍在探討領導與管理的問題，所有的軍官應都瞭解到關懷部屬的重要性。不幸地，並不是這麼一回事，這是由史瓦茲科夫提供的最近的一個例子：

我最具挑戰性的工作部分是軍民指揮（community command）。對德國而言，這是很奇特的，我們才剛到德國緬因斯（Mainz）一個月，白蘭達接到鄰居一位上尉太太打來的電話，她剛搭載了一位搭便車的人，這個年輕人正在哭。她問他怎麼回事？他解釋說，他太太和女嬰預計當晚搭飛機抵達法蘭克福，他沒錢也沒地方安頓她們。白蘭達打電話給正在上班的我，我立刻接通第一旅旅長。他說：「我會把事情弄清楚，但他們是無補助的眷屬。」

「那有什麼差別？」我問。

「那意思是說，這不在我們的責任範圍。」

「上校，你的一位手下正站在路邊哭泣，因為他不能照顧他的太太和嬰兒，而你告訴我那不是我們的責任？你把那個兵的營長、連長找來聽電話並且解決此一問題。然後到我這來告訴我你們怎麼解決此一問題。」

由於史瓦茲科夫支持這件事，這事很快就解決了。他們安排了一個緊急貸款，幫他的家庭找了一間旅館的房子，幫他租了一間公寓，營站福利社、診療所和托兒所均對這無補助的眷屬開放。雖然專業第四級的一等兵規定不允許帶太太和小孩子來，但因爲這個家庭已經來了，史瓦茲科夫留意這事，因此他們受到照顧。

的確，喬治・布希總統瞭解到進行考慮周到事情的重要性。史瓦茲科夫將軍敘述一九九〇年十二月，當他是沙漠之盾與沙漠風暴的指揮官時：「我回到國防部的辦公室。白蘭達送來一棵有燈泡的小聖誕樹，我點亮它，將聖誕歌曲音樂帶放入錄放音機內，幾乎快睡著了。那時我聽見辦公室通往華府的紅色電話響了，那是布希總統。『我沒法不在今天打一個電話給你，願你和所有在你麾下的男女軍人聖誕快樂。他說我知道你遠離你所愛的人們，但是我要你知道，我們的心和祈禱與你同在。你知道我們正走的這條路，我們祈禱在未來的日子裡將陪伴你。』我告訴他我們多麼感謝他的來電，並且代表中央司令部全體人員謝謝他。」

「在我們掛上電話後，我再度把聖誕音樂打開一直聽到晚上直到我睡著。」

史瓦茲科夫也體認到教導部屬關懷角色的重要性。當服務於越南時，他訪問他營裡的一個連，但是連長不在那兒。連行政官說連長去後面醫院探視受傷的弟兄，因此，他等連長回來以誇獎他去看望他連上弟兄的行爲。連長一直沒有回來。史瓦茲科夫便出去找他，他發現連長在餐廳穿著漂亮整潔的制服和一些他的軍官朋友正在吃聖誕晚餐。

我稱讚他去看在醫院的連上弟兄，然後問他：「為什麼你不直接回去你的連上？」

「長官，我想吃聖誕晚餐。」

「那你的部隊怎麼辦？你難道不瞭解去看看他們的聖誕晚餐那是你的責任？」

他表情不悅。「長官，就我的關心而言……」他開始，但馬上停頓下來。「長官，我知道您正給他們帶來聖誕餐，而我只想在這裡，我想沖個澡，穿上乾淨的衣服並吃我的晚餐。」

「上尉，你知道你剛告訴你的部隊什麼事情嗎？」

你想他們不知道，當他們在荒野過聖誕節時，他們的領導者在後方？假如你不願意和你的部下在戰場度過一個聖誕節，去體會這樣的不舒適，你如何期望他們相信在作戰時你會和他們在一起？

在越南史瓦茲科夫也展現了他對越南軍人的關懷。在離高棉邊界幾哩的地方，有一場激烈的戰鬥，造成美軍和南越部隊的傷亡。直昇機飛來載運傷患。史瓦茲科夫回想：

越南軍人決定把屍體裝上直昇機運回普萊可（Pleiku），直昇機組員告訴他們「屍體不可上飛機」，並且試著把屍體推出去，此時飛行員正提高發動機轉速。我跑過去爬上直昇機駕駛旁的滑撬，他是一位上尉，我大聲吼著：「怎麼回事？」

「我們直昇機不運屍體，他們會把機艙弄得到處是血及排泄物。」

「嗨！我們非把屍體運走不可，假如我們不能運走的話，我們必須搬運這些屍體。」

「我不在乎。我們就是不運屍體出去。」如果死的是美國人，我知道他不加思索的就會載走，這使我怒火中燒。

「讓我告訴你，乾脆一點，是你把屍體運出去，或你就停在地上。我不會自滑撬下來，假如你起飛，我會自飛機上跳下去摔死。你願意為此事負責嗎？還有假如你起飛的話，我就開槍打你的屁股。」或許他沒看出我是在虛張聲勢，或者因為我是少校，他們把屍體裝上飛機。

不知道是否那行動造成的影響，我使我自己成為南越部隊永遠的懷念。他們看見一個美國人關心他們，爬上直昇機的滑撬上並且使飛行員接受他們的屍體，此一事件傳回西貢又輾轉相傳，傳至空運司令杜・寇克東（Du Quoc Dong）准將的耳中。在我回到西貢幾星期後，美國顧問來告訴我，他們從越南同僚那得知此事。

夏利卡希維里將軍，另一個現代化軍官，告訴我：「我不能誇大風格和關懷的重要性。我想人們會對他們深信的領導者會有好的回應，因爲他們知道他們在做什麼，因爲他們是有風格的人們，因爲他們展現出深深關心他所領導的部屬，我深信最佳的領導者是眞正愛他所領導的部屬。你們問我爲什麼在平時人們跟隨領導者，這和戰時不同，因爲在平時，軍人有比較多的時間把事情想清楚，要有比戰時更自覺的努力。你必須喜歡部屬，我知道每天這樣做是很困難的。你可以看見一個年輕的少尉正坐在他坦克旁邊吃口糧，你走過去，坐在他旁邊正視他，你可以看出他是否正在享受他所處的環境。你慢慢認識很多人，知道他們的名字，知道他們住那裡和他們正在做什麼，你做這件事是因爲你會開始享受與他們在一起。你多常看到當你帶一位將軍到戰場去視察，並且發現現場搭起一個帳篷，讓將軍們和軍官們可以坐在裡面，還是你會看到將軍們坐著和士兵聊天。和士兵在一起是將軍們最高興的事，也是士兵永難抹滅的記憶。」

然後你如何激勵和你一起工作的部屬，把他們的一切貢獻出來？第一，領導者他是獻身於上帝和國家，是一個激勵和模範的角色，他有一個會被廣爲流傳的領導統御的風格。其次，領導者的正字標記是他對人的尊敬和讚美，那是由於關心部屬和表現眞正的關懷所獲得的。這將促進部屬的信心和忠誠以及提高他們的士氣。指揮官最終的力量來自於他個人的人性。

【第八章】

授權

假如你的部屬無法執行你所交辦的工作，那是因為你未對他們作好妥當安排。

——陸軍五星上將喬治・馬歇爾

你必須避免讓指揮官作瑣碎的決策……讓他們放下鏟子，走出戰壕，起來督導所有的工作人員。

——空軍上將亨利・阿諾德

一九四三年十一月，在舉行開羅會議期間，艾森豪將軍飛抵開羅，前往現在頗有名氣的邁納之家旅館（Mina House Hotel）參加聯合參謀首長會議。在會議中，他對與會人員說明未來的作戰計畫，主要是有關進攻法國的「大君主」計畫。

馬歇爾將軍見艾克一臉疲憊頗爲憂心，乃建議他休幾天假。馬歇爾告訴他，「假如你的部屬無法執行你所交辦的工作，那是因爲你未對他們作好妥當安排。」

對艾克這位D日的指揮官而言，馬歇爾是位非常懂得授權的長官。一九四二年當艾森豪被派到歐洲時，馬歇爾曾告訴他，「你不必接受或留用任何一位你對他沒有全然信心的指揮官。只要是在你的戰區內擔任指揮職的人，我都會認爲你對他們很滿意。指揮官的好壞攸關許多人的生死，我不要你對自己的權威與責任有任何懷疑，對於無法完全滿足你的要求的指揮官，儘管不要接受他們或把他們調離你的戰區。」馬歇爾本人從未違反過此一原則。

在整個二次世界大戰期間，馬歇爾也堅持不讓聯合軍事首長（由英、美兩國軍官所組成）干預艾森豪在北非、意大利、法國與德國所遂行的作戰。每當聯合軍事首長企圖對戰場指揮官下達命令或指示時，他都不遺餘力地加以反對。

一九四五年元月，在雅爾達會議即將召開之前，盟軍的將領聚集在馬爾他舉行會談。會談的最重要議題係有關結束對德作戰的戰略計畫。英國提出了一套計畫，艾森豪則由他的參謀長史密斯將軍代表出席並提出了美方的計畫。馬歇爾非常在意艾森豪身為歐洲盟軍最高統帥的權威，因此堅持艾森豪的計畫必須被採納。他對英國的聯合參謀首長發出一份最後通牒，宣稱假如英國的計畫最後被提呈英國首相與羅斯福總統，並獲得他們批准，他將別無選擇，只得要求艾森豪辭去盟軍最高統帥的職務。平常沈默、內斂的馬歇爾說出了重話，使得艾森豪所提的計畫獲得了批准。

在艾森豪接任歐洲盟軍最高統帥後，馬歇爾就設法讓他少接觸使他分心及耗神的事情。他指示艾克不要涉入政治事務，最重要的是，不要把他寶貴的時間與精力用在為過去的行為作辯護，未來的事將夠他煩惱的。有重要人物前往拜訪艾森豪時，馬歇爾會指示他不要與這些人爭辯，「只要很有禮貌地傾聽，必要時點頭稱是，但最要緊的是，不要浪費你的腦力。」

一九四三年十二月，在艾森豪被選任為歐洲盟軍最高統帥後，曾經為了是否要回國休假幾天而猶豫不決。他承受了很大的壓力，極需鬆弛一下，讓腦筋恢復清醒，但是面對眼前的重責大任，他怎能離開工作崗位呢？最後，馬歇爾為他作了決定。一九四三年十二月三十日，馬歇爾打了一封電報給他，內容說，「現在，回家吧，與妻子團聚，英國的工作請人暫代。」

馬歇爾與艾森豪的關係反映了他的典型領導模式。身爲陸軍參謀長的他，以同樣的模式對待所有的部屬。馬歇爾曾說，「陸軍軍官都很聰明，你給他們一棵光禿禿的樹，讓他們自己把樹葉補滿。」

艾克對待他的參謀的方式是，積極鼓勵他們提供意見，但也強調授權的重要性。他在一九四二年元月廿五日寫道，「參謀軍官隨時都可以見他們的長官或指揮官，俾就需要加以注意的事項提出報告。他們也應儘可能自行解決自己的問題，不要養成把事情推給上級處理的習慣。」

當艾森豪在編組他的總部時，對於參謀人員的選任非常用心。他告訴獲選的參謀人員說，「你們都是我從各個領域的專家中挑出來的，我期望你們不必受到督導就能把工作做好，否則就是我識人不明。」

他靠參謀人員替他處理行政上的瑣事。他在二次大戰期間的首席參謀史密斯將軍形容艾森豪在授權方面的本事「漂亮得很」。他將權責充分下授，但沒有人會懷疑他還是老闆。筆者所面談過及作過通信訪問的所有艾森豪麾下的參謀官都有這樣的看法。身爲最高統帥的他能聽取各種不同的觀點，對問題進行分析時能抓住核心並找出解決方法。他極具天賦，能迅速準確地掌握問題的關鍵。

麥克阿瑟也是個熟諳授權之道的將領。他盡可能不召見部屬。他的資深參謀隨時可見他，而資淺參謀則可透過他的參謀長轉達意見。誠如他的空軍參謀長喬治・肯尼（George C. Kenney）所言，「麥克阿瑟避免事必躬親，所以能成就大事業」。他不讓自己的腦子裏充塞著戰鬥計劃作爲的瑣事，因此可以將心思集中於戰爭的長程展望，如此一來，機會一出現，他即可迅速加以利用。他曾說，「我做的事不多，但經常在思考。我很少責備人，偶爾鼓勵一下部屬，而且，我設法把眼光放遠。」

曾在他麾下擔任過參謀長的史蒂芬・錢伯林（Stephem J. Chamberlin）中將說，麥克阿瑟是一位英明的領導人，因爲「他會把責任交給部屬，然後放手讓部屬去執行。有時候，身爲他的參謀群中的一員，我會感到害怕，我心中會想，他是否知道我在幹什麼。在我擔任他的參謀長後，我才發現他總是知道我在幹什麼，只是我不瞭解他爲什麼會知道這麼清楚。」

有一次，喬治・肯尼將軍前往見麥克阿瑟，請求麥克阿瑟准許他開革某一位不適任的軍官並授勛給有功人員。麥克阿瑟當下就同意了他的請求。肯尼將軍回憶道，「你再也找不到這麼能與你配合的長官了。假如麥克阿瑟決定信任你，他就會信任到底。有這樣的長官支持你，你很容易爲他賣命工作。」

麥克阿瑟重視成果，他要的就是能獲致成果的軍官。肯尼在抵達澳洲後，迅即決定將他的所有戰機大隊納於單一的指揮部之下。他打算挑選一位年輕的上校來擔任這個新指揮部的指揮官並讓他佔准將缺，麥克阿瑟批准了肯尼的請求。但是當麥克阿瑟的參謀群聽到肯尼所提出的請求時，其中某位參謀軍官說道，「那個小孩啊，眞希望他已滿二十一歲。」麥克阿瑟聽到後回過頭來對這位參謀軍官說，「我們在這兒晉升軍官是看他們的效率，不是年齡。」這位行將晉升的軍官實際的年齡是卅二歲。

肯尼將軍提到他和麥克阿瑟多年的共事經驗時說，「我崇敬他作爲將軍的身份，喜歡他的爲人，並受到他天賦的領袖氣質的啓迪。麥克阿瑟領導你，但不驅使你。在他底下工作的人會自我鞭策以達成他的願望。他們認爲絕對不能讓『老先生』失望。你從來不會覺得他對你直接下達過什麼命令，但另一方面，他將自己的意念表達得非常清楚，你不會身陷疑惑中。印象中，在我和他共事期間，他沒有對我直接下達過任何命令，但我總是非常清楚他要我幹什麼，也深切瞭解他希望我該如何做。」

麥克阿瑟在一九三〇至一九三五年擔任陸軍參謀長期間，並未把最困難、最棘手、而且勢必會招到嚴酷批評的工作交給部屬做，此點令人敬佩。在美國遭逢經濟大蕭條期間，經常有退伍軍人前往美國的首都遊行。在一九三〇年代，一次世界大戰的退伍軍人就曾在華府舉行大規模遊行，希望促成國會撥發二百五十億美元作爲他們的補助金。

遊行的人愈聚愈多，膽子也愈來愈大。很快地，華府的警察已經無法控制這群爭取補助金的激動民眾。這些人在阿納卡斯底亞河（Anacostia River）搭建的臨時住所，可能成爲散佈疾病的來源，情況令人憂心。他們的飲食、棲身場所，及衛生狀況都很糟。

最後，胡佛總統被迫採取行動。他向麥克阿瑟下達了以下的命令：「你即刻派部隊前往遊行現場。與現在負責處理此次事件的哥倫比亞特區警察密切合作。包圍騷動地區並驅散人群，不得延誤。將所有滋事份子交給執法權責單位。你在下達行動命令時，要堅持以體諒與仁慈的態度來對待現場的婦孺。執行任務時要儘量抱持人道精神。」

七百名陸軍部隊以催淚瓦斯、軍刀柄和威脅使用刺刀將遊行者驅離市區。對於有開車的遊行者，軍隊提供他們汽油，要求他們離開。遊行者在離開市區後，軍隊將他們臨時搭建的住所燒得精光。

在這次令人遺憾的行動中，麥克阿瑟親自擔任起指揮者的角色。他瞭解美國民眾非常厭惡見到退伍軍人被驅離自己國家的首都，不論這些人的行徑多麼惡劣。他大可將此一任務交給下屬指揮官執行。但麥克阿瑟的作風是，他絕對不會命令部屬去做他本身都不想做的事。誠如他對某位下屬軍官所說的話，「假如總統下令要我採取行動，我是不會把這件令人厭惡的工作交給其他任何一位美國陸軍軍官的。」

一九三八至一九四六年期間擔任美國陸軍航空部隊司令的亨利・阿諾德將軍強調，指揮官不應企圖親自作成所有的決定，這樣子太累人了。他曾告訴某位下屬軍官，「隨時讓指揮官瞭解單位的最新動態，但應避免要指揮官作無關緊要的決定及接觸煩人的瑣碎細節。」

雖然阿諾德將軍本人充滿幹勁，但他強調指揮官不應事必躬親。他說，「一個指揮官在他的參謀尚未進入狀況前，他本人應親自督導所有的任務，但這樣一來他會吃不消。所以，假如他夠聰明的話，應該儘早訓練他的助手進入狀況，然後將責任下授給他們，自己保留督導權責。」

對空軍的中隊長或大隊長而言，可能有很多細部的事情可由他親自加以處理，因此，他可能會儘量減少授權，凡事自己來。但是，任何階層的指揮官都必須學習以超脫的視野來管理他的單位。隨著他階級的升高，他不能再參與細微末節的事，甚至於不能再自己動手。誠如阿諾德將軍所言，「他必須放下鏟子，走出戰壕，這樣他才能督導所有的工作人員。」

阿諾德的領導統御很成功，其中的一個原因是，他能選用能幹的部屬，將全部權責下授給他們，而只對他們作原則性的指示。克拉倫斯・肯恩（Clarence P. Cain）准將回想阿諾德將軍早期的領導方式時說道：「在一九二〇年代航空部隊爲美國郵政管理局空運信件的那段時期，我在阿諾德將軍麾下擔任補給官。阿諾德將軍挑選專家來擔任重要職務，並放手讓他們獨自執行任務。他會對部屬支持到底。他永遠不會忘記對部屬的照顧。但假如他討厭某一個人時，可能會對他非常嚴厲。」

另一位盧斯・林肯（Rush P. Lincoln）少將在回憶阿諾德將軍的領導風格時說：「當我奉命前往澳洲時，阿諾德將軍對我非常信任，只下了一道命令給我：『盧斯，你到那兒去阻止日軍的攻勢。那邊情況不太對，你去把它改正過來。』」

筆者曾問卡爾・史帕茲將軍，阿諾德將軍是怎麼樣找到他可授權的人，史帕茲將軍答道：「在兩次世界大戰之間的歲月裏，所有的國防開支都用於海軍的建軍工作，而海軍卻在珍珠港事件中遭到重創。我們航空部隊就只有那麼一點點人——四、五百名軍官而已，其中有些素質並不好。我們就以這些人爲基礎，擴充到投入二次世界大戰時的兩、三百萬人。」本人問道，阿諾德將軍是否善於選用他的參謀，他答道：「我認爲，他所能挑選的人就這麼多而已，所以他算是很會挑人……他能掌握有限的資源，對其作最佳的運用。」

然而，令人驚訝的是，像阿諾德這麼英明的將領卻在二次世界大戰初期卻不願意見到他底下的優秀年輕軍官快速跳級晉升。當時由於陸軍航空部隊的大幅擴張，馬歇爾將軍建議阿諾德選擇空軍中少數相當資淺的軍官，讓他們跳級晉升，以儲備未來的領導人才。阿諾德答稱，假如他讓這些軍官晉升，將會影響曾經參加過一次世界大戰飛行任務的現有資深上校的士氣。他們之中很多人在一九一九年時從原有的戰時階級遭到調降，其後光是中尉階級的停年就長達十七年。因此，他認爲讓三十歲出頭的「小伙子」跳級晉升，將會對年紀較長，經驗較豐富的軍官造成打擊。然而馬歇爾仍然堅持己見，迅速將勞倫斯・庫特中校晉升爲准將。庫特晉升中校才三個星期，就又晉升准將。接下來，阿諾德奉指示將三十六歲的庫特安排在他的參謀群中擔任重要職務。馬歇爾要他多關心如何提供年輕軍官的工作誘因，少掛心年長軍官的士氣。

曾經和阿諾德將軍一起參加過兩次世界大戰，而且也是他在西點軍校的同學之一的海登（H. B. Hayden）少將在提到阿諾德的領導風格時表示：「他能將權責下授給其他人，將明確的任務交賦部屬，放手讓他們執行……假如他們無法如期完成任務，就會被換掉。他學到要維持良好的紀律，要對部屬進行督導。」

阿諾德在二次世界大戰期間的主要計畫官奧維爾・安德森（Orville A. Anderson）將軍提到阿諾德時說，「他幾乎完全任我們自由行事。我從未進過他的辦公室。有時候，我們想向他報告說『我這裏發生了一件重要的事』，我想要讓他知道這件事。但作爲他的計畫官，除非他對我說，『唉！你簡直在亂整』，否則我會想像如果阿諾德和我一樣有機會深入瞭解此一問題時，他會怎麼做，然後我就這麼做。換句話說，只要我認爲我的立場站得住腳……我就不怕阿諾德或任何其他人。」

關於阿諾德對下屬授權一事，有一件非常有趣的故事：「據史馬特表示，二次世界大戰期間，有一天，阿諾德把一群參謀軍官，其中有好幾位將官，叫到他的辦公室來，痛斥他們把某件重要的事搞砸了。時逢正午十二點，辦公室牆上的一個掛鐘發出了振耳欲聾的吵鬧聲，就像五角大廈內所有的鐘一樣。阿諾德的訓斥被打斷了，心中怒不可遏，大聲吼道：『難道沒有人能讓它靜下來嗎！』此時人群中一位名不見經傳的上校採取了行動。只見他拿起了阿諾德桌上的一只沉甸甸的空墨水池底座，把手臂往後一伸，瞄準，投射，牆上的鐘頓時被砸得粉碎，從此再也不會發出惱人的吵聲了。這位靈光的上校名叫歐唐尼爾（O'Donnell）。阿諾德當即認定他是個可賴以重任的人，將來要好好重用他。歐唐尼爾幾乎馬上就晉升准將，他後來幹到四星上將。假如不是那天的特殊表現，他可能幹到上校就到頂了。」

湯瑪斯．懷特將軍告訴筆者：「談起決心之下達，本人首先想到的就是不要被細節困住，或許，這點並不是最重要的事……但是許多下不了決心的人，多半都是那種見樹不見林的人。」

「為了避免被困住，一個領導人必須要能授權，並準備接受他所授權之部屬犯錯而造成的後果……他必須能支持這位犯錯的部屬。」

一九五七年，懷特上將在擔任空軍參謀長期間於美國空軍官校的一場演講中，進一步闡述了授權的做法對於下決心的重要性。他說：「何謂領導氣質，可謂人言人殊。我無法告訴你們如何成為一位好的領導人；這點是你們自己要去找答案的。沒有明確的公式可供依循——但是你們要有成為優秀領導人的企圖心。」接著他引述德國前陸軍部部長哈默斯坦（Freiherr von Hammerstein-Equond）的一番話：

「我將軍官分成四類：聰明的、勤勞的、懶惰的及愚笨的。每一位軍官總會具備其中的兩種特質。聰明而又勤勞的人，我會派他當一般參謀。聰明又懶惰的人注定要派到高級司令部工作，因爲他有膽識處理所有的狀況。而在某些情形下，可以用那些又愚笨又懶惰的人。但是，又愚笨又勤勞的人，應當馬上被開除。」

「我常常覺得哈默斯坦的觀察非常有趣，尤其是你若去仔細分析這四類特質的軍官時，更是如此。」

「我非常瞭解爲什麼哈默斯坦要用既聰明又勤勞的軍官當他的參謀。今天我們尤其需要這樣的人。這種具有想像力，又有能力理解問題或狀況的人，是指揮官心目中的無價之寶。」

「但爲什麼哈默斯坦說既聰明又懶惰的人適合擔任最高層級的領導職務呢？所謂聰明不外是指腦筋好及經驗豐富，其餘勿庸贅言。而經驗之所以重要是因爲高級司令部的職位是不會考慮交由一位沒有豐富經驗的人來擔任。」

「對我而言，哈默斯坦所說的『懶惰』是具有特殊意思的，不是指這個詞的字面意義。無疑地，他是指分辨重要事物與次要事務的能力，能抓住要點，而不被無關的因素所困擾的能力。具有此等特質的人會依據關鍵要素來標定自己的方向，把其他的工作下授給他的部屬——他所選擇的，能加以信賴的部屬。這些部屬負責『幹活』，俾使指揮官能執行重要的任務。而這位聰明又『懶惰』的指揮官將爲自己的行爲負起完全的責任。他必須獨自作出重大的決定並接受能幹的部屬執行細部工作所達成的結果。哈默斯坦說這種指揮官有『膽識』處理所有的狀況，指的就是這麼一回事。」

卡爾・史帕茲將軍是美國空軍成爲一獨立軍種後的第一任空軍參謀長。筆者問他，依他的看法，爲什麼他能成爲一位成功的領導者。他回稱：「我喝上等的威士忌，要求別人替我工作。」這不只是一句幽默的話而已，它有更深一層的涵意。這句話是指他重視授權。史帕茲的助理副參謀長威廉・麥奇（William F. Mckee）在接受訪問時提到了史帕茲將決策權下授的政策：

讓我告訴你一個有關史帕茲將軍的故事，你就會瞭解為什麼他會那麼成功。史帕茲將軍擔任空軍參謀長時，赫伊特・范德柏格擔任副參謀長，我則擔任助理副參謀長。某一個星期六的上午，范德柏格已離開辦公室。我手上有三份文件必須交由參謀長簽署，起碼，我個人認為是該交給參謀長簽署。因此，在十一點剛過，我帶著這三份文件去見史帕茲將軍。我向他報告，「報告長官，我這裏有三份文件需要你簽署。」

當時我的階級是少將。史帕茲將軍抬頭望了我一眼，說道：「麥可啊，你不是剛剛晉升了嗎？」

我回稱，「是的，長官。」

「誰晉升了你？」

「報告，是您晉升的」

「那你知道我為什麼晉升你啊？」

「報告，不清楚。」

「好，我告訴你。我升你官就是要讓你來簽署這些文件。假如你犯第二次錯誤，就會遭到開革。我現在急著要離開，因為我和幾個朋友約好十一點四十五分見面，就快來不及了。那些文件就交給你簽。」

我回到自己的辦公室，很仔細地再把這幾份文件看了三遍後，在上面簽了字。從此以後，我再也不為這種事傷腦筋了。我之所以告訴你這個故事，是要讓你瞭解，當史帕茲將軍信賴某一個人時，他會遵循領導統御的最基本原則——將權責下授給部屬。把事情講清楚，讓他們負起責任。

這種領導方式可能會造成領導者無法得到應有的讚譽，例如不喜歡出風頭的史帕茲就可能面臨這種狀況。柯蒂斯·李梅曾對筆者說：「對我而言，史帕茲是個懶惰的長官。我懷疑，他的許多成就應歸功於他身邊的人。然而，這種本事——教你身邊的人為你工作的本事，讓他成為一位優秀的領導人。史帕茲自己曾大言不慚地談到，他很懶惰，他會讓他身邊的每一個人替他工作。史帕茲會定下目標，然後對大家說：『照這個方式，不要我親自參與，我們就可以把事情做好。』」

史帕茲曾經開玩笑地對羅伯·伊頓（Robert E. L. Eaton）少將說：「我的成功原因有二：一、我把事情交給某人做，然後絕不告訴他應該如何做。二、這個人應該自己知道要如何做。」

哈洛德·巴特隆（Harold A. Bartron）准將曾說：「依個人所見，史帕茲將軍是我接觸過的所有人中，最擅長激發下屬指揮官信心的人。他的做法就是對他們完全信賴。」

「二次世界大戰期間，某位派駐地中海戰區的美軍部隊指揮官因爲精神崩潰，急須將其撤換。史帕茲將軍要我去接替他的職務。他把我拉到一旁，對我說，『巴特隆，鄧肯（Duncan）生病了，我們正將他送回國，你去接他的職務。這個職務是地中海戰區內壓力最大的職務，鄧肯已經崩潰了。我希望你不要也搞得精神崩潰。你可以自己決定該怎麼幹。任何時間，想去哪裏就去哪裏。想休假就休假。假如你要離開辦公室超過三、四天以上，讓我知道一下。』

「在二次大戰期間，我擔任該項職務的一年多時間裏，史帕茲將軍只來視察一次，而說是視察，還不如說是種社交性質的探訪。他在離去前對我說，『巴特隆，我知道你會覺得怪怪的，怎麼我沒有詢問你一大堆有關戰況發展的問題。事實上，我出發前已先看過相關的報告。當我去視察某位指揮官時，我只看一件事，就是他的精神狀態。』我猜想，他是來查看我是不是也快崩潰了。」

但是在重要的時刻，史帕茲會密切注意情勢的發展。羅伯．威廉（Robert B. Williams）少將有一段這樣的回憶：

一九四四年十月十三日晚上，我所指揮的第一空中師接受了有關對德國北部安克蘭（Anklam）附近的戰機工廠發動大規模空襲的任務提報。十月十四日凌晨三點，我在作戰室內瞭解基地周遭的天氣狀況。當時基地籠罩在濃霧中，能見度為零。有位作戰官走過來告訴我說，史帕茲將軍打保密電話來要找我。

我拿起電話筒，聽到史帕茲將軍說：「羅伯，你那邊狀況怎麼樣？」我回答說，我們完全被濃霧籠罩，連滑行道都看不到。他接著說，「現在德國北部天氣很好，是好幾個月來最適合實施空中轟炸的時候，我們不曉得明天天氣是否還會這麼好。」我當然也知道此一狀況。史帕茲將軍接著又說，「不過你那邊若被大霧所困，飛機無法起飛，也是無可奈何的事。要不要執行這次任務，我完全交給你決定。」

我告訴史帕茲將軍，我們這一師的轟炸機會起飛，由沒有在起飛過程中撞損的轟炸機對安卡蘭進行轟炸。我們的飛行員表現之優異令人難以置信，在大霧中起飛的數百架B-17轟炸機竟然無一架飛機發生人員傷亡的事故，轟炸安卡蘭的任務非常成功。我提這段往事，是要指出史帕茲當時處理這件事的方法，堪稱是優秀領導統御的典範。假如他強行命令我們出任務，我可能會設法讓他相信我們在那種情況下是不可能出任務的。但是，當他把決定權完全交在我手上時，你說我還能怎麼辦？

懷特上將在擔任空軍參謀長時，全賴他的副官喬治・布朗上校來替他減輕工作負擔。舉例而言，假如布朗研判，送上來的簽呈中含有太多選擇方案，他會將簽呈退給參謀，請他們好好研究，設法減少選擇方案的數量，俾讓參謀長能在兩種方案之間，而不是五種方案之間作定奪。

布朗也對送進辦公室的文件加以過濾及摘要。通常參謀長每天要簽署的參謀摘要報告、發給其他軍種的、及外單位的來函大約有三十到五十件之間。其中以參謀摘要報告佔大多數，而此等報告常常是厚厚的一大疊。布朗會先閱讀此等報告，然後在每份報告上寫上一兩句話，如「報告內容沒有爭議性」、「參謀意見一致」或「沒有潛藏的問題」等等。在布朗的協助下，懷特將軍桌上的文件從來沒有留過夜。

有一次，懷特將軍將前往舊金山演講。當他拿到別人幫他擬好的講稿時，對提姆・耶恆（Tim Ahern）上校說：「這份講稿沒什麼內容。你和布朗研究一下，幫它添點具體的內容。」當時，媒體經常引用軍事人員所講的話，因爲他們說的話有權威性。這次演講的聽衆是前來美國開會的北約各國議員。布朗和耶恆認爲，以懷特將軍的身份，應該在演講中呼籲我們的北約夥伴爲自己的防衛多盡點力。他們兩人審愼地將此一想法寫進講稿中，並按規定將這篇講稿送審。副部長唐納・奎爾利斯（Donald Quarles）看過講稿後，同意了其內容。接著這篇講稿經過繁複的官僚體系審查程序，由國務院與聯合參謀首長看過後，最後交國防部長辦公室安全審查小組進行仔細的檢查。懷特終於如期前往演講，事後舊金山、華府與紐約的各大報紛紛引用演講的內容。

耶恆回憶道，「我們回到辦公室後，覺得這次演講相當成功。第二天早上，辦公室的電話響了。懷特的秘書對他說：『總統電話』，是艾森豪打電話來。當時懷特助理的座椅下，安裝了一個小型的麥克風是用腳來操作的，所以不會發出一般拿起話筒時的喀嗒聲。因此，我能聽到懷特與總統的談話。艾森豪顯然怒不可抑，他連客套話都省了，劈頭就質問道，『你到底在搞什麼鬼？你用意何在？你想攪和什麼？爲什麼要搞得大家那麼激動？』艾森豪咄咄逼人，簡直沒個完。」

「懷特將軍回稱，他並沒有信口胡說，隨便發言，這篇講稿通過了所有必要的審核程序。他已經想過所有的立論依據。因此，他並沒有向總統說出，『很抱歉，我沒什麼理由可說。』他只答稱，『我做了自己認爲該做的事。』」

在一九八七到一九九一年期間賴利．威爾奇將軍擔任空軍參謀長時，筆者曾問他，「你對授權一事有何看法？」

他答道：「就算我已經當了參謀長，有時候我還要自己當承辦軍官。例如現在我就是軍官績效考評案的承辦軍官，這是需要使然。當然還有其他人在辦這個案子，但我要親自參與，這點大家都知道。我會和人事次長密切合作，以免他被排除在外。人事次長底下也有一些資深的承辦軍官在幫他忙，我們將一起來辦這件事。但要讓此一方式行得通，而又不破壞參謀作業，唯一的辦法是，你必須妥當選擇你所參與的事務。」

「克里奇將軍就是採用這種方法。羅伯．迪克遜將軍也是如此。迪克遜將軍專注於『紅旗』空中演訓。我則在辦公室中負責上尉及少校階層的工作。當我們正爲如何培養出我們所需要的大量飛行員傷腦筋時，克里奇將軍則正專注於研擬空勤人員的訓練課程。克里奇將軍當起了承辦軍官並設法教導各聯隊長如何扮演承辦軍官的角色。他說，『不要唱獨腳戲。不要想由自己一個人來管理整個聯隊。選取某些你必須親自投入的事情，自己當承辦軍官。』我經常要大家注意這一點。我曾經有一段時間未能充分將權責下授，而且還讓這種壞習慣變得愈來愈嚴重。我是在發現自己在離開某單位時，該單位的人才並沒有增加，才驚覺自己所犯的錯誤。我發現，我調離聯隊長的職務後，該聯隊開始問題叢生。」

威爾奇將軍認爲授權乃問題的關鍵，也是提高決策品質的最有效方法。他告訴筆者說：「首先，要讓那些最適合作決策的人來作決策。而這些最適合作決策的人幾乎都是比官僚體系所允許的決策階層低階的人員。其次，將決策階層往下推的最大好處是，可對適切階層的人施以決策訓練。像龐大的官僚體系中的那種中央管理式體制，不是我要數落它的缺點，這種體制的決策權大多掌握在高層人員的手中，其所依據的假設是，高層人員原本就比較有能力作決策，也就是說，他們不是比較聰明、見識較廣，就是經驗比較豐富。」

「我對此種看法不以爲然。我認爲，必須爲決策之遂行負起責任的人才能作出最明智的決策。假如我們要求由位於這種階層的人來作決策，當可馬上看到決策品質的提升。我們常常在訓練決策人員，因此，我們每一個階層的決策人員素質都比以前好。」

「在軍官的經歷發展過程中，每一個人都應該有機會體驗在適切的階層作適切的決策。每一階層的決策人員都應該瞭解，他們必須要針對某些事情作決策。瞭解自己有作決策的責任，最能夠讓軍官們全神貫注；而這種全神貫注的態度，本身又可強化他們的決策能力。」

「有一天，我曾問克里奇將軍，當他在擔任戰術空軍司令部司令時，有沒有感受到授權所帶來的風險。我這樣問他，我說：『你將權責下授，不就等於放棄了對事情的控制權嗎？你讓聯隊長、中隊長及前線督考官作某些重大的決定，難道不會面對很大的風險嗎？』」

「我想他的回答非常正確。他說：『第一，這樣做不是放棄了控制權。』他說他並沒有控制決策過程，他控制的是標準與目標。資深人員沒有必要去控制過程，要控制的是結果。你透過對目標與標準的掌控來控制結果。其次，他認爲將決策階層向下推至要負責落實決策的督導人員，將可減少出現不當決策的風險。本人對此點深有同感，因爲這樣的決策人員必能全神貫注，他比較不會受到無關因素的影響。他比較可能作出正確的決策。如此一來，將可減少風險。」

「克里奇將軍會提供明確的價値、標準與目標，然後放手讓你執行你的工作。依克里奇的方式，你是否能通過考驗，全看你自己的表現。他提供機會、指導，並指出你所面對的考驗是什麼。對將級軍官而言，要晉升到三顆星的階級是非常不容易的事，因爲那代表辛勤工作的成果。我瞭解，在我的工作中，要和其他的四星上將及國防部長等人一起決定由誰來佔三星中將職缺，可能是最困難的一件事。」

布朗將軍在麥喀德（Mc Chond）空軍基地幹得有聲有色，主要是因爲他對部屬的體恤，換得他們的全力支持所致。柯特尼．佛特（Courtney Faught）少將說道：「我們很感謝他每次主持參謀會報的時間都很短。他很清楚他要求的事項是什麼，並且在開會中告訴我們，我們的工作就是展開行動，執行他要求的事項。我們尤其感謝的是，他有時願意承擔部屬的建議所可能產生的風險。我們的建議不見得全對，但是當他的部屬給了他不當的建議時，他有時會在此等部屬的長官面前爲他們辯護。我想布朗將軍的領導統御的特色是，每一個人都樂意去執行他所交辦的任務，不論任務的性質爲何。」

曾在布朗將軍擔任指揮官的新墨西哥州桑迪亞（Sandia）空軍基地服務過的艾伯特．柯克連（Albert Cochrane）寫道，「布朗將軍在我們的參謀會報中，展現了他那種簡要、堅定、講求實際的領導風格。當時我只是初級軍官，但我很喜歡參加參謀會報，因爲他堅持會議的討論層次要讓大家都聽得懂。他非常重視基本原則。違反了他此一主張的參謀人員都幹不久。桑迪亞基地內有少數技術人員在吃盡了苦頭後才瞭解他的風格。」

布朗在桑迪亞基地擔任指揮官時也因爲善於授權而獲益匪淺。郝華德・萊恩（Howard Lane）中將（已退役）曾指出，「第二聯合特遣部隊的人員都是布朗所精挑細選的。他把這些人聚集起來，然後發揮他那套了不起的本事，即精確地掌握他對於細部事務應參與到什麼程度，以及那些事務他不應介入。他非常瞭解，自己的腦力有其侷限，必須要依賴部屬的協助，必須能充分信任部屬。他有著別人所無法眞正瞭解的宏觀目標。我無法確定他的上級長官給了他什麼樣的指示，但他和國防部長有頻繁的互動關係。他給我們原則性的指導方針，然後對我們說，『要發揮想像力。』他不想知道所有的細節，他要的是結果。」

麥克高夫（Ed McGough）上校（已退役）表示：「我個人認爲，他的領導特質中很重要的一點是，他對別人的那種眞心的信任。他知道每一個人的能力與限制，並深信分派給他們的任務與責任都會在規定的時間內圓滿達成。他不會干擾作業或不斷地查核工作進度。在今天的政治與軍事環境下，要這麼做是需要勇氣的。他的部屬與同事對於他那種信任別人的態度都敬佩有加，並因而作出回報。沒有人會想讓他失望的。」

萊恩將軍在擔任空軍參謀長時，對細部的事情要求得比布朗還多。例如說，他主持的晨會中，會完整地討論美軍在東南亞地區的密接空中支援任務的狀況。每天早上，都有人將詳細的相關圖表呈送給萊恩、國防部長及參謀首長聯席會議主席。約瑟夫・威爾遜（Joseph Wilson）中將回憶道，

「喬治・布朗第一次主持參謀會報時，我仍照以往的方式提報。當我提報到一半時，布朗說，『好了，到此爲止。我這一生參加過兩次世界大戰。而且，我才剛剛結束在東南亞地區的第七空中部隊指揮官的一年半職務。我不需要瞭解這些細部的提報內容，那是你（作戰次長）的工作。假如你有任何問題，可以告訴我。』他讓你不受羈絆地去執行你的任務，他不想瞭解細節。他能一眼就看出問題的癥結所在。」

威廉・伊文斯（William Evans）將軍指出，「布朗曾告訴我，他不想讓他的腦子塞滿一大堆細微瑣事。有一天，當我告訴他許多瑣碎的細節時，他正色地告訴我，『比爾，我不想知道那些細節。我知道你說的是什麼事。你好好記住那些細節，我會記得你，也會記得到那裏找你，假如我需要那些背景資料時，我會打電話給你。』」

一九七〇年九月，當時擔任系統指揮部指揮官的布朗必須選幾個人來擔任數項研究計畫的主任，而這些人選必須獲得國防部長的核准。在布朗麾下的某位將官被布朗指派擔任其中一個主任職務。據他表示，「布朗找了很多人選，準備請部長核定。他對我說，『傑瑞（Jerry），我要你去找西門斯（Seamans）博士談談。我已選你負責防衛制壓計畫，在我們去見派克德（Packard）部長前，他要與你見個面。』布朗將軍對於我首度要晉見部長一事，沒有給我冗長的指示。雖然我有優異的工作紀錄，但仍然對於自己這麼容易，這麼直接就被委以重任感到驚訝——布朗對我沒有威脅利誘、沒有講條件、也沒有冗長的指示。在我們一起渡河前往晉見部長的途中，我對於布朗及他要我負責的研究計畫油然產生一種強烈的責任感。見了面後，部長似乎很滿意，布朗當場就向派克德部長宣佈我就是該項研究計畫的主任。」

布朗將軍是越南戰場上的資深空軍將官，但他從來不會宣稱他什麼都懂。奇根少將（Keegan）指出，「他對於自己不瞭解的領域，會善加利用參謀的知識。我想，長期而言，以此種方式遂行領導與執行複雜的空中作戰，會比較穩當。因爲布朗於越南的作戰經驗較欠缺，此點有別於其他在越南戰場上的資深將官，所以我們要以完全不同的方法來對他進行評估。他將權責下授給參謀的方式與做法和別人不同。他瞭解分工的重要性，也瞭解一個人能做的事有其侷限，因此不會要求一個人什麼事都管，因此營造出一種比較健康的作業環境。或許，這種作業環境的效率不如孟亞（Momyer）將軍領導下的作業環境，但是我認爲這種方式絕對比較健康。」

喬治．布朗非常瞭解，人乃爲一個單位成功的關鍵。肯尼斯．托爾曼（Kenneth Tallman，當時爲上校）爲負責調派空軍聯隊長前往越南戰場的「上校派任處」處長。他回憶道，「布朗將軍在離開華府之前，曾口頭上請求我『繼續派一些能幹的聯隊長至越南』。他是個重視用人方法的長官，他講求權責下授，他想找一些他能夠信任的人。他知道空軍有許多這樣的人，但因爲他曾經脫離作戰指揮職務，也就是戰術空軍司令部司令職務，已經有一段時間，所以認識的人不多。而戰術空軍司令部乃爲東南亞美國空軍上校的主要派出單位。因此，他認爲我可以在此方面協助他。」

「經過我提名的，準備派赴越南服務的上校軍官，很少有被布朗將軍打回票的情形。我想此乃因爲我們先前已有過相關談話，而且我曾向他保證，我將派最好的，而且最近有在戰術空軍司令部服務經驗的人選給他。」

「布朗告訴我，他擔任懷特將軍的副官時，最大的收穫是學到了懷特的領導方法。懷特強調一個領導人要能將眞正重要的事與次要的事區分開來，要能將權責下授給部屬。由部屬執行日常工作俾讓指揮官能指導重要任務之遂行。布朗的部屬向本人所作的報告全都指出，他很擅長將重要的事與不重要的事區分開來。他知人善任，常使部屬發揮他們自己都料想不到的潛力。」

會讓一個人想額外付出心力的原因，在於他能被交賦明確的任務，然後能放手讓他去執行此一任務。這就是布朗的行事風格。他將一位能幹的人擺在某一重要職位上，讓他自由發揮。他不去干擾他，只是定期檢視工作進行的狀況，並確保這個人能獲得相關參謀的協助。他充分信賴部屬，部屬對此點深感敬佩，並以實際行動加以回報。他們覺得布朗是與他們在一起的，而不是與他們對立的。他的理念是，指揮官若干預細部的事務，將會破壞部屬的工作。許多軍官談及布朗的權責下授方式時表示：「你常常感受到要把事情做好的驅動力……你會感受到他的堅決態度……堅決要求你把事情做好的態度……你有一項明確的任務，而他要求你完成此一任務。他的領導主要在於以身作則，但此點並不表示他不會偶爾給你施加壓力。但他要求你的方式會讓你敬愛他。」

在越南期間，布朗的部屬將他對授權的觀點歸結成他所講的幾句話，「你們將負責空中作戰，負責相關的計畫作爲。假如你們的意見與上級司令部的意見不同時，我會支持你們。」布朗告訴他底下的聯隊長，「假如你們想找我，打電話來；否則，我們就在指揮官會議中見。」布朗從未隨身攜帶「磚塊」（一種雙向無線電機的暱稱），他常對部屬說，「我手下有那麼多聯隊長，有那麼多助理人員。我們有這一指揮體系。假如它不能發揮功用，我們麻煩就大了。」

這番話點出了授權的眞諦。

當某件事必須由布朗做決定時，他的部屬大可放心，因爲布朗會做出周延的決定。伊文斯將軍回憶道，「但另一方面，布朗也會將權責下授。你會覺得自己不應該就細節問題向他請示。」然而，布朗是有他的基本原則。他曾告訴部屬說，「不要讓我面對突如其來的意外狀況。假如你們有問題沒辦法處理，可以告訴我，我會幫你們解決，不要讓我措手不及，我受不了這種事。」

將權責下授給部屬將可激發他們發揮最佳工作效能。他們不會讓善於授權的領導人失望，他們不會糟蹋這樣的領導人所給予他們的信賴。領導人瞭解他們的工作狀況，因爲他會時時注意工作的進展，但不會受困於細微瑣事。

你在軍中能晉升到多高的職位端視你的授權能力如何而定。在一個大單位中，你勢必迅即瞭解你不可能事必躬親。你可以試試看，但是以往想如此做的人都落得失敗的下場。史瓦茲科夫將軍曾告訴筆者說：「我在越南幹營長時之所以處境艱難，唯一的原因是，我手下沒有幾個部屬可以讓我放心地將權責下授給他們。當時人才十分缺乏，我們找不到優秀的士官，也找不到優秀的軍官。我底下的連長及一千上尉軍官在陸軍中服役的年資只有一年而已，狀況非常糟糕。但你必須想辦法，尤其是，你必須設法培養出一位能幹的部屬，將權責下授給他，然後好好倚重他。我能夠善用我的參謀，自從我晉升上校後，不論派任什麼指揮職務，都能善用我的參謀長，我會善用我的副師長、我的師參謀長或其他參謀人員。我會明確地告訴他們各自的責任範圍並期望他們能圓滿完成自己的工作。我當指導者，我告訴他們整體性的構想。我會自己先確定相關構想，然後讓部屬去落實此等構想，因爲假如你不這麼做，將注定要失敗。」

授權的概念已經載明於陸軍的準則中，而且成爲戰鬥命令的要素之一。「指揮官應描述他所期望的目標爲何，應以簡潔的方法表達他所期望的目標爲何。應以簡潔的方法表達作戰的目的，並讓下兩個階層的人員都能瞭解。要明確指出任務的目的，此點乃爲所有部屬心力所集中的唯一焦點。此舉不在於概述作戰構想，而是在於讓部屬將注意力集中於所望目標上。其作用在於使部屬專注於必須達成的任務進而獲致成功，即使作戰計畫與構想已失效也不受影響，並促使他們朝此一目標而努力。」

簡言之，指揮官若能有效地對部屬說明他對某一次作戰的構想；能明確界定作戰的目標；或說明應達成哪些重要的任務才能獲致勝利，則將使其下屬領導軍官有機會採取主動作爲以確保作戰的成功遂行。即使原先的作戰計畫已經失效，他的下屬領導軍官必須能作出調適，並依當時狀況遂行新的作戰計畫，且心裏非常篤定，深知他們仍在上級指揮官所擬定的計畫架構內執行任務。

將權責，而非責任下授給部屬，顯然爲必要之舉。隨著你責任的增加，你不可能事必躬親還獲致優異的成效。但是權責的下授並不只是在減輕領導人的工作負荷而已，也是培養部屬領導能力的一項重要作爲。軍中的資深軍官有責任培養年輕一輩軍官接任未來更高階層的指揮職務。此外，一位領導人最爲人稱道的作爲之一，是將任務下授部屬，並放手讓他執行。他的部屬將因而產生不願辜負其厚望的心理，並驅使自己全力以赴。

艾森豪將軍曾經告訴筆者，要注意一件事：「當你對部屬進行授權時……你仍必須承擔全部的責任，而且必須讓他瞭解這一點。你身爲領導人必須爲這位部屬的行爲負起全部的責任。」此點將在下章中討論。下一章的主題在於強調，你必須設法解決問題，但不要逃避責任。

【第九章】

設法解決問題，不要逃避責任

設法解決問題，不要逃避責任。

——陸軍五星上將馬歇爾

筆者在訪問艾森豪將軍時，他說道，「領導的藝術無他，就是事情出差錯時自己扛責任，事情成功時，則將功勞歸給部下。」艾森豪終身堅守此一信念。

艾森豪決定選擇一九四四年六月六日作爲進攻法國的攻擊發起日一事，所擔負的責任何其重大。當天，他在下達「展開行動」的命令後，坐在一張輕便型桌子旁邊，寫下了一旦此次任務失敗，他將發佈的新聞稿：「我們的登陸行動失敗了……我已下令部隊撤回。我是依據現有的最精確情報而做出於此時此地發起進攻行動的決定。所有參與的陸、海、空軍部隊表現得十分英勇與盡責。若這次的進攻意圖有任何錯誤或不當之處，由我一個人負全責。」

在我進一步和他討論此一主題時，他告訴我，他記起了南軍的李將軍在蓋茨堡（Gettysburg）遭到大敗時所發表的聲明。關於該次戰役南軍慘敗的原因，有各種不同的說法，但李將軍只怪罪他自己一個人。他在寫給傑弗遜．戴維斯總統的信中說道，「不該怪罪我們的部隊未能達成我所期望的目標，也不該責備他們未能符合民眾不合理的期望，該負起責任的人唯有我一人。」接下來，李將軍在一九六三年八月八日向戴維斯提出辭呈時寫道，「通常對於一位無法獲得勝利的軍事指揮官的處置方式是將他革職……繼續留用他將危及未來的勝利。因此，本人誠懇地請求閣下另覓人選取代本人的職務。」

林肯總統因爲麥克萊倫將軍遲不應戰，且在最後終於投入戰鬥後，戰果又乏善可陳，而解除他的「波托馬克軍團」（Army of Potomac）指揮官的職務。取代他職務的是安伯羅斯・本恩賽德（Ambrose Burnside）。這位新任指揮官顯然對於林肯與其內閣厭惡麥克萊倫遲不應戰一事作出了過度的反應。他對李將軍所採取的第一次軍事行動是將他所統領軍團的十二萬名部隊投入奪取維吉尼亞腓特烈斯堡（Fredericksburg）的作戰。此次戰役從一八六二年十二月十一日展開，並持續到十二月十三日爲止，戰況十分慘烈，北軍傷亡達一萬二千六百人，南軍只傷亡五千三百人。

數天後，本恩賽德得悉，有人批評林肯總統不尊重他的意見與判斷，強迫他投入腓特烈斯堡的爭奪戰。爲消除此一謠言，本恩賽德要求面見林肯。他告訴林肯總統，他將發表一封公開信，在信中表明他完全負起北軍在腓特烈斯堡戰敗的責任。林肯聽了非常欣慰，事實上，他因此鬆了一口氣，欣然接受了本恩賽德的提議。本恩賽德成爲北軍將領中第一位願意替林肯揹負北軍作戰失敗責任的人。

李將軍在亞帕瑪特斯克（Appomattox）向格蘭特將軍投降後，格蘭特在他的回憶錄中記下一段當時他們兩人的私下談話：「我們兩人騎著馬在各戰線之間巡行，一邊交談著。我們很愉快地談了半個多小時，期間李將軍告訴我，南部聯邦是個很大的國家，我們可能要攻進南方三、四次，才能使戰爭完全結束，現在我們應該有能力達成此一目標了，因爲南軍已無力抵抗。然而，他誠懇地表示，希望北軍不要造成更嚴重的生命損失，雖然，他對未來戰爭的結局無法加以預測。我聽了之後向他建議道，假如他願意起來呼籲所有南軍部隊棄械投降，則基於他在南部聯邦中對士兵及一般民眾的影響力無人能出其右的事實，南軍必定會聽從他的勸告。但李將軍回答說，他在沒有先向南部聯邦的總統報告之前，不會做出這種事。此時，我瞭解想促使他做出違反自己理念的事，將會是徒勞無功的。」

李將軍到最後一刻，仍然堅持文人領軍的原則。

艾伯特，強森（Albert Sidmey Johnson）是南軍軍官中願意承擔過失的一個鮮明的例子。他手下只有五萬名部隊，卻要在從東肯塔基經過密西西比河、越過密蘇里、一直到印第安領土之間，綿延五〇〇哩以上的地區內與北軍部隊作戰，這幾乎是項不可能達成的任務。隨著戰事的進行，他的部隊陣亡殆半，田納西部隊所剩無幾，而肯塔基部隊則全軍覆沒。他因為如此慘重的損失而被人指控為愚笨、無能、瀆職、甚至於叛國。他接受這些指責，就像他以往接受稱讚一樣，並毅然決定辭職。他在寫給戴維斯總統的辭呈中說道：「勝利乃為考驗我事業成敗的指標。這是一種嚴酷的規則，但我認為這樣是對的……人民希望要打仗就要打勝仗。」結果戴維斯駁回了他的辭呈。

一八六四年格蘭特將軍奉命前往華盛頓，俾接受晉升中將軍階，在此之前唯一擁有此一官階的人是華盛頓將軍。格蘭特一如往常般，將他的功勞歸給別人，他寫信給薛爾曼將軍稱，「我的成就歸功於很多人，尤其是你和麥克弗森（Mc Pherson）將軍。你們的忠告和建議讓我受益匪淺。以你們執行任務的優異表現，我現在所領受的獎勵若改頒給你們，你們可說受之無愧，此點我知之甚詳。」

在美國內戰期間，薛爾曼將軍從未接受過任何讚舉，不論是該得的或不該得的。在一八六二年四月六日與七日的西洛（Shikih）之役中，南軍部隊出其不意地對北軍部隊發動攻擊，幾乎造成北軍的慘敗。當薛爾曼得知戰況時，迅即投入戰鬥並領導部隊擊退了南軍。他對此次的勝利毫不居功，反倒恭賀格蘭特將軍的成就。

當艾森豪的部隊向德國境內推進時，希特勒於一九四四年十二月十六日不顧眾將領的反對，對位在阿登高地的盟軍發動奇襲。他為此次奇襲投入了二十五萬名部隊，一時之間讓盟軍部隊不知所措。最後巴頓將軍的第三軍團及其他部隊趕來救援，才使德軍的攻勢停頓下來。

英國的蒙哥馬利將軍隨即召開記者會，宣稱在阿登高地擊退德軍是他的功勞。他在記者會中的部份言論如下：「艾森豪將軍指派我負責指揮整個北方戰線。我動用了所有英國集團軍的所有可用兵力，這支兵力小心翼翼地逐步投入戰場，以免干擾了美軍的交通線。最後，進入戰場的英軍開始發威，現在，英國的陸軍師正在美國第一軍團的右翼與敵人展開激烈戰鬥。因此，各位可以瞭解，現在的概況是，英軍正在遭受重創的美國部隊的兩側遂行戰鬥。這正是一幅盟軍並肩作戰的美好景象。這場戰役非常有意思，我想，這可能是我所指揮過的最有意思，最詭譎的一場戰役，而且也是一場至為重要的戰役。我所採取的第一個步驟是阻止敵軍進入各險要地點，成功達成此一任務後，接下來我開始驅逐他們……絕對不讓他們如願前往他們想去的地點……就這樣，我阻止了敵人，驅逐了敵人。現在，我們正在消滅敵人。」

這番說詞有違事實，蒙哥馬利因此受到美國將領的激烈抨擊。他並未如自己所宣稱的那樣，拯救美國士兵脫離災難。這場戰役美軍傷亡達七萬人，英軍只傷亡五百人。要追究責任的話，蒙哥馬利未在德軍攻勢被阻擋下來後，對其遂行更猛烈的攻擊，而使得大部份的德軍有機會撤退並逃離戰場，此點應該受到譴責。

布萊德雷將軍對於蒙哥馬利的不當言論至感憤怒，他在事後告訴艾森豪說，「我無法接受蒙哥馬利的指揮。假如所有地面部隊都要歸他指揮的話，你必須把我調回國內。」巴頓將軍也有同感，他也不願意爲蒙哥馬利效勞。

先前即有許多美軍人員對蒙哥馬利迭有怨言，但蒙哥馬利惹得美軍將領群情激憤，這可是頭一回。由於事態嚴重，艾森豪告訴邱吉爾，這件事令他非常苦惱。邱吉爾當然瞭解究意是怎麼一回事，爲了化解美軍的不滿情緒，邱吉爾在英國的下議院演說時，將此次戰役的功勞歸給美國部隊。

二次世界大戰期間領導美國第三軍團威振歐洲戰場的巴頓將軍，向來不會拒絕承擔責任。在一般人的印象中，巴頓是一位暴烈的戰士，但巴頓本人與別人印象中的他大不相同。約翰・戴文（John M. Devine）將軍曾說，「他剛當上軍長時，我是他的參謀長……我除了曾聽過他的大名外，對他一無所悉，我想，他一定是個很難相處的人。但我很快就發現，他本人和他的名聲並不相稱。後來我對他既佩服又尊敬。」

這種對巴頓的觀感出現改變的情形，並非是不尋常的事。與一般的看法相反，巴頓對他的下屬指揮官並不嚴厲，除非這些指揮官犯了不該犯的錯誤，或造成無謂的人命損失。一九四四年七月底，藍斯福特・奧利佛（Lunsford E. Oliver）少將所統率的第五裝甲師正在諾曼地集結，準備展開行動。奧利佛接到第三軍團司令部的命令，要他的部隊循著通過聖羅（Saint-Lo）突破點的一條路進入介於錫斯河（Sees）與色倫河（Selune）之間的地區。團部要求他的部隊在晚上行動，並告訴他，這條路將只供他的部隊使用。

但事實上並非如此。這條路上擠滿了其他師的部隊、各種車輛及補給車隊，以致奧利佛的師難以向前推進。奧利佛將軍後來寫道：「我迅即接到命令，要我把部隊撤離道路，並前往巴頓的指揮所向他報到。我在夜暗與混亂中，很困難地向巴頓的指揮所前進，心中充滿不祥之感。我瞭解我的師所面臨的窘況錯不在我，但卻很擔心巴頓會怪罪於我。我也瞭解，一旦巴頓認爲我未能完成任務，則連我們之間的友誼也救不了我。巴頓最後終於把他的參謀、軍長與師長們全都召集起來開會。會議中，他開頭便說，『我們陷入了一團混亂，這是我的錯。我要部隊展開行動，而在參謀們未擬妥行動時程的情形下，我便要他們下達行動命令，結果，把事情搞得一團糟。現在，我們全都按兵不動，直到我的參謀擬妥行動時程並恢復秩序爲止。』」

巴頓和艾森豪一樣，都認爲指揮官「應擔負起失敗的責任，不論責任在不在他。而假如事情進展順利，一定要將功勞歸給別人，不論這些人是否眞的有功勞。」他的論點是，一位指揮官若能承擔所有過失的責任並將所有功勞歸給別人，將能獲得部屬的更大支持。

布萊德雷有一次以晚宴招待數位高階將領，在此一私下的聚會中，他公開讚揚巴頓所統率的第三軍團在突出部戰役中的優異表現，並特別對巴頓的領導能力讚譽有加。巴頓聞言立即回稱，「所有的功勞，百分之百應歸給第三軍團的參謀，特別是赫普蓋伊（Hap Gay）、默得米勒（Maud Miller）、尼克森（Nixon）與布契（Busch）等人。」

不只是那些瞭解巴頓的致勝關鍵在於他的優異領導能力的軍官們，會私下對巴頓有所讚揚。其他場合也有人對巴頓大加讚譽，但巴頓都不居功。在突出部戰役結束後的記者會中，巴頓也說了同樣的話：「簡單地說，我們初期攻擊的目的，在於打擊側翼的那些龜兒子並阻止他們的攻勢。這樣說起來，好像喬治巴頓這個人是個偉大的天才。事實上，他（指他自己）根本沒什麼事可做。他只負責下達命令。創造出此一無以倫比的優異戰績的是軍團團部的參謀與前線的部隊。」

西奧多・米爾頓（Theodore R. Milton）將軍對於某位軍官所展現的風格一直感激在心。他說，「我認爲李梅將軍擁有崇高的風格。他認爲對的事，就毅然爲之，不計譭譽。我還記得在一九四三年時他爲我仗義直言的往事。當年我曾經率領第八空中部隊的轟炸機出任務，當我們開始對不來梅（Bremen）投彈時，敵方在地面施放起煙幕以混淆我們的視線，導致我們的轟炸任務成效不佳，我們損失了不少轟炸機。也由於此次任務成效不佳，加上損失了不少轟炸機，因此軍方高層將領前來倫敦召開作戰檢討會，而且，很明顯地，他們要找代罪羔羊。這次任務不算是慘敗，只是成效不佳而已，而且也是我們開始嘗試進入德國境內遂行轟炸任務的首波任務之一。總之，檢討會開始後，有一、兩位軍官站起來發言，他們所陳述的作戰經過，在場沒有人有異議。但我自認爲在這次率領轟炸機執行任務的過程中，確實犯了某些錯誤，而且，我才剛到任不久，所以，我站起來認錯，並詳細說明我犯了那些錯誤，並表示，我實在不應該犯下這些錯誤。不知不覺間，與會的所有軍官都把注意力集中到我身上來。」

「在場的與會人員中，有位李梅上校，他幾乎是與會人員中階級最低的軍官，但他看到一群資深軍官全都衝著我來，乃站起來發言。他說，『且慢！』然後轉過頭來對著我說，『米爾頓，假如你所犯的錯誤就僅只於你剛剛所說的，那麼，你不會有事的。』他說這句話的用意，是在讓這群資深軍官瞭解，他們為了想找代罪羔羊已經模糊了事情的焦點。李梅上校的發言，使全場安靜了下來，資深軍官們停止了詢問，事實上，檢討會也因此不了了之。其實這件事與李梅上校無關，我與他也不屬於同一單位。李梅上校在會場聽到大家的說詞後，認為這群人偏離了正確方向，我只不過是犯了普通的錯誤……我們選錯了攻擊發起點……地上的煙幕誤導了我們……我想這次的事件顯現出李梅上校的行事風格。他也有缺點，偶爾會犯錯，但對於自己認為對的事他會堅持到底。我想他不會修正自己的行為和態度來配合時尚。他是個有主張的人。」

但是，有時候我們卻有必要追究責任。

於越戰期間，有位名叫龍恩・里德諾（Ron Ridenour）的美國士兵於一九六九年三月二十九日寫信給好幾位國會議員及美國政府高層官員，指出美軍曾於一九六八年三月在越南的美萊（My Lai）村犯下了令人髮指的罪行。信中指控，當時美國師第十一步兵旅的C連曾屠殺了許多越南平民，死難者主要為老弱婦孺。

當時美國陸軍參謀長魏摩蘭將軍得悉此事後，即刻下令進行調查。此一事件，必須要追究責任。魏摩蘭將軍寫道，「幾乎和這件慘劇一樣可悲的是，第十一旅及美國師的軍官不是掩蓋此一事件就是沒有徹底對其進行調查。刑事調查中所發現的證據以及指揮階層失職的種種跡象，使得雷瑟爾（Resor）部長和我針對刑事調查的適切性及是否有掩蓋消息的情事非常關切，因此安排了另一次調查。當我得悉尼克森政府中的某些要員想要掩飾指揮系統中可能的疏失時，我乃透過某位白宮官員放話稱，我將利用身為參謀首長聯席會議成員的權利，直接面見總統，向總統抗議。這才制止了政府高層想掩飾真象的進一步壓力。」

魏摩蘭指派雷・皮爾斯（Ray Peers）中將擔任調查委員會的主席。其原因何在？「因為他在陸軍中以處事客觀與公平出名……而且他也曾經在越南擔任過師長職務，因此非常瞭解當地的狀況。他從未管轄過廣義省境內的任何活動。此外，他是透過參加加州大學洛杉磯分校的預備軍官訓練團而進入陸軍服役的，因此不會受到畢業自西點軍校的軍官彼此之間的那種特殊關係的影響。皮爾斯調查委員會所查出來的證據，被用來對十二名軍官進行控告，罪名主要是掩蓋消息及未遵守法律規定等失職行為。這十二名軍官中包含前美國師師長卡斯特（Koster）將軍，而他在接受此次調查時的職務是美國陸軍官校校長。他擔心此事會影響校譽，因此請求辭去校長職務……。像美萊屠殺事件這麼嚴重的事，相關的負責官員竟然不知道或未能察覺可疑跡象，顯見美國師的指揮系統出了問題。」

身為美國師師長的卡斯特將軍也曾經下令對此事進行調查，但魏摩蘭將軍認為，「他所犯的一個基本錯誤是，指派當事單位的指揮官負責調查工作。」後來，卡斯特將軍只受到申誡處份。皮爾斯認為對卡斯特作這樣的處分，「是對司法的嘲弄，而且開了一個要不得的先例，陸軍將難以洗刷此一污名……我認為這件事應交由適當指派的軍事法庭來審判，這樣對卡斯特將軍、對陸軍及國家都最有利。」校級軍官都在問，為什麼對高階軍官的控告都被駁回，而低階人員卻要受軍法審判。

卡斯特的調查結果，導致四位軍官及九位士兵遭到控告，最後，其中的兩位軍官與三位士兵受到了審判。經過審判後，除了一位排長外，其餘都被判無罪，但這位被判有罪的威廉・卡利（William L. Cally）中尉被控以謀殺一百多名平民的罪名。一九七一年三月二十九日，他被判決「至少謀殺了二十二人」。最後他被判自陸軍除役及終身監禁並服重勞役，但此一判決後來又減輕爲監禁二十年。在魏摩蘭將軍退伍後，陸軍部部長又將他的刑期縮減爲十年，而此一決定獲得了尼克森總統的批准。其後，卡利並獲得假釋。

但是美國師的師長卡斯特將軍爲此事負起了什麼責任呢？在發生此一屠殺事件時，魏摩蘭將軍是越南美國陸軍部隊的資深司令官。他並沒有逃避他是否應負責任的問題，魏摩蘭自己曾說，「假如卡利有罪，他的上司，包括魏摩蘭，怎麼會無罪呢？」

一般民眾也對此事感到困擾。紐約時報上一篇由麥克瑞特（Bob Mac Crate）所寫的文章提到，「本人對於第一軍團司令在開始處理其以前單位中的軍官遭控告一事之前，就先撤銷對卡斯特少將的控告一事，感到非常震驚……他這種做法對陸軍造成了嚴重的傷害。此舉顯示他未能體認到陸軍對一般民眾的責任，也未能確認陸軍行事應遵守國際法、戰爭法以及我國憲法原則的重要性。」

眾議院軍事調查小組委員會的四位成員之一的史特拉頓（Samuel S. Stratton）議員對陸軍的做法，給予更嚴厲的譴責。他在一九七一年元月二十九日的新聞發佈會中說道：「陸軍決定撤銷在美萊案中對卡斯特將軍的控告一事，依我個人的看法，是軍法體系的重大違失。由於本案中該負責任的最高階軍官被撤銷告訴，使得軍隊隱瞞實情的老問題再度浮現出來。」

一九七一年二月四日，史特拉頓議員在眾議院發表了一篇冗長、牽涉廣泛的演講，在演講中，他激動地指責陸軍對卡斯特案的處理不當。以下為他講稿的部份內容：「在此一重大案件的涉案低階軍官（卡利）正在接受審判的過程中，同一單位的高階軍官在沒有經過公開審判，甚至都未討論要對他提出控告的情形下，就貿然撤銷對他的控告，這種做法只會嚴重損害美國陸軍及美國的聲譽，還會破壞軍法體系在處理此類攸關國家與國際視聽的案件時的功效。」

「撤銷此等控告的做法，本身已屬非常不當，而且遂行此一行為的方式讓人覺得是在為軍方高層人員以及五角大廈的文職領導人洗脫所有的責任。」

皮爾斯將軍的結論是，「我實在無法相信西曼（Seaman）將軍是自行決定要撤銷對卡斯特將軍的控告，而沒有受到五角大廈的影響。或許反過來說，才是眞實的狀況。一定是五角大廈決定在卡斯特將軍的部屬正在被依更嚴重的罪名審判時，讓他能置身事外，因為他們擔心若媒體公開報導卡斯特遭到控告的情形以及他對自己單位的管理是糟糕到什麼地步，則將使陸軍的形象因此大壞。」

整個調查的過程中，徹底檢視了魏摩蘭將軍是否有罪，最後的結果判定他無罪。當然，此舉絕對不是在為魏摩蘭將軍「脫罪」。我們只要詳細閱讀皮爾斯將軍的調查報告就可以瞭解，他很努力找出事情的眞象，並確定這位當時的陸軍參謀長並沒有偏袒部屬的行為。在卡利的案子中，追究責任的重要性，在於確保此類事件永遠不會再發生。

一個軍官在與媒體打交道時，最能夠考驗他的風格。一九八七年春，美國和伊朗之間出現緊張關係，伊朗人威脅要在波斯灣佈雷，而且還眞的說到做到。美國的因應作為之一是讓行經波灣水域的船舶改懸美國的旗幟，如此一來，此等船舶遭水雷所損就形同伊朗對美國進行了攻擊。

海軍上將克勞指出：「科威特的雷卡（Rekkab）號油輪經改名爲布里基頓（Bridgeton）號。不幸的事發生了，這艘油輪碰觸了一枚繫留雷。此一事件代表伊朗已經決定以行動來對美國進行挑釁。所幸，此次事件中無人受傷，而且這艘油輪還可以航行。然而，假如觸雷的是美國海軍的護航驅逐艦，則我們可能損失這艘軍艦，並遭受嚴重的傷亡。美國的媒體對布里基頓號觸雷事件大加撻伐。其原因何在？因爲我們在對油輪實施護航前沒有先派出掃雷艦……我們對船團前方水域的巡邏工作不夠徹底……我對這些事實無話可說……媒體對此事的抨擊似乎也沒有停歇的跡象……。有一天，我告訴溫伯格，假如他允許的話，我有辦法讓媒體不再對此一事件窮追猛打。溫伯格問道，『你要怎麼做？』我說『我打算告訴他們，布里基頓號之所以觸雷，是因爲我們犯了錯，而犯錯的人就是我。我們在該處水域應該部署更多掃雷艦，而且，我們應該更詳細分析當時所獲得的情資。』溫伯格的臉漲得通紅，激動地說，『千萬不要那麼做。你絕對、絕對不能承認自己犯了錯，否則他們會整得你苦不堪言！』我說，『好吧』因此，我並沒有對媒體提起此事。」

但是三個星期後，克勞前往聖地牙哥演講。在演講結束後，有位當地的記者站起來，咄咄逼人地針對布里基頓號觸雷事件，提出了一長串問題，很明顯地，此舉是故意要讓克勞難堪。此時，克勞不再聽從溫伯格的勸告了，他決定承擔起責任。他說道，「好吧，讓我對這件事做個了結。當時我們都很嫩，要學的東西太多了。我個人犯了錯，所以布里基頓號觸了雷。」

克勞後來在接受我訪問時說：「這位（聖地牙哥論壇報）的記者以怪異的表情看著我。他可能從來沒有聽過有人這樣回答他的問題。他坐下來，不再多言。事後他把我所說的話刊登出來，從此以後，媒體再也不提布里基頓號觸雷的事了。通常，誠實的確是最佳對策。我永遠記得史迪威將軍在緬甸打了敗仗後的講話。他最後歷經千辛萬苦走出叢林抵達印度，這段經歷本身就很了不起。他在印度舉行記者會時，記者問道，『發生了什麼事？』史迪威說，『我們遭到敵人的痛擊。』媒體非常喜歡史迪威的坦誠應對。簡單地道出，『我錯了』，勝過千言萬語。」

「當然，犯了錯的人自己必須承擔起責任。他不能說，『這件事錯在總統』。他不能把每一個人都拉進來和他一起受過。他甚至於都不應說出『我們』這個字。他應該說，『我犯了錯，此事與其他人無關。』此乃爲犯了錯後，面對問題的正確方法，但是，我們只能偶爾使用此一方法，否則的話，要不了多久，就會有人質問道，這個人除了不斷犯錯外，還能幹什麼事？」

有關高階將領公開認錯的最近的例子，是史瓦茲科夫在波灣戰爭期間所做的一件事。當時五角大廈的新聞處長要求史瓦茲科夫爲隨著國防部長前來戰地的記者們舉行一場記者會。他回答說，「那是不可能的事，我和錢尼部長及鮑威爾將軍在一起可有得忙的。」結果，折衷的辦法是，由史瓦茲科夫指派一位「有權代表他」的人來參加記者會。史瓦茲科夫選了卡爾．瓦勒（Cal Waller）中將來代替他參加記者會；而瓦勒中將調到波灣戰區才一個月的時間。瓦勒在記者會中捅出了大紕漏。他在回答某位記者有關中央司令部的戰備狀況的問題時，爲了表示軍方樂於滿足人民知的權利，竟然公開告訴這群記者，美軍的地面部隊可能在二月中旬之前都還未能充分具備發動攻擊的能力。麻煩的是，此一說法與總統的立場相牴觸。總統希望在美國給伊拉克定下撤兵期限之前，能對伊拉克施加壓力。

事後，史瓦茲科夫非常擔心瓦勒會受到處分。他回憶道：

瓦勒知道自己出了紕漏，第二天一大早就跑來告訴我事情的經過。當時我覺得是我陷他於不義，我非常擔心他會受到處罰。在沙漠之盾作戰初期階段，錢尼部長就曾因為空軍參謀長麥克・杜根（Mike Dugan）上將對記者洩露了軍事機密而將他開革。因此，當錢尼部長與鮑威爾將軍於一個小時後抵達司令部後，我把他們兩人請進我的辦公室。

我對他們說：「瓦勒將軍為自己說錯話而感到非常難過。但該為這件事負責的人是我，因為他才剛調來本戰區，我就要他去參加那次的記者會。」

出乎我意料之外，錢尼部長與鮑威爾將軍都表示，他們並不是非常在意瓦勒將軍在記者會中的言論。錢尼部長甚至於還開玩笑說，「對敵人釋放出混亂的訊息，不見得是件壞事。」

在波灣戰爭期間擔任參謀首長聯席會議主席的鮑威爾將軍也有勇於承擔責任的美德。隨著聯軍將伊拉克部隊逐出科威特的作戰行動發起日的迫近，是否要對伊拉克的生物戰劑生產設施進行轟炸，成了必須儘快加以決定的事。相當於美國參謀長聯席會議主席位階的英國大衛・柯瑞葛（David Craig）爵士對此一問題頗爲憂心，在未作成決定之前，他曾對鮑威爾說，「作此一決定的風險很大，對不？」

鮑威爾點頭同意，接著他說：「遂行轟炸行動可能摧毀致病的生物戰劑。但是，也可能因此釋出致命的病菌。」鮑威爾將軍擔心此一轟炸行動可能會危害平民以及所有軍事部隊的安全。聯軍瞭解此一行動的嚴重性，也瞭解一旦伊拉克藉機展開生物作戰，我們將無法以牙還牙，因爲聯軍組成國均簽署了禁止生物作戰的條約。鮑威爾最後作成了進行轟炸的決定，他說，「關於對生物戰劑設施進行轟炸可能變成是在散佈災難而非防止災難一事，我告訴柯瑞葛爵士說，『假如轟炸所造成的塵埃向南飄移，就怪罪我吧。』」

筆者所訪談過的所有軍種參謀長與歷任參謀首長聯席會議主席都一致認同艾森豪的那句名言，「事情出錯時，自己擔責任；事情成功了，功勞歸給別人。」本人某次在訪問大衛，瓊斯將軍時，他曾說，「假如你不在乎誰會居功，則你將無往不利。事後靜下心來回想一下自己的功勞即可。我向來不欣賞那種不請自來，只爲了向我陳述他的功勞的人。那些想要矇騙我的人。我一眼就能看穿他們，我是不會信賴這種人的。」

夏利卡希維里將軍在接受本人訪問時曾說道，「我想，最悲哀的事是看到一位能力很強的人，本來前途不可限量，卻因爲老是在煩惱怎麼樣邀功，而致一事無成。」

前空軍參謀長隆納・弗格曼（Ronald Fogleman）的人格特別值得我們敬佩。一九九六年，沙烏地阿拉伯境內的某處美軍營房遭到炸彈攻擊，造成十九位美國空軍人員的死亡。國防部長柯恩堅持該基地的空軍准將指揮官要接受處分，因爲他未做好安全防護工作。但弗格曼將軍反對把這位准將當做代罪羔羊，因此，他在上將任期未屆滿之前，先行辦理退伍。里查・紐曼（Richard J. Newman）

在《美國新聞與世界報導》上為文評論道：「弗格曼的去職是在表達一種比他起來為自己所認定的理念作辯護更具深意，更具愛國精神的原則：即軍人服從文人領導的重要性。在當今軍方對國家大事的影響力日增，已經開始令人憂心軍方的行事踰越了權限時，他卻能以實際行動來強化文人領軍的觀念。歷史學家理查·康恩（Richard Kohn）說，最近軍中的將領『比較有意願玩政治遊戲』，而把他們的觸角伸進了預算、安全策略及其他的重要事務中。」

最後還有一點可用以強調承擔責任的重要性：即艾森豪能獲致輝煌的軍事成就，其中一項要素在於他對本身職務的政治面向所抱持的理念。一九四三年十二月，艾森豪在卡薩布蘭加與羅斯福總統討論他處理達朗（Darlan）事件的情形時，曾告訴羅斯福總統：「我認為一位戰區指揮官可以自行處理此類事情，用不著把問題丟回給本國政府，然後等待政府的核示。假如區區一位將軍犯了錯，我們可以譴責他，革他的職。但是一個政府不能譴責自己，不能革自己的職——在戰時，無論如何，這樣做是行不通的。換句話說，假如一位將軍犯了錯，要「下台」的人就是他自己，這是幹軍人這一行所要面對的現實。」

格蘭特將軍也有相同的看法：「在戰時，身為陸軍與海軍最高統帥的總統須負責選派作戰指揮官。他不應該在選派指揮官的過程中感到為難。我一旦被選任指揮官，我的責任即在於盡全力做好份內的工作。假如我鑽營職務或透過個人或政治影響力謀取職位，則我將心虛不敢執行自己所構思的計畫，而很可能會等待遠處的上級長官的直接命令。靠鑽營或政治影響力而謀得重要指揮職的人，將注定要失敗。必須要有人為他們的失敗負起責任。」

「雖然林肯總統與哈勒克（Halleck）將軍承受了鉅大的壓力，但他們卻一直支持我到戰爭結束爲止。我從未與林肯見過面，但他對我的支持無所不在。」

願意承擔過失，乃爲領導特質的要素之一。戴文少將提到巴頓所講的那句話「我們陷入了一團混亂，這是我的錯」，可說道盡了承擔責任的重要性。而戴文因此「對巴頓既佩服又尊敬」，則充分顯示這種領導特質所發揮的影響力。

【第十章】

風格的回顧

美國內戰之前的格蘭特將軍

在內戰前，格蘭特可說諸事不順。他在駐守舊金山期間，由於軍中待遇微薄，爲了貼補生活，他幹過各種副業，如賣冰；收購牛、豬及馬匹，轉賣給移民；種植馬鈴薯；放款供商店周轉；開撞球店。不過，所有這些生意都以失敗收場。

格蘭特派駐於舊金山附近的漢伯爾特堡（Fort Humboldt）時，孤家寡人一個，寂寞得發慌，因而開始酗酒。某位幫他寫傳記的作家曾透露他這段悲慘的歲月：「憂鬱、沉默、沮喪、對周遭的事物漠不關心，他異常孤獨，是個出了名的酒鬼。」

「或許喝酒給他帶來勇氣，他決定最後一博，在弗里斯哥（Frisco）開了一家撞球店，但因經營不善而關閉。他又開始酗酒。假如當時布契南（Buchanan）中校對他有好感的話，他的下場可能會好一點。但當格蘭特帶著一身酒氣去執行他的發餉工作時，布契南要求他先寫好辭呈，並告訴他，假如他再次酗酒，就要他在辭呈上簽字。」

「這下子，格蘭特暫時克制住酒癮。不久後，他參加一次派對，某位軍官的妻子慫恿他淺嘗一下雞尾酒，他因此不客氣地喝了起來。第二天，整個單位的人都知道他曾喝得爛醉如泥，而且，當他們看到格蘭特步履蹣跚地走過那陰沉沉的校閱場前往布契南的辦公室時，都知道接下來要發生什麼事。布契南把那份寫好的辭呈拿出來，問格蘭特知不知道現在他應該做什麼事。格蘭特就這樣在辭呈上簽了字，當天是一八五四年四月十一日。格蘭特在穿了十五年軍服後，恢復了平民的身份。」

「格蘭特在離開軍中後，曾試過務農，但也以失敗收場。他甚至於淪落到在街上販賣木材為生。一八五八至五九年間的冬季裏，他把家搬到聖路易斯俾和妻子的某位堂兄哈利·波格斯（Harry Boggs）合夥從事收租的行業。這個行業很麻煩，並不適合他。而且，他和波格斯經常吵架。」

這位傳記作家寫道，「格蘭特三十七歲時，回想自己所作所為，不得不承認自己是個失敗者。他年少時購置馬匹拙於講價，成年後，仍然不善於從事馬鈴薯的批貨工作或收取租金的工作。對他而言，他的前半生充滿羞辱。」

為什麼格蘭特前半生窮困潦倒，後來卻成為一位勳業彪炳的軍事將領？答案在於他的風格。我在向史瓦茲科夫將軍問起此一問題時，他的答覆令我會心一笑。他說，「要我去賣木材、務農、當店員、收賬，我也一樣幹不來。」

薛爾曼將軍與格蘭特將軍：風格與專業的和諧一致

布魯斯·卡頓（Bruce Catton）在他那本有關北軍的經典之作《波托馬克軍團》（*The Army of the Potomac*）一書中提到：「這個軍團的將領，不論是人才或是庸才，都非常嫉妒別人的聲望與地位。」他指出，北軍將領之間所存在的問題很明顯地反映出一項事實，即他們風格上的缺陷損害了他們的能力。這本書中充斥著北軍將領之間相互敵視的談話：「對麥克萊倫而言，有關波普（Pope）

將軍指揮波托馬克軍團時多所疏失與殆忽職守的指控，是確有其事的。對他而言，不論是以一般人的身份的或以軍人的身份衡量之，波普將軍都不值得尊敬……」而「山姆・史特吉斯（Samuel Sturgis）少將一次與撤姆爾・郝普特（Herman Haupt）上校開會討論鐵道所有權與火車時程爭議問題時，曾對郝普特上校說，『我把波普將軍看得比糞土都不如。』」布魯斯・卡頓在論及北軍的士氣時指出，「爭吵與糾紛不斷，損耗了波托馬克軍團的力量」。他還提到，人稱「戰鬥喬伊」（Fighting Joe）的胡克（Hooker）少將「跟所有的上司都處不來。」在談到菲力普・奇爾尼（Phillip Kearny）將軍時，他寫道：「他痛恨麥克萊倫與波普……」。在談到費茲約翰・波特（Fitz John Porter）對波普將軍的態度時，他寫道：「波特對波普將軍只有鄙視而已，他用言語和文字來表達對波普將軍的不屑，這件事後來造成了悲慘的後果。」談到約翰・哈契（John Hutch）少將時，他寫道：「哈契和波普將軍之間有許多過節，他恨死了波普將軍……波普將軍曾對他厲聲斥責、解除他的指揮職、將他降級，哈契認爲他受到不公平的待遇。現在，他逮到機會可以報一箭之仇。」

有關北軍將領之間相互嫉妒的報導可說不勝枚舉。但此點並不表示北維吉尼亞軍團的將領不會有所不同，不過，李將軍靠他的風格及領導能力，而得以在大部份的問題浮現出來時即加以克服。

然而，北軍中的格蘭特將軍與薛爾曼將軍之間的關係卻是一種異數。他們兩個彼此十分友善，依筆者所見，他們之間的和諧關係係植基於兩人的風格。當格蘭特被李將軍困在維吉尼亞時，薛爾曼正因爲攻進喬治亞而獲得熱烈的喝采。他攻克亞特蘭大一事，是林肯於一八六四年的選舉中能力挽狂瀾，免於落敗的因素之一。由於這段期間，格蘭特的戰績乏善可陳，而薛爾曼則屢傳捷報，因此華府的政治人物們莫不熱烈地討論要讓薛爾曼晉升中將。但他本人與此事完全無涉，他並非好大喜功的人。他後來還採取行動反對此一構想，充分顯現出他的崇高風格。一八六五年元月二十二日，薛爾曼寫信給他的兄弟約翰．薛爾曼（當時為俄亥俄州選出的參議員）：「我寫這封信是想告訴你，我認為再晉升一位中將或設置上將軍階都是不恰當的事，讓相關法律維持現狀就好。我不會接受晉升，此一做法只會在我和格蘭特將軍之間製造對立。我希望他能獲得他應有的榮耀。」接下來，薛爾曼的無私精神顯露無遺，他寫道：「我已經獲得自己所希望得到的階級……我曾經指揮過十萬名部隊投入戰鬥及遠征行軍，且均獲致優異成效，沒有出現混亂狀況，這點已足以讓我感到榮耀。現在，我只想平靜過日子……。」

薛爾曼還為了此事直接寫信給格蘭特將軍。他在信中寫道：「有人告訴我，國會考慮要通過一項法案讓我晉升中將。我曾寫信給我的兄弟約翰．薛爾曼議員，請他阻止這件事……。現在你我相知甚深，但卻有一群好事者想分化我們，眞是胡鬧……我將堅定地拒絕意在分化我們兩人的晉升機會……我懷疑是否有國會議員能眞正瞭解，在此一追求慾望與野心的行業裏，你我乃正直的人。我覺得，他們全都不瞭解這一點。從今天起，我將逐步將我的地位與影響力交給更能善用此一權力的人。我最近的成功所造成的轟動很快就會消聲匿跡，而由新的事情發展所取代。」

薛爾曼很瞭解華府的官僚體系，因此當他得悉格蘭特被召至華府，將由林肯授與中將軍階及聯邦軍（北軍）總司令職務時，心中頗為擔憂。他在寫給他的兄弟，參議員約翰的信中提到：「請你盡可能給予格蘭特所需的支持。他要承受那種令人厭惡又危險的被捧為名人的過程……格蘭特是位難得的優秀領導人。他為人誠實、人格高尚、目標專注，而且不侵犯文職領導人的權力。他崇高風格比他的軍事天份更能化解各軍團之間的不和而有效維繫軍隊的團結。」

一八六五年二月七日，格蘭特寫給薛爾曼的一封信進一步顯示了他們兩人之間水乳交融的情誼。他在信中寫道：「對於你的晉升，沒有人會比我更高興。假如我們兩人互調職位，我成為你的部屬，也絲毫不會改變我們兩人的關係。我依然會竭盡所能維持這種良好關係。」

嫉妒成性的哈勒克少將則有極卑劣的表現。在維克堡之役後，身為資深軍官的哈勒克指派格蘭特擔任他的「副司令官」，事實上，這是個無所事事的職位。也就是說，格蘭特完全被架空。哈勒克對他不理不睬，不分派任務給他。哈勒克底下的一群諂媚的將官對格蘭特投以輕蔑的眼光，並散佈傷害他的不實言論，此等言論經媒體加以傳播，成為了部隊中的流言蜚語。格蘭特深受其害，但卻保持沉默。而北軍的將領中，薛爾曼是個異數。雖然在格蘭特前途黯淡之際，他正官運亨通，但他對格蘭特仍然忠心不二，此點頗為特殊。假如薛爾曼只顧鑽營功名，他大可好好利用此一時機，但他沒這麼做。

格蘭特後來變得非常喪氣，使得哈勒克差點就達到了他的目的——逼退最令他感到嫉妒的人。格蘭特曾考慮向上級請求准許他返回故鄉，而事實上，此舉可能就代表了他的辭職。薛爾曼得悉格蘭特有此念頭後，即刻策馬飛奔格蘭特的營區，向他問個究竟。格蘭特回答道，「薛爾曼，你瞭解我現在的狀況，我盡量想忍耐，但如今已忍無可忍。」薛爾曼問他是否有生涯規劃，格蘭特答稱，「完全沒有」。他們兩人在經過一番長談後，薛爾曼勸服了格蘭特。格蘭特同意重新考慮這件事情。

所幸格蘭特留下來了，我們才能在歷史記載中看到他後來在軍事方面的豐功偉業。這兩位偉大的軍事領導人之間的深厚情誼傳為美談，而薛爾曼的崇高風格是促成此一美好關係的關鍵。

李將軍與傑克遜將軍：風格與專業的和諧一致

在一八六一年南部聯邦軍隊的初期編組階段期間，李將軍即展現了他的高尚風格。當維吉尼亞大會召開時，會議中提出的南軍軍官晉升名單中，李將軍排在許多已經任官的軍官之後。南方聯邦的副總統史蒂芬斯（Stephens）擔心李將軍會因此不高興或受人鄙視，他便去找李將軍說明。事後，他回想李將軍的反應，說道：「他馬上表示，他個人的利益絕對不能影響到整個國家的利益，而且，他願意接受任何職位——甚至於當一名士兵都無所謂——只要能在這個職位上對國家作出最大貢獻。而且，他的階級問題不應該阻礙到軍隊的理想組成……他絕對不是那種以直接或間接的方法，為自己謀求職位的人。」

李將軍膽識過人，而且在整個內戰中一直都抱持著樂觀的態度，他從來沒有神情激動的時候。在整個內戰的過程中，他和傑克遜將軍之間從未有過任何問題或摩擦。在他們兩人的交往過程中，從來沒有任何事件讓李將軍感到困擾過。傑克遜在溪谷戰役（Valley campaign）中大獲全勝一事，是軍事歷史上大家最喜歡研究的案例。對於南軍而言，這次的勝利來得正是時候。他們為之興奮異常，簡直可以說是欣喜若狂——南部聯邦因此爭取到民心。接下來，傑克遜在奇卡霍米尼（Chickahominy）對麥克萊倫的右翼展開攻擊，又再度獲得勝利。他將部隊向北推進，在杉木山

（Cedar Mountain）擊潰北軍部隊，然後率領部隊攻擊正向馬納薩斯（Manassas）移動的波普將軍部隊的後方，把北軍阻擋下來，等待李將軍的部隊前來支援，接著，他在隨後的戰鬥中扮演了重要的角色。當李將軍的部隊進入馬里蘭時，傑克遜奪取了位在哈伯渡口（Harper's Ferry）的北軍軍械庫。接著他和李將軍在夏普斯伯格（Sharpsburg）會師，使得南軍因此未被擊潰而和北軍形成拉鋸態勢。接下來，傑克遜又在查恩斯勒斯維里（Chancellorsville）大獲全勝。

在整個作戰過程中，對於傑克遜所受到的讚譽、南方人對他的崇敬、及北軍將領對他的敬重等，李將軍從未表現出一絲嫉妒之心，李將軍對於傑克遜所受到的讚譽，總是眞心替他感到高興。甚至連別人稱讚他時，尤其是在查恩斯勒斯維里之役後，李將軍總是把功勞歸給傑克遜。

傑克遜則對李將軍敬愛有加。李將軍有什麼特質會讓傑克遜這麼敬愛他呢？我們想想傑克遜的風格就會瞭解，顯然是因爲李將軍不但是位精於軍事戰略與戰術的軍人，而且還是位善良且有虔誠宗教信仰的人。在內戰初期，李將軍曾受到不少批評。而若有人在傑克遜面前批評李將軍，傑克遜會立即不客氣地加以反駁。某次，有位軍中同僚批評李將軍反應「遲鈍」。傑克遜即刻加以斥責，並說道：「李將軍一點也不遲鈍，沒有人能瞭解李將軍所肩負的沈重責任。他是我們的總司令，他深切瞭解，我們的軍隊若被殲滅了，就再也無法加以補充。李將軍絕對不遲鈍！或許有些人對我印象不錯，所以很重視我的觀點，我要說，假如你們再聽到有人批評李將軍，拜託你們挺身反駁他們。我認識李將軍已經二十五年。他爲人謹慎，他是應該如此，但他不遲鈍。他是個天才，他是唯一讓我會死心踏地想追隨的長官。」

當然，傑克遜對李將軍的領導才能有很高的評價。李將軍給他的建議都是最適當可行的，傑克遜總是滿心歡喜地接受李將軍所提供的意見。他對李將軍只有崇敬與佩服，從來不會和他意見相左，只有在查恩斯勒斯維里之役後他接到李將軍的賀函時是例外。李將軍在信中將這場戰役的勝利歸功於他，對此，傑克遜反駁道，「李將軍很夠意思，但是他應將榮耀歸給上帝。」

李將軍對於傑克遜所給予他的敬愛之忱也有所回報，較之其他軍官，他和傑克遜有比較密切的協商，而且，他也最信任傑克遜。他們兩人之間沒有誰是長官誰是部屬的問題。

李將軍對傑克遜的信任程度，可從一件小事情看出來。在腓特烈斯之役時，李將軍對他的傳令參謀軍官說，「告訴傑克遜將軍，關於如何對付敵人一事，他知道的和我一樣多。」一位部屬對其上司的領導作爲最感激的一點，莫過於他的上司賦與他任務，然後放手讓他去執行。

在查恩斯勒斯維里之役中，胡克少將的部隊威脅要殲滅北維吉尼亞軍團。面對此一威脅，有人提議應考慮撤退。傑克森聽到此一提議後，怒斥道，「沒有這種事。我們不撤退，我們要痛擊敵人。」

傑克遜受到他的參謀及士兵們的尊敬，但卻不見得受到他們的愛戴。傑克遜深信軍事教育的重要性，但他認爲當一位將軍必須具備判斷能力、膽識、及風格的力量。沒有人懷疑傑克遜具備了風格的力量。某位從傑克遜的部隊中逃離出來的士兵所說的一番話，充分道出了傑克遜的領導風格。當時每一位南軍士兵都知道北軍對作戰物資的需求是無止境的。話說這位南軍的士兵因爲受不了長時期的作戰而逃離部隊，當北軍部隊靠近他時，他馬上向北軍投降。當他看到北軍所擁有的充足物資時，不禁驚嘆道：「你們就像馱貨的騾子，而我們卻像賽馬。老傑克遜只發給我們每人一把步槍、一百發子彈、及一條橡膠氈子，而且，他還把我們逼得快累死了。」

艾森豪將軍：盟軍領導階層所面對的挑戰

或許對艾森豪將軍的風格的最佳證明，乃是他對於曾在艾拉敏（Alamein）戰役中獲勝的英國陸軍蒙哥馬利元帥的忍讓。對某些人而言，蒙哥馬利是二次世界大戰中的傑出將領，但對另外一些人而言，他卻是個自負、傲慢、愛出風頭的軍官。自以爲其身爲領導人、戰略家與戰術家所作的判斷，優於所有其他軍官，不論是美國或英國軍官。在盟軍統帥的人選尚未決定前，他就已經是個麻煩的人物，在統帥人選最後決定由美國人而非英國人擔任後，他變得更加難以相處。

原本被選爲盟軍最高統帥的英國陸軍元帥亞倫·布魯克爵士於一九四四年五月十五日在他的日記中寫道：「我對艾森豪的主要印象是，他並非是在思想、計畫、力量或方針等方面的一個眞正的領導者。他只不過是一位協調者，一位善於調和鼎鼐的人，一位倡議盟軍內部合作的人，而就此等方面而言，很少有人能比得上他。」後來布魯克爵士在回想他對艾森豪的評語時說：「假如現在有人要我檢討那天晚上我對艾森豪的評論意見的話，則基於他後來的表現，我仍要一字不變地重覆上次的那段評語。他是位處理盟國關係的高手，他至爲公正，贏得了所有國家的信賴。他有迷人的個性，而且是善於作協調的人，但並不是一位眞正的指揮官。」

在整個二次世界大戰期間，蒙哥馬利不斷以行動及言語來羞辱艾森豪，但艾森豪爲了盟國的團結，對他百般忍讓，此點充分顯示了艾克的風格力量。美國與英國一直對於盟軍的戰略問題存有歧見。有關此點，有件事特別能顯現艾克的崇高風格。話說在一九四四年六月六日成功地遂行了諾曼地登陸後，蒙哥馬利認爲盟軍應展開單一的集中攻勢，此一構想被稱爲「蒙哥馬利單一攻勢構想」。艾克不贊成此一構想。雖然最後蒙哥馬利被剝奪了掌控盟軍戰略的權利，但自此之後，蒙哥馬利藉由一連串事件來挑戰艾克的職權。

艾克有關戰略的決定獲得了馬歇爾將軍的堅強支持，但蒙哥馬利卻批評艾克「完全與陸上作戰脫節」，並要求和他面對面討論戰略問題。艾克同意在他的總部與蒙哥馬利見面，但蒙哥馬利因爲「很忙」而且自視甚高，故堅持艾克前往見他。這是非常傲慢無禮的要求，但艾克爲了盟國的團結，雖然自己膝蓋因受傷而劇痛難忍，仍然於一九四四年九月十日飛往布魯塞爾與蒙哥馬利見面。由於他膝蓋的傷勢非常嚴重，使得他根本無法離開飛機，因此，兩人只得在飛機內進行討論。

更傷人的是，蒙哥馬利還要求在進行討論時，艾克的參謀長史密斯不得在場，但他的參謀長則應該出席。爲了和諧起見，艾克同意了此項要求。在討論期間，蒙哥馬利對艾克的戰略加以批評與嘲笑。蒙哥馬利麾下的情報次長比爾．威爾寇斯（Bill Wilkows）准將說道，「艾克的忍讓，使得蒙哥馬利得寸進尺。」蒙哥馬利態度惡劣，艾克不得不告訴他，「蒙提，冷靜點！我是你的上司，你不可以這樣對我講話。」

蒙哥馬利提出了一項代號爲「市場花園」的作戰計畫。此一充滿想像力的戰略是要派英國第一空降師與美國第八十二及第一〇一空降師前往奪取萊因河至安亨（Arnhem）之間的橋頭堡，以控制此一「打開通往德國心臟地帶的門戶」。雖然艾克對此一作戰構想不以爲然，但此一構想有成功的可能性，因此，他還是同意展開此一作戰。

結果此一作戰成爲不折不扣的大災難，英國的空降師幾乎全軍覆沒，美國的兩個空降師也傷亡慘重。艾克對於自己先前同意了此項作戰計畫一事，頗感懊惱，並說道，「從這次作戰的結果可以證明，所謂『單一的浴血攻勢直取柏林』的構想是愚不可及的。」但生性傲慢的蒙哥馬利非但沒有承認自己犯了錯，還指責說，這次作戰的失敗是因爲艾克未能適切地提供作戰所需的空中兵力、部隊及其他支援。

傳記作家諾曼・吉爾伯（Norman Gelb）對於這次作戰的概要評述或許最爲中肯，他說：「市場花園作戰不只是一次拙劣的作戰行動而已，它還使得盟軍指揮官一下子從幻想中回到了現實。想迅速打敗希特勒的希望已經幻滅，因爲他們發現盟軍已坐失良機，敵人已從諾曼地的潰敗中恢復戰力，已經不再陷於一團混亂中。布魯克爵士非常痛心，他認爲艾森豪未能掌握住迅速終止戰爭的大好機會，未能依照蒙哥馬利的建議將盟軍兵力集中起來發動攻勢，卻只想以分散的兵力及廣闊的前線，向前推進。然而，蒙哥馬利在這次作戰中又犯下另一次重大錯誤，使得戰爭的拉長時間成爲無可避免的事。」

在安亨的作戰失利後，艾森豪於一九四四年九月廿日召集了各資深將領至同盟國遠征軍最高司令部開會，以研擬擊潰德國的最佳戰略。布萊德雷、巴頓與霍奇（Hodges）等人都出席了，只有蒙哥馬利故意缺席俾讓艾森豪難堪，只派了他的參謀長法西斯・迪奎敢（Francis De Guingand）少將代表他出席。會議結束後，艾克寫了一封信給蒙哥馬利，信中提到：「我對於全體資深將領無法相互保持密切連繫一事深感遺憾，因為我發現，只要我們能夠聚首一堂，坦誠地共同研究各種問題，通常都可以找出確切的答案。」

蒙哥馬利在他的「單一攻勢戰略」未經採納後，曾放話說，艾克「與戰場的現況完全脫節，而且根本不瞭解如何與德國人作戰。」一九四四年十月八日，當馬歇爾將軍前往他的總部視察時，蒙哥馬利趁機打艾森豪的小報告。他告訴馬歇爾說，「同盟國的作戰缺乏方向、缺乏管制。事實上，我們的作戰既不協調也不連貫，簡直可以說是一團亂。」

蒙哥馬利犯了一個錯誤，因為馬歇爾對蒙哥馬利在北非戰場所表現的領導能力並不以為然，當然，對他的部隊在諾曼地登陸作戰中的表現也沒什麼好印象。馬歇爾雖然認為艾克對蒙哥馬利太縱容，但他自己也克制住沒對蒙哥馬利多說什麼話。他事後說道，「當時我要克制自己不生氣還眞是很困難，因為他說的話根本不合邏輯，只突顯了他的剛愎自用。」

然而，蒙哥馬利還沒個完。他傲慢地寫了一封信給艾森豪的參謀長，要他告訴艾克「西歐地區同盟國部隊的指揮編組有問題」，並稱艾克不適合指揮作戰。蒙哥馬利希望同盟國部隊由一位陸上作戰司令來領導——當然，這個司令人選就是他自己。

此時，艾克覺得蒙哥馬利簡直是欺人太甚。他首度開始反擊，甚至於還質疑蒙哥馬利在法國的表現。艾克告訴蒙哥馬利，原先要他奪取魯爾河（Ruhr）的任務，將改派布萊德雷執行，而由他來負責支援布萊德雷作戰。最重要的一點是，艾克鄭重告訴蒙哥馬利，假如他的表現不理想，「則為了確保未來的作戰效率，我們將迅速作出必要的處置。」艾克並警告蒙哥馬利，假如他認爲蒙哥馬利的作爲「危及了作戰之順利遂行，則我們有責任將此事交付上級權責單位，由其選擇適當的方式加以處理，不論此一方式多麼激烈」。

如此一來，艾克終於暫時制住了蒙哥馬利。蒙哥馬利心知肚明，假如他和聯合參謀首長們鬧開了，倒霉的是他自己。因此，他對於艾克的強勢要求作出回應，他說道，「你再也不會聽到我談起有關指揮權的問題了。」他在寫給艾克的信中，將他的意思表達得更明確：「我已經向你表達過我的意見，而你也已經提出了你的答案，事情就此告一段落。我和第二十一集團軍總部的所有人員將百分之百地遵照你的命令行事，竭盡所能克服困難，心中絕不猶疑」。他並在信上署名，「你的忠誠部屬蒙提」。

後來事情的發展顯示，蒙哥馬利是個僞君子。因爲在十一月他就寫信給布魯克爵士，指稱同盟國的作戰指揮體系延長了戰爭的時間，而艾克的命令「與作戰的實際需求沒有關聯」，並稱艾克選擇「直接指揮一場規模異常龐大的作戰，但卻不知如何爲之」。最後，他加了一句「我想，我們正陷入危險的境地中。」

蒙哥馬利的行爲，加上他對媒體洩露不實的消息，造成英國的報紙登出艾克擔任最高統帥的職務已經力不從心的消息。布魯布爵士甚至於將此事向邱吉爾反映，邱吉爾接著向羅斯福抱怨艾克的不適任，但羅斯福卻告訴邱吉爾說，他對艾克有十足的信心。蒙哥馬利見狀，只好故作謙卑地寫信給布魯克爵士說，「艾克似乎決心要顯示他是一位偉大的戰場指揮官。讓他好好表現吧，我們大家一起來幫他渡過難關。」

十二月的第一個星期，蒙哥馬利請求艾克召開會議，並要求雙方的參謀長都出席，但是「都不許發言」。艾克同意召開會議，但拒絕蒙哥馬利要求他的參謀長史密斯不得發言的請求，他告訴蒙哥馬利他不會命令他的參謀長不得發言，因爲這樣是在侮辱人。

於是，會議於一九四四年十二月七日召開，泰德元帥、巴頓將軍與布萊德雷將軍等人都參加了這次的會議。會議中，蒙哥馬利堅持，當時正迅速穿過法國向德國中部推進的巴頓以及從法國南部向北推進的鄧維斯兩人的部隊，應該受到「節制」，俾將可用資源集中於他本人所遂行的攻勢上。

在會議上，蒙哥馬利完全不接受其他人的意見。不過，艾克倒是同意蒙哥馬利向北推進的攻勢，並將美軍第九軍團的指揮權轉移給他，但是，艾克拒絕切斷對巴頓與鄧維斯的補給。此一決定讓蒙哥馬利與布萊德雷都感到不快。

布萊德雷後來甚至批評道，艾克的決定「是典型的艾森豪式妥協方案，令我感到非常難過，此舉不啻暗示我的第十二軍團的攻勢已經失敗。」會議結束後，蒙哥馬利寫信給布魯克爵士說，「假如要在合理的期限內結束戰爭，你必須設法讓艾森豪不要插手陸上作戰任務。我很遺憾要指出，艾森豪根本不知道自己在幹什麼。」

因爲事情熱鬧得很僵，邱吉爾於是在一九四四年十二月十二日請艾克與布魯克爵士前往倫敦，共商解決之道。在會談中，布魯克爵士非常不客氣地批評艾克未能依蒙哥馬利的建議把兵力集中起來。但邱吉爾卻與艾克站在同一邊，此點令布魯克十分生氣，甚至於因而考慮要辭職。

突出部之役使得問題更形惡化。希特勒不顧他身旁一干德國將領的反對，決定作最後的一搏，乃於一九四四年十二月十六日對於駐守阿登高地的美軍部隊發動猛烈的奇襲。一開始，同盟國部隊處於劣勢。蒙哥馬利因此指責艾克，聲稱若讓他本人來指揮地面部隊，就不會發生這種事。

一九四四年十二月二十五日，蒙哥馬利邀請布萊德雷到他的總部討論戰術問題，但才一坐定，蒙哥馬利「就像在訓小學生一樣地數落布萊德雷」，並說依他的意見，阿登高地的戰事失利，不當的領導統御要負最大的責任。很明顯地，他是指艾克領導無方。蒙哥馬利眞是傲慢自大到無以復加，居然膽敢寫信給布魯克爵士稱，布萊德雷同意他的看法。

事情絕非如此。布萊德雷是個有崇高風格的謙謙君子，他想維繫同盟國的團結，但他曾寫下對此一事件的感想：「蒙提比以往我看到他的情形還更傲慢，更自大……我一生從來沒有這麼生氣過。我可是費了好大的功夫才克制住自己，而沒有對他惡言相向……」

爲什麼布萊德雷這麼能忍耐？他進一步說明道，「然而，爲了避免同盟國指揮體系的癱瘓，我只好喜怒不形於色。」

巴頓展開了一次漂亮的行動，在四十八小時內將部隊開抵了巴斯東（Bastogne），扭轉了盟軍的敗局，成功地阻止了德軍的功勢。但蒙哥馬利不聽布魯克的勸告，執意於一九四四年十二月二十九日寫信給艾克，並在信中列出艾克所犯的錯誤，並警告道，「除非立即設立他所建議的指揮架構，否則盟軍將再度遭敗績。」他接著又指出：「一位指揮官必須有權力對作戰進行指揮與管制，你一個人不可能做到這一點，因此，你必須指定別人代勞。」

艾克終於受夠了，他決定要終止蒙哥馬利的傲慢、剛愎自用與恣意胡爲。艾克將他準備拍發給蒙哥馬利的一份電報稿出示給迪奎敢看，並表示他準備要換掉蒙哥馬利。事實上，艾克眞正的意思是，除非蒙哥馬利被解職，否則他就辭職。迪奎敢深知，蒙哥馬利若被解職，勢將帶著污名返鄉。他也很清楚，艾克確有本事開除蒙哥馬利，因爲羅斯福與馬歇爾都明白表示他們非常信賴艾克。

迪奎敢請求艾克延遲二十四小時拍發該份電報。他描述了當時蒙哥馬利的反應：「我很少看到蒙哥馬利這麼憂心與苦惱，我想他眞的完全想不到會有這種事，一時難以接受我告訴他的事……我從來沒有看到他那麼喪氣過。他似乎被孤獨籠罩住。」

迪奎敢向蒙哥馬利分析道，假如他不向艾克道歉，他的軍旅生涯將就此結束。蒙哥馬利拍了一份電報向艾克表達悔意：「我瞭解在這段困難的日子裏，你要爲許多事情操心。我坦誠向你表達了我的觀點，因爲我覺得你會喜歡我這麼做。我確信有許多因素具有我所無法理解的意義。不論你的決定爲何，你可以百分之百的放心，我會遵照執行，我知道布萊德雷也會和我一樣。」

雖然蒙哥馬利以前也曾經對艾克作過承諾，但事後又故態復萌，但是爲了同盟國的團結，艾克還是接受了他的回應。蒙哥馬利並且說，他不會再三延遲行動，而會加快他的部隊向北進攻的速度。

但事情並未就此告一段落。蒙哥馬利在某次記者會中，本來應該借機修補他和艾克之間的不和，但他卻給了大家一種印象，即德軍對阿登高地發動攻勢時，是他的領導以及英軍的英勇作戰，才得以扭轉盟軍的敗局。這種說法非常可惡，完全不符合事實。

艾克告訴邱吉爾，必須要採取行動以糾正蒙哥馬利，並讓英國媒體與英國人民瞭解真象。邱吉爾答應艾克的要求，前往下議院演講，並在演講中斥責蒙哥馬利的不當言論。

無疑地，假如不是艾克的堅強風格、優異的領導能力及忍讓的精神，則蒙哥馬利的剛愎自用、傲慢、恣意行事、及欠缺圓通等缺點，可能會破壞同盟國的團結。能自我控制的人最了不起，而艾克顯然擁有經得起考驗的風格。

艾森豪在與蒙哥馬利共事的時間裏，展現了極大的耐性。一九四五年六月七日蒙哥馬利寫給艾克的一封親筆函，最能夠顯示艾克在這方面的成功。這封信的內容如下：

艾克勛鑒：

既然我們都已簽署了柏林和約，我想我們即將從此開始各管各的事。在此之前，我要告訴你，能在你麾下服務是種榮幸與光榮。我非常感謝你對我的明智指導與寬宏大量。我很瞭解自己的缺點，也知道自己不是個容易駕馭的部屬，我喜歡獨斷獨行。

但是在那段艱困緊張的歲月裏，你讓我不致於走偏，還給了我很多教導。

對此我非常感激。謝謝你為我所付出的一切。

你的忠誠好友

蒙提

或許邱吉爾的一句話，最能夠道盡蒙哥馬利的爲人。他說，蒙哥馬利「打敗仗時，神情優雅；打勝仗時，惡形惡狀。」

喬治・馬歇爾：消弭軍方與國務院之間的嫌隙

很明顯地，軍方對陸軍上將喬治・馬歇爾的領導能力與崇高風格極爲敬仰。然而，馬歇爾並不只是在軍事領域中受人敬仰而已。在本世紀中，美國軍方人員與國務院的官員彼此之間向來缺乏好感，有時後還相互猜忌與鄙視。查爾斯・波倫大使在他那本取名爲《歷史的見證》（*Witness to History*）的回憶錄中，提到了一九四七年元月，馬歇爾被任命爲國務卿時的狀況，波倫大使與喬治・肯南大使，都曾經是蘇聯外交政策方面的專家與資深顧問。回憶錄中這麼寫道：「對於軍方人員被任命爲國務卿一事，國務院的駐外機構事務局內充滿著不安的情緒。馬歇爾的聲望無以倫比，但是前任國務卿貝爾納斯（Byrnes）並沒有把心思放在國務院上，因此國務院的士氣低落。大家都擔心，新就任的這位大將軍可能會制訂嚴格的紀律與規定，而導致下情無法上達。」

「但是沒多久，國務院內幾乎所有重要官員都開始對馬歇爾產生好感。他讓大家的工作有了目標與方向。他的個性感染了整個駐外機構事務局。我先前在駐外機構事務局服務的四十年裏，以馬歇爾及赫特（Herter）擔任國務卿期間，國務院的工作績效最優異。沒錯，馬歇爾身邊有優秀的副國務卿，先是迪恩・艾奇遜，接著是羅伯・拉維特，後者在二次世界大戰期間曾在陸軍部長亨利・史汀生底下擔任陸軍部副部長。而且，由於貝爾納斯並不關心國務院的業務，故對馬歇爾而言，事情會比較好辦。在馬歇爾的領導下，所有的資深官員都會受到諮詢，而且政策一經決定時，大家對其內容都不會有疑問。據我所知，當時國務院的運作之俐落，可說是空前又絕後。」

喬治·肯南在他的回憶錄中寫道：「我想，在我的回憶錄中談談馬歇爾將軍是再恰當不過了。我只在他漫長的公職生涯中的最後一任職務中才認識他。我和他私下的交往並不密切（我猜，很少人和他有密切的私人交往關係），但從一九四七年五月到一九四八年年底那一年八個月在國務院和他共事期間，唯有我的辦公室和他的辦公室只有一牆之隔，而且我還享有可經由雙方共用的側門進入他辦公室見他的特權（但我儘量不濫用此一特權）。在工作上，我和他的關係非常密切，因此我有很多機會可以觀察他是如何扮演國務卿的角色。」

「在我所回憶的人物中，馬歇爾是最值得稱讚的人。我和大家一樣，都因為他的風格而敬佩他，而敬愛他。此等風格有些是我親眼所見，有些是人盡皆知者，有些則是少為人知者：如他的正直清廉；他的謙謙君子風度；他強烈的責任感；他在面對干擾、壓力與批評時的沈著冷靜；他的沉穩作風——一旦作了決定後，即勇敢承擔其結果，不論結果好壞；他的不好虛榮，沒有野心；他對反覆無常的輿論，尤其是大眾傳媒的批評所表現的淡然處之的態度；他對待部屬的那種大公無私的精神等等。」

一九四七年元月，陸軍部部長羅伯·派特森（Robert Patterson）（後來在一九六一年時在甘迺迪政府中擔任國務卿）有意請迪恩·盧斯克擔任陸軍的首席國際法專家。而馬歇爾在一九四七年就任國務卿後，也想請盧斯克接任國務院特別政治事務處處長的職務。

盧斯克回憶道：「我選擇到國務院服務，主要的原因是我想與馬歇爾共事。他是我心目中最了不起的人。邱吉爾說馬歇爾是二次世界大戰同盟國獲得勝利的功臣，而杜魯門則稱他爲『當今最偉大的美國人』。他們兩人說的都對。」

「馬歇爾對每一位與他共事的人都有很大的影響力。他也是位良師。他會以身作則或給我們一些訓示，教導我們如何做一個好公僕。舉例而言，他會對我們說：『各位同仁，不要坐在那兒等我來告訴你們要做什麼事。要主動一點。你們反而要告訴我，我應該做什麼事。』不論你碰上了什麼問題，他都希望你能把工作做好。他上任不久後，有次在主持約有十五人參加的晨間參謀會報時，有人抱怨國務院內的士氣太差。馬歇爾將軍站起來，環顧會議桌四周的與會人員，然後說，『各位，士兵可能會有士氣問題，但官員不能有士氣問題。我希望國務院內的所有官員要爲自己的士氣負責。』當馬歇爾不希望官員們消極地找人訴苦的話傳遍了國務院各單位後，國務院的工作士氣達到了最高點。」

「馬歇爾的態度激發了同仁們的信心。這位老將軍常勉勵我們，『打起精神！』、『不要喪氣！』、『不要抗拒問題，要解決問題！』」

但國務院內對馬歇爾瞭解最深的人，非副國務卿迪恩・艾奇遜莫屬；他在一九四八年接替馬歇爾的國務卿職務。據他的描述：「馬歇爾將軍每次走進一個辦公室，辦公室內所有人員都會感覺到他的存在。他具有那種強烈的、與人精神交流的力量。他身材魁梧，而那低沉、不急不徐而又強而有力的說話語調，進一步強化他的威儀，令人望之肅然起敬，給人一種權威與沉穩的感覺。他不刻意展現軍人的威風和嚴肅，但大家都稱他『馬歇爾將軍』。這一稱呼和他如影隨形。他在接電話時也千篇一律地自稱『我是馬歇爾將軍』。這樣的稱呼似乎是理所當然的。我從沒有想過要稱他為『國務卿先生』，而且除了馬歇爾夫人外，也沒有人會稱他為『喬治』。」馬歇爾希望別人尊重他，而他對別人也很尊重。此點是他人際關係的基本原則。此外，杜魯門總統還提到另一項馬歇爾將軍的風格中的基本要素。他寫道，『馬歇爾從來不為自己著想。他的自我意識從來不會夾雜在他本人與他的工作之間。』

忠誠的重要性

造就成功領導人的要素之一，是對部屬的忠誠，而這點並不容易做到。而馬歇爾就具備了這種崇高的風格。一九四一年夏季，當時美國尚未投入第二次世界大戰，但決定先研擬一套作戰計畫，其內容包含戰時的生產需求、部隊人員數量及美國的國家政策目標等等。雖然羅斯福總統希望能避免參戰，但眼看希特勒正在歐洲遂行侵略行為，羅斯福顯然是與英國人站在同一邊。

當時是由陸軍參謀長祕書處的亞伯特・魏德邁（Albert Wedemeyer）少校負責此一計畫的參謀研究作業。他在研究報告中指出：「我們必須準備直接與德國作戰並將其擊敗。」報告的結論提到，為參加戰爭，陸軍與陸軍航空軍共需要九百萬名部隊，海軍則需要一百五十萬部隊。這份報告被列為絕對機密。沒想到，一九四一年十二月五日的《華府先鋒報》居然一字不漏地將該報告刊載出來，而且第一版的標題寫著「羅斯福的作戰計畫！」，令總統、陸軍指揮階層及魏德邁少校本人都大感驚駭。此事在華府引發了軒然大波，美國政府極為尷尬，因為我們跟德國並未處於交戰狀態。

魏德邁馬上受到大家的懷疑。他的姓是德國人的姓氏，他認識許多德國軍方高層將領——因為他曾在一九三〇年代參加過德國高等軍事課程——而且還和納粹黨的高層幹部有私交。在此一報告於媒體上曝光的前一星期，他曾經和某位律師見過面，而這位律師的父親伯頓·惠勒（Burton K. Wheeler）參議員是位偏激的孤立主義者，曾經指控羅斯福「企圖把四分之一的美國年輕人的前途葬送掉。」此外，魏德邁還剛在銀行的帳戶中存入了一大筆款項。甚至還有一封寫給陸軍部部長的匿名信宣稱，「魏德邁曾經有感而發地說希特勒是救世主。」

此等間接證據似乎對魏德邁十分不利。他曾遭到聯邦調查局的審問，但卻無法證實是他洩露了報告的內容。於此種情形下，魏德邁的上司大可表明「我們不想去瞭解這個人」，而把他調走，或將他流放海外。但馬歇爾沒這麼做。他非常看重魏德邁的能力，據魏德邁自己說，「馬歇爾軍將從未懷疑過我。」事實上，在發生此一事件後的數個星期，馬歇爾還將他晉升為中校，並讓他成為在參謀首長聯席會議之下新成立的聯參計畫人員小組的一員。

一九四二年四月一日，馬歇爾出差從事某項具高度機密性的任務，並帶魏德邁隨行。此事充分顯示出馬歇爾對他的忠誠，更重要的是，顯現了馬歇爾的崇高風格。他忠於魏德邁，無懼於對魏德邁不利的間接證據及孤立主義者與媒體的公開批評。對於馬歇爾的支持，魏德邁終身難忘，他後來幹到了四星上將，據他表示「在那次事件後，我願意為他赴湯蹈火。」

有關對部屬忠誠的事例，比較近者出現在鮑威爾將軍身上。波灣戰爭結束後，一九九一年五月，有數家媒體（一九九一年五月十三日出版的《新聞週刊》及前一天的《華盛頓郵報》）指出，鮑威爾是位「不情願的戰士」，暗示他曾私下反對總統出兵波灣的決定。

鮑威爾在他的自傳中寫道：

在我遭受媒體的無情抨擊時，打電話給我的人少得出奇……。

當媒體開始作此不實報導的當天早上，白宮的接線生打電話來說，總統要與我通話。我忐忑不安地等著。總統說話了，「鮑威爾，不要理那些胡說八道的報導，不要為這件事煩惱，不要讓這些媒體搞得心神不寧。」

「謝謝總統」我回答道。

「芭芭拉向你問好。回頭見」說完，電話就掛了。

稍後在有關農業政策的記者會中，布希總統又被問了許多有關我的問題，諸如伍德華德（Woodward）的書中所描述的那些問題。結果，總統回答說，「任何人都別想要分化我和鮑威爾的關係。我不管他們是引用了那一本書的說法，不管他們有多少匿名的消息來源，也不管他們引述了多少不在場人士的話……。」

我永遠忘不了在我最需要朋友支持時，美國總統對我所表現的忠誠之忱。

但是對人的忠誠並不能與袒護徇私混為一談。當然，正直的人格中並不包含偏袒的成分。格蘭特將軍在奪取田納西州唐納德遜堡（Fort Donaldson）之役一戰成名。而此一戰役中的降將塞門·巴克納（Simon Bolivar Buckner）將軍在內戰爆發前是格蘭特的好友。當年格蘭特被迫辭職，在灰頭土臉地離開加州時，可說窮困潦倒，一文不名，連返鄉的車資都沒著落。巴克納先替他付了旅館錢，再幫他籌得了五十美元。而這場戰役中，當巴納克眼見要守不住唐納德遜堡時，遂向格蘭特開出投降的條件，他自忖格蘭特會顧念舊情而同意他的要求，但格蘭特卻不為所動。他對巴克納說：「不能講條件，我只接受無條件的立即投降。」

馬歇爾於二次世界大戰時所展現的優異領導能力，贏得了無數的讚譽，但起碼有一個人對於他對待部屬的方式頗感不滿。某位陸軍資深將領的夫人曾寫道，「參謀長是我兒子的義父，當我在醫院待產時，他整個晚上在走廊上來回踱步。我想他是個好人，但我對他的領導方式不予苟同。他後來對我丈夫非常無情……他讓好朋友失望至極……他毀了我丈夫的前程，傷透了他的心，撤銷了他的少將階級……。」

事實上，這位軍官的夫人說這番話，等於是在恭維馬歇爾將軍。他的丈夫在二次世界大戰期間犯下了不可原諒的判斷錯誤，雖然他是馬歇爾的摯友，但馬歇爾並不護短，而把他降階成上校。

馬歇爾有天傍晚偕夫人散步時，告訴夫人說：「我不能講感情，我只能講道理。」話雖如此，曾經受馬歇爾指導過的軍官都對他難以忘懷。陸軍部部長史汀生說，「他們都對他忠貞不二，就像他們在五角大廈時一樣。」

擔任D日進攻指揮官的艾森豪也有類似的經歷。當時擔任軍需司令的亨利・米勒（Henry Jervis Miller）少將與艾森豪是西點軍校一九一五年班的同學。一九四四年四月，歐洲戰區的反情報官艾德溫・史伯特（Edwin L. Sibert）少將在克列里基（Claridge）旅館偷聽到米勒一面飲酒一面抱怨道，要至六月中旬的登陸作戰之後，美國才會將補給品送抵戰區。史伯特將上情告知布萊德雷，布萊德雷轉而向艾克報告。米勒知道自己犯了錯之後，請求艾克看在朋友的份上，讓他保有少將階級調回國內「以聽候命運的安排。」艾森豪回覆米勒說，他對於要「審判」一位朋友，感到非常難過，但米勒觸犯了嚴重的洩密罪。艾克下令將他降級爲上校後遣送回國。

抗拒離營的誘惑

對於軍事將領而言，或許在承平時期比在戰時更需要具備崇高的風格。本研究中所論及的將領都具備了奉獻的精神，但他們也是凡人。有時候，他們也免不了會因爲升遷緩慢、待遇微薄、調動頻繁、訓練裝備不佳及其他的困難因素，而心生離開軍旅生涯的念頭。

馬歇爾在擔任過陸軍參謀長、國務卿及國防部長後，有一次被問起他這一生最感到興奮的時刻爲何時，他答道，「晉升中尉時。」他少尉幹了五年。雖然馬歇爾擔任各項職務與教職都表現優異，在一九一五年他三十五歲時，仍然只是個中尉軍官，此時距離他自維吉尼亞軍校畢業已經十四年。

是年，意氣消沈的馬歇爾寫了一封信給維吉尼亞軍校的校長艾德華・尼可斯（Edward W.

Nichols）將軍稱：「步兵人員晉升的停滯，已經使得我暫時計畫，俟外面就業機會好轉時即行辭職。即使冬季時立法通過增加晉升名額，但在陸軍要晉升仍然受到法律的限制，加上各階等待晉升的人數已經累積過多，因此讓人覺得前途黯淡，我認爲將自己的黃金歲月虛擲在對抗這種無法克服的困難上是不對的。」

馬歇爾在一九一五年並未眞的離開軍隊。一九一六年他自菲律賓調回國內時，第二度被派任侍從官的職務，而這次他所服務的對象是他向來極爲敬佩的富蘭克林・貝爾將軍。此事令他精神爲之一振。這項新職務的挑戰，加上美國的參與第一次世界大戰，無疑地乃是馬歇爾決定繼續留在陸軍服務的原因所在。

馬歇爾在第一次世界大戰中的優異表現，引起了潘興將軍幕僚群中好幾位很富有的商人的注意。其中有位商人曾於一九一九年要馬歇爾退伍加入摩根（J. P. Morgan）金融公司，他給馬歇爾的起薪爲兩萬美元。雖然馬歇爾知道他在戰爭結束後隨即要被降級，他仍然婉拒了此一機會。一九二〇年，他被降爲少校，年薪只有三千美元。但是，他仍然留在軍中。

一九四七年，艾森豪自陸軍參謀長的職務退伍，改擔任哥倫比亞大學校長，此時，艾森豪夫婦買了他們的第一輛車子，當這輛車子送到他家後，艾森豪加以檢視一番，然後開了一張支票一次付清款項，他畢生的積蓄也幾乎因此用罄。他牽著瑪米的手走到車門旁，開口說，「親愛的，這就是我搭乘火車離開亞畢雷尼（Abilene）後，三十七年的工作所換來的全部成果。」

一個人當然不是爲了錢而留在軍中的。筆者在訪問艾克時，曾問起他是否受誘惑而有離開軍中的念頭。他答道：「我曾經有三次碰到有人提供相當吸引人的機會要我離開軍隊。第一次是在一次世界大戰剛結束時。當時我就待在這個鎮上（蓋茲堡）。有位來自俄亥俄州或印地安那州——總之，應是中西部某個地方——的製造商，很巧的是，他的名字也叫巴頓。他願意以當時中校薪餉的兩倍高薪請我爲他工作。長期以來軍中的待遇一直都偏低。我仍會待在軍中，可說受瑪米的影響很大。我因爲尚未能參加作戰而感到消沈喪志，我想我的軍中生涯已經毀了。我若無法參加作戰，則以往所有的研究與辛勤工作都是白費功夫。但經過瑪米的一番開導，我決定繼續留在軍中。」

第二次機會出現在一九二七年。當時有一群人正在籌組一個新的石油公司。主要出資人與艾森豪有過數面之緣，但他卻宣稱，除非艾森豪和他們和夥，否則他就不出資。他不是要艾森豪幹董事長，而是要他成爲公司的數位經理之一。他之所以要艾森豪加入是因爲認爲艾森豪誠實可靠，可爲他看緊荷包。這次，艾森豪同樣拒絕了財富的誘惑。

艾森豪在菲律賓服務期間，也有好幾個人邀請他合夥做生意。他們表示，若艾森豪同意加入他們，他們將在銀行內爲他存進三十萬美元。假如其後生意失敗了，艾森豪可以支用這些錢。

每當有機會找上門時，艾克都會和瑪米商量。「我們總認爲，既然我已經在軍中這麼久了，應該繼續待下去。這三次機會中，只有第一次機會眞正讓我心動，因爲當時我曾爲了沒有機會參加作戰而感到心灰意冷。」

艾森豪在他所著的《稍息：我與朋友分享的故事》一書中，提到了他的兒子約翰決定進西點軍校的事：「約翰一定曾經納悶過，爲什麼我會一直待在軍中。爲了讓他瞭解比較好的一面，我告訴他我的軍中生涯非常有意思，我可以接觸到許多能力強、有榮譽感、而又一心想報效國家的人。我告訴他我早年在菲律賓的經歷。當時有一群人希望我能離開軍隊，他們要與我簽訂五年合約，答應每年支付我六萬美元薪水。但此一機會對我沒有多大的吸引力。我能從軍中的工作中獲得快樂，而且，我已準備好要平心靜氣地面對晉升遲緩的事實，我早就決定不爲晉升問題而煩惱。每次我們一家三口談起我的軍中生涯時，我都會說，一個人若盡了他最大的努力，就會獲得眞正的滿足感。我在軍中時的雄心壯志是，要在我調差時讓上級長官覺得不捨。」

「約翰已決定進西點軍校。我問他理由何在。他的回答大意如下：『我是受了前幾天晚上你那一番話的影響。那天晚上你談到你從軍旅生涯中所獲得的滿足感，以及你因爲能與許多品德高尚的人共事而與有榮焉，當時，我就下定了決心。』他接著又說，『假如我在走完自己的軍旅生涯時也能講出你所說的那種感受，我想我會比你更不在乎晉升的問題。』」

麥克阿瑟可能只有一次曾考慮過要離開軍隊。他一直到四十二歲，官拜准將時才結婚。他的妻子是個曾離過婚，已經有兩個孩子的富婆。由於麥克阿瑟夫人習慣於紐約與華盛頓的歡樂，熱鬧的社交生活，所以婚後覺得日子很無聊。她認爲她的丈夫非常優秀，幹軍人太可惜了，因此要求麥克阿瑟棄軍從商。最後事情演變到麥克阿瑟必須在軍隊與妻子兩者間作一抉擇。他選擇留在軍中，這段婚姻就因此結束了。

巴頓將軍則從來沒有眞正想過要離開軍隊。他的財產足以讓他溫飽無虞，他的妻子也很富有。像他這種生活富裕的人會投身軍旅是很不尋常的——因爲軍旅生涯充滿艱苦與挫折。但巴頓嚮往軍人的生活，也實際過了一輩子軍人的生活。

在二次大戰之前，當軍人是要作出許多犧牲的，然而，美國何其有幸，當一九四一年十二月七日珠港遭到空襲時，美國已經有一群優秀的軍事將領準備好要上戰場了。這些人爲什麼會留在軍中？

當筆者針對此一問題就教於陸軍五星上將布萊德雷時，他回答道：「喔，大概是因爲我喜歡軍中的工作吧。我喜歡和士兵一起工作。我喜歡教別人事情，你也曉得，你在軍中大部份的工作都是在教導你的部屬或是在軍事學校授課。我喜歡戶外生活，而在軍中會有很多時間在戶外活動。另外還有一項因素，以前這種情形比現在普遍，也就是，以往軍隊的規模很小，你幾乎認識軍中的每位軍官，不論是實際見過面或耳聞其人。你通常住在營區裏；部隊就像個大家庭，這個家庭的氣氛很好，你和一群親切的人共事，大家有共同的話題。你會覺得你是在完成某些事情，是在爲國家服務。而且，你永遠有事可做，永遠有東西可學。」

上尉階級幹了十六年的克拉克將軍也有同感。他說：「我喜歡和士兵一起工作，訓練年輕人。這就是我從陸軍退伍後還來幹這個職務的原因（筆者訪問他時，他是南卡羅來納州一所名爲「色岱爾」「Citadel」的軍事學校的校長。）我喜歡戶外生活。我喜歡登山、騎馬等各種戶外活動。我是在陸軍營區裏長大的，我喜歡過軍官的生活，喜歡那些高尚的軍人家庭，喜歡和他們的小孩交往，因爲他們家裏都篤信基督教，而且他們都非常有教養。」

柯林斯將軍幹了十七年中尉。一九一九年他差一點離開軍中去念法律。他將他的想法寫信給某位友人，結果這位朋友指出，假如他只因爲當一位出色的律師每月可賺二百五十美元而離開軍隊去念法律，那他簡直就是「瘋了」。這位朋友說道，「你天生適合當軍人，你頭殼壞了才會想放棄軍旅生涯。」

由於他當時駐守歐洲，因此決定延後一年辭職。在這年年底，他提到了他的想法，「我仔細評估了所面對的情勢，最後確定軍隊有三件事吸引著我，而在別的地方是不會有這樣的經歷。第一，我不是爲了錢而與其他軍官競爭。我實際的工作通常是較資深的人才能接觸到的。雖然我領的是上尉薪餉，我卻有機會做一些不受年齡與階級限制的事，這點非常吸引我。第二，我喜歡我所接觸的人，他們都是又能幹又正直的人。在我服務軍中的三年內，未曾有人要求我做任何我認爲不妥的事。」

他接者說，「另一方面，我交了女朋友，也就是現在的內人，她當時對我有很大的影響。最後，我決定無論如何都要繼續在軍中待下去，因此打消了離開軍隊的念頭。」

約略在同一時期，史帕茲將軍與阿諾德將軍都差點離開了陸軍航空軍而投入剛成立的泛美航空公司，但最後他們兩人都留了下來。史帕茲之所以留下來，是因爲他喜歡軍中生活，而且，他酷愛飛行。他說，「在兩次世界大戰之間的歲月裏，軍中不像現在，有吸引人留下來的誘因存在。當時並沒有爆發戰爭的明顯威脅。然而，我們待在通信隊這個最早的航空單位的人，大都認爲軍事航空單位有很大的成長空間。我們有信心，這個單位將獲得其應有的地位，因此，都決定留下來。」

曾在兩次世界大戰之間，軍中晉升非常緩慢的那段日子裏，仍然留在軍隊，而後來得以晉任空軍高階將領的阿諾德、史帕茲、范德柏格、圖寧與懷特等人，都具有崇高的風格。在美軍的航空史的最初幾年中，當第一次有軍人因汽球意外事件而喪命（一九〇八年，死者為野戰砲兵中尉謝爾弗里基〔Thomas Selfridge〕）時，阿諾德正在想著晉升的事。他指出「自從美國有軍隊以來，每一個少尉莫不盤算著何時可晉升中尉。我當時也想設法晉升中尉。在那段日子裏，在常備部隊裏，少尉一幹就六、七年是常有的事……」阿諾德於一九〇七年六月十四任少尉軍官，一直到一九一三年四月十日才晉升中尉。

三年後，阿諾德晉升上尉，再過一年又晉升少校，一九一七年八月五日，他越級晉升為上校（暫時性階級）。阿諾德以自己的話語說明了他跳級晉升的原因，字裏行間，流露出他正直的個性。誠如本書第一章中所提及者，他在回憶錄中曾寫道，「在戰時，晉升的速度很快——尤其是在航空部隊中，只有少數非常資淺的軍官懂得飛行……內人和我常常望著我肩上的飛鷹肩章，雖然，我們看了肩章會感到很高興，但卻有種不眞實的感覺，甚至於有點受之有愧的感覺。那段時期，年輕軍官要晉升到上校階級是很困難的。」戰爭結束後，他又恢復了上尉軍階。

史帕茲於一九一四年六月十二日任步兵少尉軍官。他在軍事生涯早期的晉升情形比阿諾德順利，因爲他能在美國參與一次世界大戰前即投入了一場小規模的戰鬥。話說一九一六年六月，他奉調至新墨西哥州哥倫布地區的第一航空中隊，並隨潘興將軍的遠征軍進入墨西哥。一九一六年七月一日，他即因作戰有功而晉升為中尉。一九一七年五月，他加入了駐守德州聖安東尼奧（San Antonio）的第三航空中隊，並於同一個月晉升為上尉。

一九一七年十一月十五日，史帕茲再度投入戰場。他被派至駐守法國的第三十一航空中隊，並在伊索東（Issoudon）的美國航空學校服務至一九一八年八月三十日。在這段期間內，他暫時升任少校。戰爭結束後，他又恢復上尉階級，但在一九二〇年七月一日，他再度晉升少校。此後的十五年中，他一直維持少校階級，到了一九三五年才晉升中校。

范登柏格將軍擔任少、中尉軍的時間共達十二年。他於一九二三年六月十二日任少尉軍官，至一九三五年八月一日才晉升上尉。又經過五年，他才獲得暫時性的少校階級。

懷特將軍則比較幸運。他在一九二〇年七月二日自陸軍官校畢業時任步兵少尉軍官，當天就晉升為中尉。雖然他的情形與兩次世界大戰之間軍官晉升緩慢的現象形成明顯的對比，但他感到自我陶醉的時間很短，一九二二年十二月二十二日他就被降回少尉階級，一直到了一九二五年八月二十四日，他才再度晉升中尉。接下來，他熬了十年才在一九三五年八月一日再度晉升上尉，總計他擔任少、中尉的時間長達十五年以上。

或許圖寧將軍的例子最為突出。他在一九一七年六月進入陸軍官校，他就讀的年班因為第一次世界大戰的關係，晉升比較快。他在一九一八年十一月畢業並任步兵少尉軍官，一九二〇年元月一日晉升為中尉軍官，接下來，一直等到一九三五年四月二十日才晉升上尉，總計他擔任少、中尉的時間長達了十七年。

由以上情形可以看出，這幾位美國航空部隊的第一批領導人的晉升過程是多麼的緩慢。他們的耐性與責任感非常值得稱道，因為他們在那段晉升緩慢的歲月中選擇留在軍隊中，而沒有追求民間待遇較佳的工作機會。

誠如上文所提，阿諾德曾經考量過離開航空部隊，到剛成立的泛美航空公司擔任總裁。但是當他因爲持續支持比利・米契爾（Billy Mitchell）而被降調至里雷堡（Fort Riley）時，終於決定「打消辭職的念頭，不去擔任成立的泛美航空公司的總裁。我不能在航空部隊遭到攻擊時辭職。」

泛美航空公司在成立之初也曾邀請史帕茲擔任該公司的副總裁。筆者問他，當時他爲什麼能抗拒這項誘惑。他回答道：「這，除了我很喜歡航空部隊外，很難找到別的理由。當時我們努力設法想發展航空兵力。我們進到通信隊這個最早的航空單位的人，都認爲軍事航空部隊有很大的成長空間，我們有信心，這支部隊將成爲主要的防衛兵力，因此決定留下來。現在情況不同了，你們在未來的好幾年內，會有很大的軍事需求，而且在可見的未來，此一情形都不會有所改變。」

我問李梅將軍，爲何他會一直留在軍中。他回答道：「我在軍中的晉升狀況很正常。後來我面對了要留下來或要去飛民航機的抉擇。」經過愼重思考，我最後決定留下來，主要是因爲我喜歡這個行業。我喜歡我的同事，他們是我接觸過的最棒的一群人。他們都很有進取心，也都是不折不扣的紳士。」

「當時的軍官可以大大方方地走進銀行，在一張票據上簽了名字，存進銀行，然後就可以開立支票，根本不需要有連署人，只要金額能與薪水配合即可。此點令我印深刻。當然，這是在我們之前的陸軍軍官以他們的正直與誠實的形象爲我們爭取到的待遇。我對此事印象深刻，也因此決定投身軍旅，雖然我非常瞭解當時軍人的待遇並不好。我從未後悔作成此一決定。當然，後來我在軍中的成就遠超過自己所預期者，我的軍中生活非常充實。我覺得我一方面對國家有所貢獻，一方面又過得很滿足。我從未後悔當時所作的決定。」

二次大戰後的軍中資深軍官許多人都曾在戰爭期間獲得快速晉升，但此點並不足以彌補一九二〇與一九三〇年代晉升遲緩所造成的缺憾。然而，在一次大戰與二次大戰期間離開軍隊的軍官，大部份並非受到此一因素的影響。還有其他因素造成了軍官，甚至於最高層將領的提早退伍。柯林斯將軍在他的回憶錄中提到：「我常在想，假如身爲參謀長的人，無法發自內心地支持總統或國防部長所作成的預算決定或其他政策，則他該怎麼辦？我想，碰到這種情形，他依法有權可在必要時越過國防部長直接向總統反映。我認爲，爲了忠於身爲三軍統帥的總統，參謀長應支持總統的計畫，除非在遭逢危機時，他認爲國家安全會因而出現問題，他才應堅持己見，於此種情形下，他應要求去職。在韓戰爆發前沒多久，我在一次三軍政策討論會中，覺得有必要告訴當時的陸軍部長路易士·強森，我無法接受陸軍現役師的數量受到進一步裁減的構想。當時我已經到達了幾乎要辭職的地步。假如不是韓戰突然爆發，我可能會被撤換或強迫辭職。」

梅耶將軍向筆者說明他的立場：「我會坐下來，開列一張清單，寫上我所信奉不渝的原則，其中含小時候師長的教導，並以責任、榮譽、國家爲指南，而給自己定下一條界線。也就是說，我會事先坐下來，定出可能會造成我必須辭職的原因。具體地說，我要辭職的原因有二。第一，我與政府或我的上司對某些基本原則有重大的歧見，以至於我不可能執行彼等所交辦的任務。第二，假如他們要求我做的事有違反道德或倫理的情形，使得我無法放手去做。碰上這些情形，我就會辭職。」

許多初階軍官剛進軍中時，興致勃勃地接受各種挑戰，但在接觸到某些無能的資深軍官後，開始覺得失望，並因而氣餒，而離開軍隊。史瓦茲科夫將軍本人即有過此種經驗，他樹立了一個最佳的典範，使我們瞭解，風格的陶冶將有助於克服這種失望的情緒。

他一開始以少尉的官階被派至第一〇一空降師服務。他原先以爲來到了陸軍的菁英單位，結果卻大失所望。他指出，該單位的資深中尉與上尉都是二次世界大戰與韓戰期間所留下來的「酗酒的惡棍」。「我有生以來首次要去搭理我並不尊敬的人——我心裏並沒有準備要面對此種困境。」他形容他的連長是一位「矮胖，懶惰，已經四十歲的中尉，他在戰後又回到陸軍，因爲他在外面混不下去。一〇一空降師顧名思義每個人都要跳傘，但這位連長卻不敢跳傘。每次要跳傘時，他就以自己感冒了或有其他毛病不能跳傘爲藉口，搭車前往空降區與大家會合。」

這位中尉連長不久後被調走了，換來一位上尉，他也是在民間混不下去的人。他是個酒鬼，史瓦茲科夫常常要開車載他回營區，因爲他不是醉得不能開車，就是在酒吧內不省人事。這位上尉連長告訴史瓦茲科夫說，他不喜歡畢業自西點軍校的軍官，他差遣史瓦茲科夫做事，然後把功勞往自己身上攬。無怪乎，這個單位未能通過戰備測驗。事後，這位連長把大家集合起來訓話：「你們這些混球。你們把前幾天的戰備測驗搞砸了，因爲你們想整我……。」有幾位士兵向督察官報告有關連長酗酒的事，但這位督察官卻把這幾個人的名字告訴了連長，害這幾位善良、熱心的士兵從此常被連長找麻煩。

史瓦茲科夫非常厭惡這種情形，因此越過連長，向上級長官報告連長的無能表現，但這位上級長官卻警告史瓦茲科夫，「無論如何」都要對這位上尉連長保持忠誠之心。史瓦茲科夫回稱：「報告長官，我以後不會再向你報告任何事了。」他走出這位長官的辦公室時心裏想：空降部隊眞是個爛單位。他雖然滿心厭惡，但還是留了下來。五個月後，他被調到某一戰鬥群的參謀處。他說，「有一天，我和新單位的上司惠倫（Whelan）談起我對軍中生活的失望之情，他可是眞瞭解要說些什麼話才會讓我繼續留在軍中。他說：『你有兩條路可走。第一，你可以一走了之；第二，你可以再撐下去。等到哪一天你階級高了，再來整頓這些問題。但不要忘了，假如你走了，那幫惡人就贏了。』我可不想讓這些壞蛋得逞。」

甚至於在史瓦茲科夫軍旅生涯的後期，都還碰到不少會讓意志比較不堅定的人消沈喪志的事。他在回憶錄中寫道，由於他在各項職務中都表現優異，因此自認爲很有把握會提前兩年晉升上校。「整個秋天，每一個人都告訴我，我篤定會上榜。甚至於許多單位已開始探詢我去他們單位接任上校職務的意願……我私底下也盼望能升上校。但是，令我震驚的是，這一年我並沒有升成……我坐在辦公室內，無法置信地，一遍又一遍地在晉升名單中找尋自己的名字。」但他還是留下來了，不久後終於晉升上了上校。

越戰期間，史瓦茲科夫在南越某一單位中擔任首席顧問。有一天，上級長官搭乘數架直升機前來視察此一單位。他在自傳中寫下了當時的經過情形：

將軍和陪伴他的上校終於來到了我面前。上校向將軍報告過，「這位是史瓦茲科夫少校，他是這個單位的首席顧問。」將軍趨上前來，但忽然又稍稍倒退了一下，因為我已經一個星期沒有換衣服了，而且我一直忙著處理屍體，身上沾染著難聞的臭味。此時攝影師跟了上來，數位記者把麥克風伸到他面前。將軍說，「拜託把麥克風拿開，我要和這個人講講話。」

我不知道將軍會說什麼話。也許他會說「這邊的弟兄還好嗎？你們損失了多少人？」或者「你們表現很好，我們以你們為榮」之類的話。然而，現場卻是一片尷尬的靜默，接著他突然問道，「伙食還好嗎？」

伙食？天啊，我們一直以鹽拌飯以及洪中士冒著生命危險找來的野生蘿蔔裹腹呢！我驚訝得不知如何以對，只好說，「報告，還好。」

「有定時收到信件嗎？」

我們的信件全都送到位在西貢的總部，我想應該不會有問題，因此回答道，「報告，有的。」

「嗯，很好，很好，你們幹得不錯，小伙子。」拜託哦，什麼小伙子？講完這句話他就走了。他顯然只是在作秀而已。在那一刻，我以往對這位將軍的崇敬已蕩然無存。第二天晚上，國內紐澤西州的電視台打電話告訴家母說，我會出現在晚間新聞節目裏。家母看了那次新聞報導後，一直到她過世之前，只要一談起那位在越南戰場上和他兒子講話，用那種方式提振他兒子士氣的將軍，就會激動起來。

史瓦茲科夫在被問到爲什麼他會留在軍中時，回答道：「你自己研擬構想，負責執行此一構想並看到構想產生了結果，回過頭來再看看你所領導的組織，得知每個成員都因成功而樂在其中，這種感覺非常好。能夠帶領一群優秀的人，能夠讓一群人因爲你的組織很成功，而使他們覺得自己是勝利者而感到自豪，可說是最有意義的事。他們以你所指揮的單位爲榮，他們對自己的表現感到自豪。這是多麼令人興奮的事啊。而能夠說，『事情是我辦成的，是我的單位辦成的，而且是我一手促成的』，那種感覺很棒。」

其他二次世界大戰中的傑出將領在被問起此一問題時，答案都相同：他們喜歡軍中的生活，喜歡與士兵一起在戶外工作，喜歡教導別人，與正直的人交往，喜歡對某些重要的目標作出貢獻的那種成就感。當然有些人是因爲承平時期軍中生活安逸而留下來的，但對於能晉升到高階職位的人而言，軍中的生活可不是悠閒、懶散的。別人在玩樂的時候，他們可是在工作、在研究、在做準備。這些人留在軍中的眞正原因在於他們有高尙的風格；他們對於超乎個人利益之上的偉大目標有認同感；他們服膺「責任、榮譽與國家」的信條。

從「他是否留在軍中？」這個問題的答案可看出一個人的高尙風格。馬歇爾、麥克阿瑟、艾森豪及巴頓等人，若不是對國家有強烈的責任感，是不會留在軍中，並在二次世界大戰中一肩扛起那麼重大的責任的。我國何其有幸，這些優秀的將領當年能有那麼大的耐心去面對升遷緩慢、待遇微薄、缺乏房舍、訓練經費不足、調動頻繁、小孩不易交到朋友、及其他種種困難狀況。只有全心奉獻，無我無私的人，才能作出這樣的犧牲。

在軍中，隨時都有責任會加諸你身上——公布欄上有任務名單、單位有任務派遣表、你有責任要讓裝備保持良好狀況。這種責任的觀念在軍人生活的各個階段是無所不在的。

但責任並不只顯現於任務派遣名單上而已。對於本書內所描寫的這些人物而言，責任係指一個人應爲所當爲，而且要盡力而爲。責任是爲衆人的利益全力以赴。聖經上對此點有精闢的見解：「凡你手所當做的事，要盡力去做」（傳道書九章十節）

軍中確實有些工作是沒什麼意思的，但把無聊的日常工作做好，是一位軍官的責任。不論一個人多麼喜愛他的工作，這份工作中仍免不了有其困難與不愉快的一面。

責任不以個人的利益爲中心。這些令人敬仰的將領看到了自己的責任，履行了這些責任，此點是需要犧牲個人的舒適生活、金錢與健康，甚至於生命的。他們在追求超乎個人之上的偉大目標時，心中已經沒有了自我。

但是，他們的責任感和所付出的犧牲是有回報的。他們活得有價值，這種滿足感是無法形容的。軍旅生涯給了他們機會，讓他們一生過著最有意義的生活。

這些將領的生活有目標，有目的。是因爲他們有偉大的抱負嗎？抱負乃追求更佳境界的慾望，抱負可能是無止境的，它是發自內心的一種力量。不同的抱負有其不同的目的，有追求權勢的抱負，有追求名譽、金錢與威望的抱負。因此，抱負有好有壞。抱負可驅使人們克服困難，但抱負必須有方向，有節制。有方向的抱負，才是好抱負。歷史上，抱負乃爲獲致成功的最強驅力之一。但是讓人產生抱負的動機不見得都是崇高的。這些將領的抱負，其目的不是在追求權勢、金錢或名譽。他們的目的是在追求服務的信念。

他們都是無我無私的人。無私的人願意爲崇高的理想做出犧牲，放棄某些東西。自私的人首先想到自己，而無私的人會先想到別人的利益。這些將領奉獻出自己、自己的時間、健康、財富與精力，只爲達成有意義的目標。對他們而言，犧牲乃是一種生活方式。他們遠離家人，長時間埋首工作，忽略了休閒生活，有時甚至於不顧自己的健康，因此而作出了個人的犧牲。他們不爲財富煩惱，能作出貢獻就已心滿意足。當然，一旦任務來了，他們會準備奉獻自己的生命。

軍職並不是薪水最高的職業，也不是最輕鬆，最愉快的職業。事實上，軍職是種危險的行業。爲什麼他們要作出這種犧牲與奉獻呢？是出於對家庭與社會的大愛。這種愛心使得許多人甘於付出重大犧牲。但令他們每日作出犧牲以服務人群的最崇高動機是他們對上帝與國家的眞愛。

【第十一章】

領導模式

討論領導統御的文章與書籍有如汗牛充棟，而對於如何當個成功的領導人，可說人言人殊。有一種理論稱爲特質取向，認爲領導能力應包含專業知識、決斷力、公正、人道精神、忠誠、勇氣、體貼、正直、無私及高尚的風格等等特質。然而光是這些特質仍不足以說明成爲一個成功領導人的方法。我們必須針對此等特質來討論那些在接受最嚴酷考驗，也就是戰爭考驗時，展現出優異領導能力的人，如此，方能對此等特質賦與生命與意義。筆者在數本拙著中詳細討論過這些特質，這些著述有：《十九顆星：對軍事領導能力與風格的研究》（*Nineteen Stars: A Study in Military Leadership and Character*）；《飛將軍：對空軍將領的風格與領導能力之研究》（*Stars in Flight: A Study in Air Force Character and Leadership*）；及《布朗將軍：天生將才》（*General S. Brown: Destined for Stars*）。在本項有關領導成就的研究中，本人將數位最近著名的將領也列入討論，使得本人從事此一研究的時間累計達三十五年，共親自訪問過一百多位四星上將。此外，本人所訪問過及有信件往返的准將以上軍官，人數多達一千多人。本人參閱的傳記、回憶錄及其他有關軍事領導能力的書籍也多達好幾百本。本人的目的在於瞭解這些將領認爲當一個成功的領導人之原因所在。本人的結論是，成功的領導能力是有模式可供依循的。在《爲將之道》一書整理出他們對成功領導能力的共同看法。

成功領導人的最重要特質是高尚的風格。二次世界大戰德國投降後，邱吉爾寫了一封文情並茂的信稱讚馬歇爾的領導能力，並特別強調他對馬歇爾風格的崇敬之意。本書內多處提到風格的重要性。威爾遜將軍於北卡羅來納州大學演講時曾提到李將軍「崇高的風格所孕育的成就」；李將軍於承平時期的陸軍部長曾表示，「李將軍的崇高風格使得他在平時看起來比戰時還偉大。」

內戰結束後，李將軍在一封婉謝信中又再度顯露了他的高尚風格。當時維吉尼亞州列興頓地區的華盛頓學院想以遠高於他軍中薪餉的待遇聘請他當院長，他在這封婉謝信中寫道：「本人至爲感謝貴院的好意，惟本人要求自己必須擔負一項任務。我曾經帶領南軍的年輕士兵轉戰各地，我親眼見到許多弟兄戰死沙場。因此，我將以尙存的一點精力用來訓練年輕人，讓他們知道如何執行他們一生中的任務。」

在內戰期間，當北部聯邦的政治人物想要將薛爾曼升爲中將時，他自己並不想晉升，因此請求他的兄弟，即參議員約翰．薛爾曼，設法阻止這件事，他還告訴他的兄弟有關格蘭特將軍的事，並說，「他的高尙風格猶比他的軍事天才更能化解各軍團之間的不和及維繫部隊的團結。」麥克阿瑟在他的回憶錄中寫道，「潘興將軍的聲望主要是他的風格特質所造成的。」艾森豪將軍問他的兒子約翰爲什麼會選擇進西點軍校就讀時，約翰答道，是因爲聽了艾森豪談起他軍旅生涯的滿足感以及他「與軍中許多品德高尙的人相處」覺得與有榮焉後，而作此一決定。

這些將領的領導風格顯現出他們所共有的特質，也就是使他們偉大的一種行爲模式。此一模式包含了以無私的精神報效國家；爲決策負起責任，艾森豪說此點乃爲領導統御的精髓；在決策時擁有「感覺」或「第六感」；對上級不唯唯諾諾，也不容許下級唯唯諾諾；博覽群籍；在選用他們及給他們指導的資深軍官之下工作，並投入更多時間、面對更大挑戰且個人及家庭作出更大犧牲，來爲國效力；瞭解工作能達到多大成效端視能否適當地將權責下授；以及，當問題出現時，要設法加以解決，不要規避責任。這些將領擁有此等特質，得以滿足指揮要求而獲致輝煌的成就。

但所有以上特質所共同具備的最重要成份爲高尙之風格。我們無法眞正對風格加以定義，而只能加以描述。對於風格的描述，及探討風格在成功的領導統御中所扮演的角色，乃爲本項研究的整體目的。

這些美國歷史中偉大軍事領導人的無私精神，貫穿了本書的全部內容。或許，最常爲人引述的一句演講詞，是甘迺迪總統在就職演說中所說的：「因此，各位同胞們：不要問你的國家能爲你做什麼——問問你自己能爲國家做什麼。」我們的軍隊早在甘迺迪發表這篇就職演說前，就瞭解無私的重要性。曾在一九〇九至一九一一年間及一九三九至一九四五年間，兩度擔任陸軍部部長的亨利·史汀生就曾在日記中寫道：「在我的一生中，我習慣將所有的公僕歸類成兩種人：第一種人心裏想的是能對工作貢獻什麼，第二種人心裏想的是能從工作得到什麼。」他還提到，馬歇爾乃是「我所認識的政府官員中，最具有無私精神的一位。」

美國軍隊的無私精神始於喬治·華盛頓，此後並成爲我們軍事傳統中的一環。一九四四年六月十二日，當馬歇爾蒞臨視察D日登陸作戰的準備工作時，他問艾森豪將軍在選用一位指揮官時，主要是取決於何種特質。艾森豪連想都沒想就答道：「無私的精神。」

我們在第一章中曾詳細討論了馬歇爾的無私精神，也討論了米契爾、阿諾德與史帕茲等人冒著斷送前程的危險，爭取航空兵力的發展；瓊斯不畏艱難，積極爭取B-1轟炸機計畫；以及陸軍梅耶將軍公開呼籲大家重視「陸軍空洞化」的危險，等等展現無私精神的具體表現。

艾森豪將軍曾說：「下達決心乃領導統御的精髓所在。」無法迅速而正確地下達決心，是不可能成為一位成功的領導者。下達決心時的明智判斷與「感覺」，或「第六感」，造就出偉大的指揮官。他們的決策主要得力於平日的研究、經驗與準備工作所產生的一種對狀況的感知能力，也就是做決策時的一種直覺。要承受下達決心的重大責任並挺住而不垮下來，是需要有極堅強的人格特質。

不論在平時或戰時，軍事領導者常常會感到孤寂，尤其是他所作成的決定攸關許多人的生死時，更是如此。很少人會想承擔作決定的沉重責任，而有資格作重大決定的人更是寥寥無幾。決策者必須承擔許多壓力，他必須選用能幹又有奉獻精神的專業人員作他的參謀及下級指揮官，而他的部屬應依本身的能力與多年累積的經驗，向他提供建議。他必須能夠接受部屬的建議，並在狀況需要時，要有魄力否決他們的建議。艾森豪有關D日登陸作戰的決策過程中，充份顯示了他堅強的風格特質。他接受了參謀與其他指揮官的意見，並密切注意一九四四年六月五日當天的天氣狀況及其他可能會影響登陸作戰的因素。那段時間，他內心既孤獨又絕望。在六月六日正式展開登陸作戰後，他已經無事可做，只能「拼命地祈禱」。他的參謀長瓦特·史密斯將軍對當時的情形作了以下的描述：「我從來不曉得一位充分瞭解作戰成敗繫於他個人判斷正確與否的指揮官，在作如此重大決定的時候，竟然是那麼地孤寂與疏離。」杜魯門總統也曾表示，身為三軍最高統帥，「沒有人能替我做決定……身為美國總統，在要作出重大決定時，內心是非常、非常孤獨的。」

指揮官在作成決定後，必須要面對隨之而來的批評以及想要在此一決定未付諸實行前加以改變的意圖。當肯南受到媒體無情的抨擊時，馬歇爾曾對他說：「你的決定獲得了我的批准，也送交了內閣討論，最後還獲得總統的批准。唯一的問題是，你沒有一位專欄作家所具備那種『事後諸葛』的智慧與眼光。」當艾克被問起他是如何處理「無所不知」的媒體所提出的批評時，他在日記中寫下，「不理它」。

麥克阿瑟不顧其他高階軍事將領的一致反對，毅然決定發動仁川登陸作戰，此點也展現了他的堅毅風格。他告訴身邊的這些將領說，假如這次登陸作戰出了問題，他會迅速即撤回部隊。他說，「屆時唯一蒙受損失的，只有我的軍人名譽。」

杜魯門總統決定開革麥克阿瑟時，也需要有堅強的人格特質。他明知開革這位歷經三次大規模戰爭的英雄會遭受到嚴厲的批評，而且，後來果然不出所料，媒體、部份國會議員及參議員甚至要求對他進行彈劾。但身爲三軍最高統師，他有責任避免韓戰擴大成爲與中國及蘇聯的全面戰爭。換句話說，避免第三次世界大戰的爆發，比他遭受嚴厲批評一事還重要。就如同他在談及總統的角色時常說的那句名言，「責任止於此」（The buck stops here）。

史瓦茲科夫將軍在擔任「沙漠之盾」與「沙漠風暴」作戰指揮官時，內心感到十分孤寂。他說：「在波灣戰爭期間，我睡得很不安穩。就連作戰計畫已經底定後，我每晚仍躺在床上思索，『我是否忘了什麼？我們忽略了什麼因素？哪些方面我們應該再加強……？』我想，假如你是位關心士兵的指揮官，你必定會受到這種煎熬。」

當時擔任參謀首長聯席會議主席的鮑威爾將軍曾說，「指揮職是孤獨的……」他回想起美軍在對巴拿馬展開軍事行動的前一天晚上，他說，「在美軍入侵巴拿的前一天晚上，我一個人獨自坐在黑暗的汽車後座上……心中非常不安……我的決定是否正確？我所提出的建議是否妥當……？發起這次軍事行動值得嗎？我回到臥室就寢後，這種自我懷疑仍整夜揮之不去。」

「感覺」或「第六感」對於決心之下達很有助益，所有的高階軍事將領都具備了此一特質。艾森豪對此點看法是：「指揮官絕對不能喪失對他的部隊的感覺。他可以將戰術責任下授給部屬，並避免干涉獲授權部屬的權責，但他必須在實務上與精神上保有和部隊的密切接觸……否則他必敗無疑。而欲保持這種接觸，他必須經常視察部隊。」艾克認爲只要指揮官領導有方，則就算他不在場時，他的單位也能運作如常。他還認爲，假如他能讓士兵們有機會與高階將官談話，則士兵們就不會害怕與士官和尉官談話。這種開明的做法，將有利於產生有意義的觀念、巧思與主動精神，進而提高單位的戰備與工作效能。艾克認爲，軍隊的目標在於打勝仗，而「重視每位士兵，乃爲打勝仗的關鍵。」

筆者在與前陸軍參謀長約翰·威克曼將軍討論感覺，也就是第六感時，他說道：

沒有事情可以取代親自考察的重要性。掌握有關部隊動態的感覺，對於下達正確的決定非常重要。我總會找時間去看部隊，不只是在擔任陸軍參謀長時如此，在擔任旅長時也是如此。當我在擔任一〇一空降師師長時，這個師被部署至德國，我會分好幾次集合部隊，每次集合一個旅，全部大約有數千人，然後我會站在吉普車的引擎蓋上，使用野戰擴音系統對他們講話，告訴他們我們為什麼會派到德國來，我們的目標是什麼並提醒他們，其他盟國的部隊會注意我們的一舉一動，我們要作他們的榜樣。更重要的是，我強調展現出我們使用直升機遂行突擊作戰的先進科技戰力，是件非常重要的事，假如我們做不到這一點，則一〇一空降突擊師可能將面臨解編的命運。在這個師調回國內後，我仍然每一季都集合部隊講話，使他們瞭解我對這個師的前途的看法。然後，我會要他們告訴我，他們心裏在想些什麼事或想談些什麼事。

我會接受他們問問題，參謀人員都在現場，會立刻回覆他們的問題。

我在坎培爾堡設立了一個「撥號資訊」（dial info）系統，使每個士兵都可以使用自動錄音系統打電話給我。我要求參謀人員要在二十四小時內回覆士兵所提出的問題。每週透過這個系統打來的電話至少有五百通。我會仔細看每通電話的問題及參謀的回覆內容。此一做法使我對士兵們心裏所想的事情有深刻的瞭解：如他們薪餉問題、家庭問題、以及他們對領導幹部所負的責任等。我從中可以感覺出來參謀是否有解決問題的能力。假如參謀答非所問，我會責備他們。我想，今天我們的部隊中也有類似的系統存在。我當時還曾接到資深士官長們打來的電話，他們所講的話不外：「感謝撥號資訊系統，謝謝這個系統幫我們解決問題。我們自己是解決不了這些問題的。」因此，我們使用此一系統，對於指揮階層的運作有所助益。

曾擔任過越戰期間的盟軍部隊指揮官及美國陸軍參謀長的魏摩蘭將軍在接受筆者訪談時，呼應了威克曼將軍的說法：「一位軍官，不論他的指揮層級為何，都應該經常視察部隊。不論他的階級爲何，假如他與戰場部隊失去連繫，他就無法成功。」

「當馬歇爾將軍在視察部隊時，他不要指揮官陪伴，只由一名駕駛兵陪他。依布萊德雷將軍的描述，馬歇爾對人有感應能力。而艾克在校閱行列中行走，就能察覺出某位士兵有問題，然後，他會馬上採取行動解決問題。李梅將軍甚至於可在飛行前的校閱中，感覺出來某一組空勤人員是否將會遭敵人擊落。」

「這種感應能力或第六感是種天賦能力，還是可以訓練出來的能力？我所訪談過的所有將領都認爲這種能力是可以訓練的，雖然其中某些特質可能是天生的。對於布萊德雷將軍而言，這種感應力可經由蒐集相關資訊而發展出來，也就是可將相關資訊『一點一點地』儲存在腦子裏而成知識。他解釋道：『當你在戰鬥中碰上需要下決心的狀況時，此一知識即可派上用場』。當有人打電話給我，告訴我有某一狀況有待處理時，我可以像按個按鈕一樣，腦中馬上出現答案。」

巴頓稱這種感應力爲「軍事反應」。他解釋道，「我總是十分篤定我會作出正確的軍事反應，這項本領讓我無往不利。你生下來就具備這種能力的可能性不會比你生下來就得痲疹的可能性高。就算你先天就具備能作出正確軍事反應的心智或你先天就具備能讓你長得身強力壯的體質，仍必須經過後天的辛苦鍛鍊，才能將此兩種優勢發揮出來……。」

柯林斯將軍說，你「得要像年輕小伙子那樣辛勤工作，努力研究」才能培養出這種感應力。辛普森將軍則說，他是由於個人的環境與訓練而使他能「瞭解眼前所發生的狀況」並能「預測可能發生的狀況」，因此才能作出明智的決定。

其他人則強調教育、訓練經驗與觀察的重要性。能以高層決策人員爲導師，對於發展此種感應力非常重要，因爲一位領導者除了自己的經驗外，還可以觀察與學習他的導師的經驗。

里吉威將軍回憶道，「我從來不會在沒有親自查看問題所在地區，就作成重大決定。」韓戰期間，他常整天視察部隊，夜裏很早就休息，隔天一大早又出去視察。史瓦茲科夫則曾提到南越部隊中一位了不起的上校軍官吳廣壯。他具有不可思議的感應力，能查知敵人的位置，能知道向何處發射火砲，能知道什麼時候發動攻擊。

個人魅力的展現是成功領導統御的一項重要因素，也是領導者感應力的一環，尤其是此種魅力能對部隊造成好的影響時，更是如此。巴頓配帶象牙把手的手槍、頭戴光可鑑人的鋼盔，上面別著特大號的將星。衣領與肩章上都別著星星，緊身夾克上釘著銅扣。馬鞭、馬褲與馬靴一應俱全。艾克穿著一件很有特色的「艾克」夾克，和巴頓一樣，也穿馬褲、馬靴，且手執馬鞭。布萊德雷說，艾克溫暖微笑的威力抵得上好幾個師。麥克阿瑟的玉米穗軸煙斗、煙嘴、以瀟灑的角度戴在頭上的那頂鑲金邊的軍帽、敞開領口的卡其制服、不繫領帶、不掛勳章、只配帶陸軍五星上將的徽章，就是他個人魅力的展現。

內戰時期將軍的制服與士兵不同，但格蘭特將軍卻穿著士兵的制服。李將軍穿著一套與眾不同的雪白制服，但卻只配帶上校軍階。其他展現個人魅力的方式還有薛爾曼將軍的率性穿著、傑克遜戴著那頂他視爲寶貝的陳舊維吉尼亞軍校時期的帽子、麥克萊倫騎著一匹「黑色的大型軍馬」沿著前線快步小跑、麥道威爾（Mc Dowell）戴著草帽、卡士達將軍留著一頭捲曲的金黃色長髮，還抹上有肉桂味道的髮油。展現魅力的方式各異，然其目的不外擄獲部隊的心。

值得一提的是，資深軍官穿著軍服的模樣會對初級軍官產生某種影響力。格蘭特將軍在他的回憶錄中寫道：「在我的第一年野營訓練期間，史考特將軍（當時的美國陸軍司令）蒞臨西點軍校視察並檢閱學士部隊。他那威嚴的外表、魁梧的身材、及一身引人注目的制服，讓我覺得他是我所見過最具大丈夫氣概、最值得羨慕的人。我可能永遠不會像他那麼具有威儀，但卻在片刻之間有種預感，認爲有一天我會和他一樣威風十足地檢閱部隊，雖然當時我並沒有留在軍中的打算。」

柯林斯將軍在一九一七年還是個小少尉時曾提到他在新奧爾良第二次見到潘興將軍時的情形：「這次我們是在喬蒙特（Chaumont），詹姆斯和我一起隨總部參謀來到潘興將軍駐守城堡中的一間畫室，等待潘興將軍的接見。記得上次潘興將軍前來紐澳良視察時，並未著軍服。他連穿便服都顯得英姿勃發，但在傳令兵宣達他的蒞臨時，我尚未完全作好心理準備，只見他在樓梯口稍微站了一下，便從他的住處走下來。這次他穿著有帶飾的軍服，看起來英氣逼人。他高大、英挺，從一頭鐵灰色的頭髮到光亮的皮爾牌（Peale）馬靴，可看出他對儀容的講究。和兩年前我在紐澳良見到他時相比，他似乎更高大了些，名氣也更大了些。但是我可能是被他的威儀所鎮懾住，以致於晚餐時他說了什麼話我全無印象。」

馬歇爾的夫人在她所寫的《同在一起》一書中提到一件有趣的事，充分顯示她的將軍先生因穿著樸素所引發的效應：「陸海軍聯合酒會是白宮每一季的最後一項社交活動，也是最多彩多姿的活動。今年的酒會還有雙重的意義，因其乃爲羅斯福總統第二任任期內的最後一次大型酒會，也是喬治接任參謀長後的第一次盛大酒會。柯瑞葛將軍在擔任陸軍參謀長時曾自己設計了一套軍常服，而他堅持要馬歇爾穿著這套款式別緻的軍常服。這套服裝上鑲有金邊的寬大肩帶顏色太黃，所以我把它染成較柔和的淡黃色。」

「二月二日酒會當天，我把這套軍常服拿出來，當我先生回來時，這套服裝已準備妥當。我自己也進房間換衣服，隔了一會兒，房間的門打開了，只見喬治盛裝站在眼前，身上掛滿了勳章。他說：『看看我，活像個歌劇演員，今晚我不想穿這套服裝，以後的晚宴也不要穿它。』我懇求他就穿這一次，以免得罪了柯瑞葛將軍，但是他不為所動。結果，他穿了一套樸素的深藍色軍常服參加酒會。他的樸素穿著與當晚的華麗場景形成了明顯的對比，也宣告了一個新時代的來臨。當晚我並沒有察覺到這種效應。」

「第二天的早報內有關此次酒會的報導中，獨獨提到了馬歇爾的穿著。報導中說他穿了一身樸素的深藍色陸軍軍常服，展現了他不招搖的軍人本色。」

領導模式中最明顯的特質之一是，居高位的領導者都厭惡「唯唯諾諾的人」。沒有任何一位想有所作爲的上級主管會喜歡唯唯諾諾的人在他們身邊打轉。馬歇爾在一九一七年首度見到潘興將軍時敢在他面前據理陳述自己的意見，此事成爲馬歇爾軍旅生涯的轉淚點。此後，潘興將軍常找他提供意見，不久後並選他當作戰次長。馬歇爾在他首次參加內閣會議時就對總統的某項意見表示反對，當時的財政部長亨利・摩根索及其他閣員都告訴他說，他在華府與總統共事的時間已經結束。摩根索甚至於對馬歇爾說出暗示性的道別話，「嗯，很高興能認識你。」但馬歇爾並未遭總統開革。羅斯福不要一位唯命是從的參謀長。二次大戰期間，馬歇爾在擔任陸軍參謀長時，會告訴每一位即將上任的師長說，一個軍官必須有勇氣向上級指揮官報告事情的眞象，不論事情的眞象多麼令人感到不快，都不應刻意隱瞞壞消息。

一九三九年當馬歇爾被羅斯福選任爲陸軍參謀長時，曾告訴羅斯福說，「我希望能有權利說出心中想講的話，而且這些話可能不太好聽。可以嗎？」對羅斯福而言，這樣的要求當然可以接受。他們兩人都遵守了自己的諾言。

馬歇爾是個堅強的人，他能接受別人對他的挑戰。他在擔任國務卿時，曾告訴迪恩・艾奇遜說，「我將期待你最完全的誠實坦白，尤其是對我個人有意見時。我不會感情用事，我的感情只留給內人。」

當羅斯福總統有意在經濟大蕭條期間裁減軍隊規模並縮減軍人待遇時，陸軍參謀長麥克阿瑟前往找總統理論。羅斯福總統當面告訴他，「你不可以這樣對總統說話。」當時陸軍部部長德恩也在場。事後在離開白宮的路上，德恩告訴麥克阿瑟說，「你救了陸軍。」

第一位擔任參謀首長聯席會議主席的空軍軍官納森・圖寧將軍曾告訴筆者：「領導能力的另一項特質是你必須照實地把心中的話講出來。」他堅持「要被告知實情」，但他認爲「如此做必須撇開自尊心才行。」決策者必須要夠冷酷，臉皮要厚。另一位參謀首長聯席會議主席克勞上將表示，他痛恨「唯唯諾諾」的人，並堅持在決策過程中有人能對他提出異議。他說，「我也是人，有時候『唱反調』的人會激怒我。你本來打算這麼做了，結果有個腦筋靈光的混蛋站出來說，你的構想很愚蠢。這下子你火了。但是這些敢說話的人可是扮演了重要的角色。」他接著又說，「你必須站出來說話，這不是與生俱來的本領，你必須要在這方面下功夫，你必須設法鼓起勇氣把心裏的話說出來。」

賴利・威爾奇言簡意賅地說：空軍的將領無法容忍「唯唯諾諾」的人。

然而你若拒當一位唯唯諾諾的人，卻可能在與盟國交往時，面臨了挑戰。當一個獨裁者被唯唯諾諾的人包圍時，他的前途便走到了盡頭。在二次世界大戰期間，史迪威將軍敢於向蔣介石表達不同的意見。有一次，史迪威還寫道：「我向老大（指蔣）報告。我告訴他實情，但卻因此冒犯了他。」史迪威最後被蔣介石開革，但在大戰結束後不久，蔣也失去了政權。本書的第四章內，談到了許多將領本身拒當唯唯諾諾的人，也無法容忍唯唯諾諾的部屬的事例，以及這些將領的成就與領導藝術。

柯林斯將軍的軍旅生涯中的一件重要的事是，他曾經站出來指責柏林某家具有敵意的媒體對二次世界大戰後盟國佔領德國的問題，作了不公平的報導。柯林斯認為他此舉「對這家媒體與我們的軍官團都有好處。」當柯林斯被選派接任艾克的陸軍參謀長職位時，他邀請了衛德・海斯立普當他的副手。海斯立普回答道，「為什麼找我？我們兩個人三十年來從沒有對任何事情有過相同意見。」柯林斯說，「正因為如此我才會找你。」

但是很顯然，一個人不能為了刻意要彰顯自己不是唯唯諾諾之輩而起來唱反調。杜立特爾就是因為這樣被艾森豪開革的。他在訪談中告訴筆者，「我不願當個唯唯諾諾的人，我認為應該用點手段把自己的意思傳達出去。」查爾斯．蓋伯里爾曾告訴筆者，「你不希望你的參謀中有唯唯諾諾之輩。但是當你與某人意見相左時，也要注意你說『不』的態度。」

不當唯唯諾諾之輩的最佳事例之一是大衛．瓊斯將軍促成「高華德——尼可斯法案」，而對參謀首長聯席會議加以改組。此一法案對美國國防部高層官員與各軍種參謀長的既有「地盤」構成了挑戰，而引起彼等的憤慨。本質上，此一法案使得參謀首長聯席會議主席可以決定向三軍最高統帥提供何種建議，而勿須獲得各軍種參謀長的一致同意。（爲了達成共識，常常會使得建議事項經各軍種相互妥協後而失去價值。）前國防部長里斯．亞斯平稱讚此一法案爲「美國歷史的里程碑之一」，而另一位觀察家則稱之爲「可能是二次世界大戰以來最重要的一項國防法案。」

如何能成爲一位成功的領導人？若誠如艾克所言，作決策乃爲領導統御的精髓，那麼如何才能成爲一位優秀的決策者？本書內所討論的諸多將領是靠讀傳記與歷史而培養出領導能力與高尙的風格。艾森豪小時候酷愛讀歷史書而疏忽了家庭雜務與功課。他曾說：「從小時候起，所有的歷史讀物，當然還有政治與軍事方面的書籍，總是能引起我極大的興趣。」他並提到，偉大領導人所具有的特質能「激起」他的崇拜之心，尤其是「華盛頓在遭逢困境時的堅忍與毅力，以及冒險犯難的大無畏精神與自我犧牲的情操」。艾克也受到羅馬將軍馬可．奧勒列斯（Marcus Aurelius）所說的名言「以高貴的情操來承受逆境就是一種幸運」的影響。當艾克派駐巴拿馬時，他的上司福克斯．柯納少將指定他閱讀與下次戰爭中盟軍領導階層所扮演的角色有關的書籍，並和他討論其中的內容。

喬治華盛頓所受的正式教育只到他十五歲時爲止，但在他過世時，已經擁有了一個藏書九百冊的圖書館；他「整箱整箱地」向倫敦的書店訂購書籍。雖然參加制憲會議的代表中，有二十四位大學畢業生，但他們卻推舉博覽群籍、自修有成的華盛頓擔任主席。

富蘭克林十歲即失學，而他所受的正式教育實際上只有一年。他在自傳中寫道，「我從孩提時代就喜歡讀書，我的零用錢全都買了書……閱讀是我唯一的娛樂。我從來不把時間浪費在酒館裏或其他的嬉鬧上……。」

陸軍五星上將布萊德雷小時候，他父親會讀故事給他聽，並培養他對書本的喜好。他告訴筆者說，「我想，研讀軍事歷史以及偉大領導者的事跡，對培養年輕軍官擁有成功領導者所必備的感應力與第六感，可說非常、非常重要。」

一九三〇年代初期，馬歇爾在擔任陸軍步兵學校校長的五年期間，非常鼓勵年輕的尉級軍官多看書，並邀請他們到家中討論書本的內容及他們閱讀的情形。

懷特將軍，這位軍人政治家兼美國空軍成爲獨立軍種後的第一任參謀長，年少時曾經擔任過約翰·帕默爾將軍的侍從官。帕默爾將軍是早期陸軍中的知名學者之一，他也曾指定懷特閱讀某些書籍。懷特利用工作之餘在喬治城外交學院修碩士，主修國際關係與俄文。他這項教育背景使他得以在一九三三年美國承認蘇聯時，成爲第一位派駐蘇聯的空軍武官。

海軍的克勞上將有許多經驗可傳授給年輕一輩的軍官，因此被納入本書的訪談對象。當筆者問起他個人的藏書數量時，他說他有四千多本書。他告訴筆者：「我非常喜歡閱讀傳記。傳記是我的主要讀物。我也喜歡歷史，但我所閱讀的書籍大部份是傳記……。讀傳記可說是種終身的投資。」

大衛・瓊斯上將只受過兩年的大專教育卻能晉升到參謀首長聯席會議主席的最高階軍職。他靠的是自修。他告訴筆者：「我的求知慾永遠無法獲得滿足。生命就是一種不斷學習的過程。我不只大量閱讀專業著述、軍事歷史、及有關領導統御的書籍，也閱讀有關世界動態的報導。」

里吉威提到，他在西點軍校當學生時，所閱讀的書籍「多得驚人」，而他在擔任指揮官後，以往從閱讀中所汲取的知識會「清楚地再度湧現」，對他「非常有助益」。他說，書籍對他的事業有莫大的影響。

曾經是一位優秀的戰鬥機飛行員的克里奇將軍也是個大量閱讀的人。他曾建議應養成每週看一本書的習慣，並強調應多加研讀有關人類心理學方面的書籍以瞭解人們行爲的動機。他對年輕軍官的勸告是「必須讓閱讀成爲一種終身的工作，甚至於嗜好。」

今天的軍官面對了新的挑戰與新的要求標準。前陸軍參謀長卡爾・弗諾將軍鑑於要閱讀的書太多，乃責成他的「評估與創新小組」對當今軍事相關書籍與專業文章進行審閱。此一小組必須從此等讀物中整理出其內容的要點，提供他參考。他常常被某一本書的重點所吸引，而乾脆把這本書從頭到尾詳讀一番。他會在日常工作與出差行程之外，另外排訂時間作爲思考與閱讀之用。他告訴筆者說，「閱讀可刺激你產生許多想法，而且是我進行決策的一項非常有價值的工具。」

筆者問接替弗諾的參謀長職務的戈登・蘇利文將軍對閱讀的看法，他表示，他底下一直有一群軍官專責研究「現在有那些事在進行，那些事尚未進行、及我如何影響此一行動？」他告訴本人：「假如我被某一問題所困擾，無法理清思路時，我會求助於歷史。我是在閱讀中長大的。閱讀在我的生命中佔了很大的份量。我在大學時念的是歷史系，當時讀了不少書。」

史瓦茲科夫告訴筆者，閱讀對他非常重要，他說：「你要是不能從歷史中得到教訓，必定會重複犯同樣的錯誤……我一直對於李將軍、格蘭特將軍、薛爾曼、巴頓、尤其是布萊德雷等人的領導方式極感興趣。」

今天，許多年輕軍官表示，他們的工作時程緊湊，沒有多餘的時間與精力可用來閱讀，況且，還有其他令人分心的事物，如電視。本人則認爲這種說法只是藉口，只是在逃避。曾經從五十七位將軍中脫穎而出成爲陸軍參謀長的梅耶上將告訴筆者說：「我在軍中時，每天清晨三點半或四點即起床讀書，以充實自己的知識。那是我自己可以專心看書的寶貴時間……我非常用心的呵護此一時間……我發現，假如不特別騰出時間來閱讀，很難養成閱讀的習慣。今天，想好好看點書的年輕人，自己要想辦法養成閱讀的習慣。」

馬歇爾夫人表示，在二次世界大戰期間，馬歇爾每天晚上回家都累得不想講話，因此，她會向圖書館借回一堆書供他閱讀，而他就像「一群蝗蟲吞噬大片田野」那樣貪婪地閱讀起來。

艾森豪說，「領導的秘訣無他，就是事情出錯了自己扛責任；事情成功了，功勞歸給部屬。」

筆者有機會訪談多位在進攻歐洲的軍事行動中擔任過指揮官的將領，如第九軍團的威廉．辛普森；第一軍團的柯特尼．霍奇；第六集團軍的雅各．鄧維斯；第三師與第四軍的魯仙．杜斯考特；第五軍團的馬克．克拉克等等。本人向他們請教他們的領導理念，並請他們評論其他將領的領導風格。他們的深刻見解對於本書在描述風格特質所扮演的角色時，十分具有意義。

本人很驚訝的一件事是，克拉克麾下的眾將領們都不願意談論他的領導風格。最後，威利斯・克里登柏格中將（曾經是他麾下的軍長之一）終於表達了他對克拉克的憂慮——每次事情出差錯時，他就向艾森豪報告稱，他已經找出來是「誰犯的錯」，並準備將他調走。此種做法通常代表這位指揮官的前途將就此斷送掉。克里登柏格進一步指出，他認爲克拉克將軍將失敗的原因歸咎於部屬，而不是以長官的身份扛起責任，乃爲他風格上的一大缺陷。

馬歇爾在他的軍旅生涯中，不斷地告訴他的部屬「要解決問題，不要規避責任」。艾森豪將軍在他制服的口袋中放了一張寫好的紙條，準備在一九四四年六月六日的D日登陸作戰失敗時向媒體宣讀。這張紙條上寫著：「我們的登陸作戰已經失敗……假如此一作戰意圖有任何錯誤或過失，全是我一個人的責任。」本人在訪問他時，他告訴本人說，他記得南軍在蓋茲堡一役遭致敗績後，李將軍曾寫信告訴傑弗遜・戴維斯總統說：「軍隊沒有過錯……我一個人要負全責。」

因爲作戰不力兩度被林肯解除被波托馬克軍團指揮官職務的麥克萊倫少將，反倒經常怪罪林肯、陸軍部長或其他閣員、以及他的下屬指揮官，從未自己擔負起戰爭失利的責任。

格蘭特在晉升中將時曾寫信給薛爾曼稱，「我所有的成就都應歸功於你……你遂行任務的優異績效，使你有資格獲得我現在所接受的榮譽……。」

一九四四年七月底，藍斯福特・奧利佛少將奉巴頓之命率領第五裝甲師展開行動。他的行動遭遇了障礙，但此事錯不在他的裝甲師。他奉命前往巴頓的指揮所報到，心想他會遭巴頓痛責一番。出席這次會議的有他的參謀、各軍長及師長。巴頓在會議一開始就說道，「我們搞得一團糟，這都是我的錯。」巴頓常將功勞歸給別人。他和艾克一樣，都認爲責任要自己擔，功勞則歸給別人。巴頓在他所著的《我所瞭解的戰爭》（*War As I Knew It*）一書中寫道，一位將級軍官應該「擔負起失敗的責任，不論責任在不在他。」假如事情發展順利，他應「將功勞歸給別人，不論他們是否眞的有功勞。」

我們應該牢記艾克對於責任的看法：「假如區區一位將軍犯了錯，我們可以譴責他，革他的職，但是一個政府不能譴責自己，不能革自己的職——在戰時，無論如何，這樣做是行不通的。」當雷卡號油輪在波灣碰觸水雷而受損後，媒體對此一事件的撻伐可說毫不留情，因爲我們沒有派出掃雷艦爲油輪護航。海軍上將克勞當時擔任該地區的指揮官。他打算告訴媒體他犯了錯，但國防部長溫伯格警告他說，「你絕對、絕對不能承認自己犯了錯。」但媒體的抨擊毫無停歇的跡象。最後克勞不理會部長的勸告，向媒體表示他「個人在布里基頓號觸雷事件中犯了錯。」因而平息了媒體的批評。

人總是會犯錯。李將軍的領導理念今天仍然適用：「當某位部屬犯錯時，我會把他叫到我的營帳來，然後善用我的權責使他下次不再犯錯。」蘇利文將軍告訴筆者，「我們總是虛耗太多心力想使過去的事趨於完美。其實一味追究責任並無助於我們達成完美的境界。每當有人犯錯時，我們應該思考的是『我們如何從中獲得教訓？』」

在逐行將伊拉克部隊逐出科威特的波灣戰爭期間，史瓦茲科夫要他的副手卡爾．瓦勒少將代他出席某場記者會。瓦勒無意間說出了與布希總統的主張有所牴觸的言論，使得史瓦茲科夫非常擔心他會遭到開革。瓦勒最後沒有被開革，因為史瓦茲科夫告訴國防部長錢尼說，「我是該為這件事負責的人。」

當鮑威爾核准對伊拉克的目標進行轟炸時，由於可能因此讓致命的細菌釋放出來，他於是一肩承擔起風險，表示假如事情出差錯，「就怪罪我」。

當艾森豪被問起「怎麼樣讓自己成為決策者」時，他回答道，「和作決策的人在一起」。此一想法點出了獲得明哲導師指導的重要性，因為讓部屬與作困難決策的高層領導人接觸，將可使其獲益良多。依梅耶將軍的定義，導師乃能提供「指引、忠告、勸告、與教導」的人，並能因而「開啓機會之門」的人。而個人受到指導並開啓了機會之門後，其結果便是階級的晉升與責任的增加，隨之而來工作的困難度更高、工作的時間更長、在家庭生活方面所作的犧牲更大。

馬歇爾曾有數位非常具有影響力的導師，其中最重要的一位是潘興將軍。麥克阿瑟的第一個導師是他的父親。艾森豪則受到福克斯．柯納將軍的教導，並兩度在陸軍參謀長麥克阿瑟的麾下工作，一次是從一九三二年至一九三五年，另一次是在菲律賓，從一九三五至一九三八年。此外，他也在一九三九至一九四二年馬歇爾擔任參謀長期間，在他的麾下工作過。巴頓在一九一〇至一九一一年間，曾擔任過陸軍部長史蒂姆森的侍從官，還擔任過雷歐納德．伍德的侍從官，並於一次世界大戰期間在一九一六年在潘興將軍麾下工作。本書第六章內討論了其他許多將領與其導師互動情形的事例。

最值得一提的教導工作乃為克里奇將軍在擔任戰術空軍司令部司令的六年半時間所進行的教導

計畫。他把人才的選用與培植的工作納入教導計畫中，以貫徹他的領導理念，也就是「一個領導者所應做的工作就是培養新的領導者。」我們各軍種都應該採用他那一套教導計畫。這套計畫的實施成效斐然，參與此一計畫的軍官中，有二十一位上校後來成爲四星上將。

當然，對領導人之培養，絕不僅限於個人的教導而已。在「正義之師」與「沙漠風暴」作戰期間擔任陸軍參謀長的卡爾·弗諾認爲，培育新一代的領導者——含軍官與士官，乃爲讓美國陸軍從越戰的灰燼中重新站起來的關鍵要素。

筆者在訪問弗諾將軍時，他說道：「將近有二十年的時間，陸軍痛下功夫培育各階層的領導人，使彼等嫻熟於兵種的專業；爲自己與手下的士兵負責；並專注於保國衛民的工作。陸軍的領導人培育計畫包含了學校教育——例如位在李文斯堡的指參學院與位在卡萊斯雷營區（Carlisle Barracks）的陸軍戰爭學院所提供的教育。但此一計畫之實施不只限於學校中，還延伸到作戰職務上，例如我們的領導人所派任的指揮與參謀職上，更延伸到模仿喬治馬歇爾在兩次世界大戰之間的歲月中所開辦的自修課程。此外，我們的資深將領也沒有停止學習，因爲我們發現，將官們和準備要晉升校官的尉官們一樣，都需要學習爲將之道的藝術。」

據弗諾將軍表示，此一領導人培育計畫的成效在美軍於「沙漠風暴」行動中遂行一百個小時閃電作戰摧毀伊拉克陸軍的過程中，充分展現在世人眼前。

在一開始分析成功的領導統御時，我們就提出以下的問題：「你要如何領導部屬，才能使他們在戰時願意在戰鬥中爲你犧牲生命。在平時願意一天廿四小時，持續數週，甚至於數個月投入解決危機的工作中？」筆者所訪問過的將領均一致認爲：首先，一個領導者必須展現對軍旅生涯的奉獻熱忱與投入的精神；其次，一個領導者必須體恤部屬，關心部屬。

本研究發現，成功的領導統御，其基本的要素爲對部屬的愛護與關心。一位指揮官可以用恐懼來驅使他的部屬執行他的命令，但他的部屬永遠不可能爲這樣的指揮官賣命。一位英明的領導人會受部屬的愛戴，因爲他們能感覺到這位領導人對他們的愛護之情。而對下屬參謀、指揮官與士兵的體貼，最能顯示這種愛護之情。此一特質乃本研究中所提到的優秀將領的共同標記。

馬歇爾從不以傲慢的態度來對待其下屬軍官，也不准許任何軍官以此種態度對待士兵。身爲陸軍參謀長，他也非常關心士兵的眷屬，有時甚至於還爲了他們而放寬某些規定。他打電話問候服役軍人的配偶，以及安排參謀人員晉見潘興將軍，只不過是他對部屬體貼入微的幾個事例而已。

麥克阿瑟對部屬的關心傳爲美談。他寫信給陣亡士兵的家屬，就是種非常周到的表現。麥克阿瑟麾下的陸軍指揮官艾徹柏格在叢林中待了數個星期，終於走出來後，麥帥給他送上巧克力蘇打一事，雖然只是一點小小的心意，卻非常感人，非常令人驚訝。

艾森豪將軍對部屬非常關心——由他在機場舉行授階典禮爲馬克・克拉克別上第三顆星一事可見一般。他參加傳令兵的婚禮；將史密斯將軍介紹給英國國王；及當雷馬洛里元帥的建議不被採納時，保護他的感受；以及他經常視察部隊等等，在在顯示出他的人情味。

粗魯、莽撞的巴頓將軍可是有一顆敏感的心，他對自己單位的士兵更是充滿感情。當他得悉與他關係密切的人陣亡時，或在醫院探訪傷患時，常常會流下眼淚。他那種拼命的作戰方式，目的是在減少美軍的傷亡。他的基本態度是，一個人要歷經十八年的成長才能當兵，但製造彈藥只需幾個月的時間。他對軍中的炊事兵、卡車駕駛、架線兵及其他從事非戰鬥勤務的士兵都很親切，因而得以組成一支勝利的隊伍。

李梅將軍將他的看法歸結起來，告訴筆者說：「你必須關心你自己的部屬。假如你不關心他們，沒有其他人會關心他們。」本書第七章中還討論了許多其他的例子。阿諾德將軍在工作忙得不可開交的情形下，還讓他的幾位重要參謀離職以投入作戰任務，使彼等得以彌補一次世界大戰未獲機會參戰的遺憾。范登伯格邀請一位上校參與和傳奇人物麥克阿瑟的會議。圖寧放棄自己的聖誕節假期，俾讓昆薩德能夠趕上他的飛行訓練的進度。約翰·里恩將軍送咖啡給在深夜裏加班的機械士打氣。布朗將軍允許某位空中組員穿馬靴，戴牛仔帽，以緩和他的挫折感。他還在下屬軍官與士兵出差期間，提供飛機載送他們返家，此外，他並要求讓住在營舍內的士兵能在週六享受一頓悠閒的早餐。瓊斯將軍在擔任空軍參謀長期間，派出訪察小組至全世界各地察看美國空軍的基地福利社、販賣部、學校的運作狀況及部署海外士兵的眷屬生活狀況，此外，他還邀請退伍人員參加空軍的各種聚會活動，以汲取他們的豐富經驗。

現今討論領導藝術的著作有如汗牛充棟，因此我們可能會認爲，所有的領導人都能瞭解與體會外出視察部隊的重要性，然而事實並非如此。史瓦茲科夫將軍就指出，他派駐德國期間，有位美軍上校根本就不顧士兵眷屬的死活。體貼與關心是領導統御的基本要素，本人希望這本書的讀者已經能開始重視這兩項要素。

馬歇爾曾經告訴艾森豪說，「假如你的部屬無法執行你所交辦的工作，那是因為你未對他們作好妥當安排。」一個領導者在軍中能有多大的成就，端視他對部屬是否能充分授權而定。單位規模越大，權責下授的做法就越重要。一個領導者最得人心的做法是，賦予部屬任務，然後放手讓他執行，並在必要時給予支持。艾森豪本人對參謀人員的態度非常開放，但他強調他的參謀人員要儘可能自行解決問題，不要養成把問題推給他處理的習慣。

一個指揮官是要花時間來訓練出一個他可以授權的團隊。阿諾德表示，「一個指揮官在他的參謀尚未進入狀況前，他本人應親自督導所有的任務，但這樣一來他會吃不消，所以，假如他夠聰明的話，應該儘早訓練他的助手進入狀況，然後將責任下授給他們，自己保留督導權。」

空軍參謀長賴利・威爾奇瞭解授權對決策的重要性，他強調一個人必須「要確定是由最適合作決策的人來作決策……將決策階層向下推至應該作此一決策的階層，其最大的好處是，可對適切階層的人施以決策訓練。」

艾克在一九四二年十二月十日的日記中回憶道，「我日日夜夜都覺得應該承受部屬的失望與懷疑，並驅策他們繼續努力以達成任務。但是奇怪的是，這些部屬中，大部份人都不瞭解，他們不應該把自己的負擔丟給上級長官。須知當他們領受命令去執行某項任務時，他們是在為指揮官解除一項重大負擔。」

在此，我們要再度強調艾森豪對授權一事所提出的警語：「身為領導者，你必須為部屬的所做所為負完全的責任。」一九九一至一九九五年期間擔任陸軍參謀長的蘇利文將軍也於一九九五年四月十四日在致陸軍將級軍官的一封信中強調了這一點，他寫道：「我們的價值觀將陸軍與國家結合成一體，此等價值觀也使得我們的資深領導人可以將權責下授給部屬，並期望部屬不只是採取行動而已，還要為自己的行動負責，也就是期望他們以負責任的態度展開行動……而身為資深領導者，我們的任務在於創造一個制度化的環境，俾要求我們的部屬不只是能採取行動而已，還必須能採取負責任的行動。」

本人所訪問過的二次世界大戰期間的高階將領中，印象非常深刻的一位是克列倫斯．休納（Clarence Huebner）中將。他成功的例子，顯示出美國民主體制所提供的受教導機會及美國陸軍中的發展機會。他在內布拉斯加州布希頓（Bushton）鎮一個只有一間教室的小學受教，中學只唸了兩年，之後只受過職業學校的教育。一九一〇年他進入陸軍服役，服役期間他展現了特殊的領導才能，因而在一九一六年脫離士兵的階級，被任命為步兵少尉。本書先前已討論過他在多位導師的培訓練與鼓勵下，達成了非凡的成就。他在退伍之前的最後一任職務為美國空軍駐歐部隊指揮官。

本人問休納中將，西點軍校畢業生及那些對他有重大影響的導師有何特別之處。他回答道：「他們都有高尚的風格，尤其是，他們都能體現西點軍校的校訓，即責任、榮譽與國家的概念。」

此點突顯了西點軍校及其他軍種官校的畢業生所懷抱的責任感，他們在多年後，成為其他軍官與士兵們的榜樣。道格拉斯．麥克阿瑟在他的回憶錄中寫道：「西點軍校的教育，追根究底，其最重要的精神在於風格的養成。」本人所訪問過的所有在兩次世界大戰之間的歲月裏擔任現役將領的西點畢業生們，全都提到了西點軍校的「學生祈禱文」（Cadet Prayer）對他們的風格養成所造成的影響，尤其是祈禱文中那句「教我們選擇困難但正確，而非簡單但錯誤的道路走。」西點軍校的學生幾乎每天都要朗誦「學生祈禱文」。

本人訪問這麼多位高層軍事領導人，可說是種非常特殊的經驗。很少有人會有這種機會，能訪談這些偉大的將領，並深入瞭解他們對於自己及其他將領能成爲傑出領導人的看法，以及他們對自己及同時代的將領的領導風格的評論。他們的堅毅風格、品德、以及他們謹守西點校訓「責任、榮譽、國家」的事實，讓本人覺得溫暖與快慰。不過有位空軍將領，人稱「史脫瑟博士」（〈Doc〉Strother），也是西點畢業生，卻告訴本人：「我們的風格是來自於家庭教育。」本人想，這類將領可能原本就具備高尚的風格，再經西點軍校的訓練及與同爲風格高尚的同學相互激勵之下，更形強化了他們的崇高風格。

他們無我無私，熱愛國家，放棄了許多更高薪的工作機會。他們喜愛自己的職業，並以自己的職業爲榮，更重要的一點是，他們喜愛軍旅生涯並且愛護士兵。在陸軍或空軍，你給一位職業軍官的最高恭維是稱他爲「軍人」（soldier）。布萊德雷的回憶錄取名爲《軍人》，里奇威的回憶錄稱爲《一個軍人的故事》，而魏摩蘭的回憶錄叫《一個軍人的告白》（*A Soldier's Reports*）。這三本回憶錄的書名反映出三位非常受人敬仰的美國軍事領導人對他們士兵的感情。

「爲將之道」這本書內所研究的將領們都眞心地喜愛自己的職業，愛護他們的士兵。艾克在擔任了好幾年的參謀職務後，有機會在二次世界大戰前被調至德州胡德堡的第三軍團服務，內心至感高興。一九四〇年七月一日，他寫信給和他一樣都未能投入第一次世界大戰的同學布萊德雷：「我從來沒有這麼快活過，和每一位陸軍的弟兄一樣，我們的工作負荷很重，所面對的大大小小問題很多。但這樣的工作太棒了！……我想不出哪裏可以找到更好的工作。」

一九四一年十二月，艾克接到命令，要他前往陸軍部的作戰計畫處報到。他的第一個反應是：「這紙調職命令對我的打擊很大。在第一次世界大戰期間，我拼命想找機會投入戰場，但都未能如願……我希望未來戰爭再起時，我能夠待在部隊。我認爲，被調回我已經整整待過八年的都市服務，不啻表示我在一次世界大戰期間的遭遇將重演。我心情非常沉重，打電話要內人幫我收拾行李。在接到命令的一個小時內，已經出發前往陸軍部報到。」

近來的高階將領中，也有人對於被調離部隊生活而感到難過的。夏利卡希維里將軍在被告知他將接任駐歐盟軍最高統帥後，曾告訴筆者說：「我不喜歡這個職務，我想花更多時間和士兵在一起。」同樣地，梅耶將軍與弗諾將軍對於自己要被派任陸軍參謀長，這個陸軍最高職位一事，都持有保留態度。他們都感傷道，這項派職將剝奪他們與士兵一起工作的機會，而他們認爲跟士兵在一起「很有意思」。

在軍中你經常可以發現數饅頭混日子，等待退伍的軍官。顯然這些軍官並不喜歡自己的職業，而且也沒有在這項爲國奉獻的職業中作出應有的貢獻。他們沒有從中得到樂趣。空軍的喬治・布朗將軍臨退伍前對一群參加預備軍官訓練團的學生演講時，可說道盡了箇中三昧：「看到你們，想到你們軍旅生涯的未來，我眞想自己也能再當一次軍人。」

本書內所描述的這些成功的將領，莫不具備高尚的風格。但是他們並不只是在熱戰方酣或處危機時刻才發展他們的風格。他們是在整個軍旅生涯的過程中，秉持道德觀與倫理精神來發展他們的風格。風格的重要性可追溯到哲學家阿里斯多德，他強調風格是種習慣，是每日明辨是非所累積的氣質。風格也是在承平時期中養成的，因此必須成爲一個將領在平時與戰時氣質中的一部份。

本研究中所述及的將領之生涯與成就，呈現出一種成功的模式，而每位軍官，事實上每一個人都可援用此種模式。每一個人只要能全力爲自己的事業作出奉獻，願意長時期辛勤工作，能瞭解並發展出當一個領導者所需具備的高尚風格，能愛護袍澤並關心他們的福利，而且能激發別人的自信心與服務熱忱，則必可將本身的天賦能力發揮到極致而終有所成。

國家圖書館出版品預行編目(CIP)資料

爲將之道：指揮的藝術：風格代表一切 / 艾德格.普伊爾(Edgar F. Puryear)作；陳勁甫譯. -- 二版. -- 臺北市：麥田出版：家庭傳媒城邦分公司發行, 2011.05

面；　公分. -- (軍事叢書；132X)

譯自：American generalship：character is everything: the art of command

ISBN 978-986-120-792-6(平裝)

1.作戰指揮　　2.領導統御

591.4　　100007430

麥田出版

廣	告	回	郵
北區郵政管理局登記證			
北台字第10158號			
免	貼	郵	票

英屬蓋曼群島商家庭傳媒(股)公司城邦分公司
104 台北市民生東路二段 141 號 5 樓

請沿虛線摺下裝訂，謝謝！

麥田出版

文學・歷史・人文・軍事・生活

編號：RM1132　　書名：爲將之道

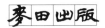

cité 城邦

讀者回函卡

謝謝您購買我們出版的書。請將讀者回函卡填好寄回，我們將不定期寄上城邦集團最新的出版資訊。

姓名：________________　電子信箱：__________

聯絡地址：□□□__________________________

____

電話：(公)______________　(宅)______________

身分證字號：________________（此即您的讀者編號）

生日：____年____月____日　性別：　□男　□女

職業：□軍警　□公教　□學生　□傳播業

□製造業　□金融業　□資訊業　□銷售業

□其他 __________

教育程度：□碩士及以上　□大學　□專科　□高中

□國中及以下

購買方式：□書店　□郵購　□其他 __________

喜歡閱讀的種類：□文學　□商業　□軍事　□歷史

□旅遊　□藝術　□科學　□推理　□傳記

□生活、勵志　□教育、心理

□其他 __________

您從何處得知本書的消息？（可複選）

□書店　□報章雜誌　□廣播　□電視

□書訊　□親友　□其他 __________

本書優點：□內容符合期待　□文筆流暢　□具實用性

（可複選）□版面、圖片、字體安排適當　□其他 __________

本書缺點：□內容不符合期待　□文筆欠佳　□內容平平

（可複選）□觀念保守　□版面、圖片、字體安排不易閱讀

□價格偏高　□其他 __________

您對我們的建議：

____